U0263035

智能科学技术著作丛书

计算智能理论与方法

张 雷 范 波 编著

科学出版社

北 京

内 容 简 介

计算智能是借助现代计算工具通过模拟人的智能来求解问题（或处理信息）的理论与方法，它是人工智能的深化与发展，也是当前人工智能技术的重要组成部分。计算智能的理论和方法是信息科学、生命科学、认知科学等不同学科相互交叉、相互渗透、相互促进而产生的一门新的学科。本书的主要内容包括进化计算方法及其应用、人工免疫系统和算法、人工神经网络及其实施过程、模糊逻辑系统及其具体应用。

本书可作为计算机科学、自动控制、工业自动化、电气工程及其自动化、应用数学等专业的高年级本科生和研究生的参考教材，也可供上述专业和相关行业的工程技术人员参考。

图书在版编目(CIP)数据

计算智能理论与方法/张雷,范波编著. —北京:科学出版社,2013.3
（智能科学技术著作丛书）
ISBN 978-7-03-036772-3

I.①计… Ⅱ.①张… ②范… Ⅲ.①人工神经网络-计算 Ⅳ.①TP183

中国版本图书馆 CIP 数据核字(2013)第 036349 号

责任编辑:张海娜 于 红 / 责任校对:张怡君
责任印制:徐晓晨 / 封面设计:陈 敬

科 学 出 版 社 出版
北京东黄城根北街 16 号
邮政编码:100717
http://www.sciencep.com

北京凌奇印刷有限责任公司 印刷
科学出版社发行 各地新华书店经销
*
2013 年 3 月第 一 版 开本:B5(720×1000)
2021 年 4 月第三次印刷 印张:17 1/4
字数:329 000
定价:**120.00元**
（如有印装质量问题,我社负责调换）

《智能科学技术著作丛书》序

"智能"是"信息"的精彩结晶,"智能科学技术"是"信息科学技术"的辉煌篇章,"智能化"是"信息化"发展的新动向、新阶段。

"智能科学技术"(intelligence science&technology,IST)是关于"广义智能"的理论方法和应用技术的综合性科学技术领域,其研究对象包括:

- "自然智能"(natural intelligence,NI),包括"人的智能"(human intelligence,HI)及其他"生物智能"(biological intelligence,BI)。
- "人工智能"(artificial intelligence,AI),包括"机器智能"(machine intelligence,MI)与"智能机器"(intelligent machine,IM)。
- "集成智能"(integrated intelligence,II),即"人的智能"与"机器智能"人机互补的集成智能。
- "协同智能"(cooperative intelligence,CI),指"个体智能"相互协调共生的群体协同智能。
- "分布智能"(distributed intelligence,DI),如广域信息网、分散大系统的分布式智能。

"人工智能"学科自 1956 年诞生的五十余年来,在起伏、曲折的科学征途上不断前进、发展,从狭义人工智能走向广义人工智能,从个体人工智能到群体人工智能,从集中式人工智能到分布式人工智能,在理论方法研究和应用技术开发方面都取得了重大进展。如果说当年"人工智能"学科的诞生是生物科学技术与信息科学技术、系统科学技术的一次成功的结合,那么可以认为,现在"智能科学技术"领域的兴起是在信息化、网络化时代又一次新的多学科交融。

1981 年,"中国人工智能学会"(Chinese Association for Artificial Intelligence,CAAI)正式成立,25 年来,从艰苦创业到成长壮大,从学习跟踪到自主研发,团结我国广大学者,在"人工智能"的研究开发及应用方面取得了显著的进展,促进了"智能科学技术"的发展。在华夏文化与东方哲学影响下,我国智能科学技术的研究、开发及应用,在学术思想与科学方法上,具有综合性、整体性、协调性的特色,在理论方法研究与应用技术开发方面,取得了具有创新性、开拓性的成果。"智能化"已成为当前新技术、新产品的发展方向和显著标志。

为了适时总结、交流、宣传我国学者在"智能科学技术"领域的研究开发及应用成果,中国人工智能学会与科学出版社合作编辑出版《智能科学技术著作丛书》。需要强调的是,这套丛书将优先出版那些有助于将科学技术转化为生产力以及对社会和国民经济建设有重大作用和应用前景的著作。

　　我们相信,有广大智能科学技术工作者的积极参与和大力支持,以及编委们的共同努力,《智能科学技术著作丛书》将为繁荣我国智能科学技术事业、增强自主创新能力、建设创新型国家做出应有的贡献。

　　祝《智能科学技术著作丛书》出版,特赋贺诗一首:

智能科技领域广

人机集成智能强

群体智能协同好

智能创新更辉煌

中国人工智能学会荣誉理事长

2005 年 12 月 18 日

前　言

计算智能，也被称为"软计算"（soft computing，SC），是当前人工智能技术的重要组成部分，它是 20 世纪 90 年代初期在向传统的人工智能挑战过程中所提出的研究和模拟人类思维或生物的自适应、自组织能力，以实现计算技术的智能性的一门新学科。计算智能是借助现代计算工具模拟人的智能求解问题（或处理信息）的理论与方法，是人工智能的深化与发展。如果说人工智能以知识库（专家规则库）为基础，以顺序离散符号推理为特征，那么计算智能则是以模型（计算模型、数学模型）为基础，以分布、并行计算为特征，即人工智能主要利用符号信息和知识，而计算智能则是利用数值信息和知识；人工智能技术强调规则的作用与形成，而计算智能技术则强调模型的建立与构成；人工智能技术要依赖专家的个人知识，而计算智能技术则强调自组织、自学习与自适应。计算智能技术具有自适应、容错、较高的计算速度以及处理包含噪声信息等特点和优势。

目前，计算智能的技术主要有进化计算（evolutionary computation，EC）、人工神经网络（artificial neural network，ANN）、模糊逻辑和模糊系统（fuzzy system，FS）、人工免疫系统（artificial immune system，AIS）、粒子群智能、混沌系统（chaotic systems）、概率推理（probabilistic reasoning，PR）等。计算智能技术的发展和成熟促进了基于计算和基于物理符号相结合的各种智能理论、模型和方法的综合集成，使之能够成为解决更为复杂系统和问题的新的智能技术。各种计算智能技术自从诞生以来，虽然发展历史只有短短几十年甚至更短的时间，但是却取得了飞速的发展，其应用领域几乎遍及各个工程技术领域。

本书共 10 章。第 1 章介绍计算智能技术的基本概念、计算智能技术的产生和发展历史，以及计算智能技术和方法的典型应用领域。第 2 章从整体上介绍模拟进化计算技术的基本概念和发展过程，并且归纳出进化计算方法在应用中的一般框架结构。第 3 章主要介绍遗传算法（genetic algorithm，GA）的基本概念、理论基础、基本遗传操作和具体的应用。遗传算法是应用最为广泛的进化计算方法，它具有通用、并行、稳健等许多较为突出的优点，适用于解决各种复杂的全局搜索和优化问题。第 4 章主要介绍进化规划的工作过程、特点以及具体应用。进化规划和遗传算法是进化计算中两种最为常用的算法，它们之间既有联系也有区别。进化规划是从整体的角度来模拟生物的进化过程，它强调的是整个种群的进化。从进化计算的本质和主要特点上看，只要是模拟生物进化机制和规律的算法都可称为仿生模拟进化计算方法。第 5 章主要针对模拟进化计算方法中其余几种常用方法，包括进化策略（evolution strategies，ES）、遗传编程（genetic programming，GP）和粒子群优化算法（particle swarm optimization，PSO）进行介绍和探讨。第 6 章首先介绍生物免疫系统的主要原理和功能，以及生物免疫系统可被借鉴的相关原理，然后介绍典型的人工免疫系统和算法。人工免疫系统已经成为继神经网络、模糊逻辑和进化计算后人工智能的又一研究热点，其研究和应用领域涉及控制、数据分析和处理、优化学习、异常检测和故障诊断、信息安全等许多领域，并且显示出强大的信息处理能力和优势。第 7 章首先介绍人工神经网络的基本概念、工作原理和学习方法，然后介绍几种典型的人工神经网络模型和具体应用。第 8 章主要介绍模糊逻辑理论和模糊推理的基本概念和方法，还介绍模糊理论在自动控制系统中的应用，并针对一个具体实例说明如何利用模糊理论来设计模糊自适应 PID 控制器。第 9 章则介绍基于进化计算的模糊系统设计方法。遗传模糊系统是一种基于遗传算法学习和优化过程的模糊系统，它集成了计算智能方法中的两个重要分支即模糊系统和进化计算，是当前计算智能领域中的一个重要研究方向，并在航空航天系统、通信系统、电力系统、网络安全和决策支持系统等众多领域中得到了成功的应用。本书的第 10 章介绍和探讨计算智能技术和方法的性能评价问题。在第 2～8 章中，我们分别讨论计算智能方法中的模拟进化计算、模糊逻辑系统、人工神经网络以及人工免疫算法和系统的工作原理、实施细节以及各自的优点和不足。在实际中还需要对这些计算智能方法进行性能评测，对不同的计算智能方法的性能进行定量分析和计算，并与其他方法进行性能比较。第 10 章所要讨论的性能评测问题包括针对某个具体问题如何与其他常用方法进行性能比较。由于不同类型的方法往往差异很大，如何选择评价标准或准则，如何选择合理的进行评价的前提条件，以及如何针对实验结果进行分析和比较，都是较为关键的问题。

作为一门新兴的交叉学科，计算智能技术和方法的发展和成熟必将极大地推动人工智能技术的进步和发展。目前，一方面，各种计算智能技术和方法在各自独立地进行深入研究和发展，并且不断涌现出新的应用研究和理论研究成果；另一方面，计算智能技术的不同方法之间以及计算智能技术与其他方法之间不断地进行相互融合和应用，并获得了许多更为有效的解决复杂问题的思路和方法。

本书内容全面，重点突出，主要阐述计算智能技术和方法的基本概念和方法，尽量避免烦琐的数学推导和理论证明，但对于一些重要的原理以及新提出的理论则给出较为详细的证明过程。

由于作者的知识和水平有限，书中不妥之处在所难免，欢迎广大读者提出宝贵意见。

编著者
2012 年 11 月

目　　录

第1章 绪 论

1.1 计算智能的概念

计算智能属于智能的范畴。那么什么是智能(intelligence)呢？一般认为,从感觉到记忆到思维这一过程,称为"智慧",智慧的结果就产生了行为和语言,而将行为和语言进行表达的过程则称为"能力",两者的合称就是"智能"。《牛津大辞典》中智能的定义是"观察、学习、理解和认识的能力",而在《韦氏大辞典》中,智能则被定义为"理解和各种适应性行为的能力"。概括起来讲,智能是指个体有目的行为、合理的思维以及有效地适应环境的综合性能力。智能的核心在于知识,包括感性知识与理性知识,先验知识与理论知识,因此智能也可表达为知识获取能力、知识处理能力和知识适用能力。

智能及智能的本质是古今中外许多哲学家和脑科学家一直在努力探索和研究的问题,但至今仍然没有被人类所解决和掌握。因而智能的发生与物质的本质、宇宙的起源、生命的本质一起被列为自然界四大奥秘。

就目前所知,人类智能是所有生物智能中最高级的智能。可以肯定的是,人类智能的表现与人类大脑和整个神经系统的内部结构和功能原理有着密不可分的关系。人类智能的核心是思维,而思维的器官就是人类大脑。可以这样理解,当给定某个任务或目的,能根据环境条件而制定正确的策略和决策,并能有效地实现其目的的过程或能力就称为智能。智能的主要体现就是能够进行智能信息处理,在信息处理过程中所利用的智能手段包括人工智能、计算智能等。

计算智能是借助现代计算工具模拟人的智能求解问题(或处理信息)的理论与方法,它是人工智能的深化与发展。如果说人工智能是以知识库(专家规则库)为基础、以顺序离散符号推理为特征的,计算智能则是以模型(计算模型、数学模型)为基础,以分布、并行计算为特征,即人工智能主要利用符号信息和知识,而计算智能则是利用了数值信息和知识;人工智能技术强调规则的作用与形成,而计算智能技术则强调模型的建立与构成;人工智能技术要依赖专家的个人知识,而计算智能技术则强调自组织、自学习与自适应。计算智能技术具有自适应、容错、较高的计算速度以及处理包含噪声信息等特点和优势。

计算智能,也被称为"软计算",是当前人工智能技术的重要组成部分,它是20世纪90年代初期在向传统的人工智能挑战过程中所提出的研究和模拟人类思维或生物的自适应、自组织能力,以实现计算技术的智能性的一门新学科[1]。模糊逻辑和模糊推理理论的创始人 Zadeh 提出了"软计算"的概念,并且指出了其关键技术和应用领域[2,3]。计算智能模拟人的智能通常基于不同的观点与角度,如从模拟智能生成的观点(模拟进化计算),从模拟智能产生与作用赖以存在的结构(人工神经网络理论)角度,从智能的表现行为角度(模糊逻辑与模糊推理)等。虽然人们目前对计算智能的定义还没有达成一致,但是却对计算智能技术中所包含的常用技术和方法有着相同的看法。目前计算智能的技术主要有进化计算、人工神经网络、模糊逻辑和模糊系统、人工免疫系统、粒子群智能、混沌系统、概率推理等[4-12]。在这些技术和方法中,除了模糊系统之外,其他方法均能够自动地由给出的数据集来获得和整合知识,并且可应用于有监督和无监督两种学习方式。在有监督和无监督这两种学习方式中,在训练阶段是利用给出数据来构建数据驱动的模型,而在测试阶段则是利用新的数据来验证和评价所获得系统的性能。

　　计算智能技术的发展和成熟促进了基于计算和基于物理符号相结合的各种智能理论、模型和方法的综合集成,使之能够成为解决更为复杂系统和问题的新的智能技术。各种计算智能技术自从诞生以来,虽然发展历史只有短短几十年甚至更短的时间,但是却取得了飞速的发展,其应用领域几乎遍及各个工程技术领域。作为一门新兴的交叉学科,计算智能技术和方法的发展和成熟必将极大地推动人工智能技术的进步和发展。目前,一方面各种计算智能技术和方法在各自独立地进行深入研究和发展,并且不断涌现出新的应用研究和理论研究成果;另一方面,计算智能技术的不同方法之间以及计算智能技术与其他方法之间不断地进行相互融合和应用,并获得了许多更为有效的解决复杂问题的思路和方法。

1.2　计算智能技术的产生和发展过程

　　计算智能技术是在传统的人工智能技术基础上发展起来的新技术,属于传统人工智能技术的延伸和扩展。人工智能技术是采用人工的方法利用计算机来实现的智能技术和方法,有时也被称为机器智能。计算智能则是信息科学、生命科学、认知科学等不同学科相互交叉、相互渗透以及相互促进的产物,其主要借鉴生物体的智能行为和机理,采用数值计算的方法去模拟和实现生物智能。如果某个智能系统仅处理数值数据,而没有使用传统人工智能意义上的知识,并且具有计算自适应性、计算容错能力、接近于人的运算速度以及近似于人的误差率这几种特性,则称该系统就被视为是一种计算智能系统。

　　计算智能主要涉及人工神经网络、模糊逻辑、进化计算和人工生命(artificial life)等研究领域[2-11],其广泛研究和快速发展反映了当代科学技术多学科交叉与集成的重要发展趋势[13-17]。在介绍计算智能的发展历史之前,首先简要回顾一下人工智能的发展过程。从1956年正式提出人工智能学科算起,人工智能迄今已有60多年的发展历史。在其发展过程中,不同专业背景的研究人员分别提出了不同的观点,并从不同的方法和角度进行研究,由此产生了不同的学术派别,其中主要包括符号主义(symbolicism)、联结主义(connectionism)和行为主义(actionism)三大学派。

1) 符号主义

符号主义,又称为逻辑主义(logicism)、心理学派(psychlogism)或计算机学派(computerism),其原理主要为物理符号系统(即符号操作系统)假设和有限合理性原理。符号主义认为人工智能源于数理逻辑。计算机出现后,在计算机上实现了逻辑演绎系统。其有代表性的成果为启发式程序LT逻辑理论家,证明了38条数学定理,表明可以应用计算机研究人的思维过程,模拟人类智能活动。正是这些符号主义者,早在1956年首先采用"人工智能"这个术语,后来又发展了启发式算法→专家系统→知识工程理论与技术,并在20世纪80年代取得很大发展。符号主义曾长期一枝独秀,为人工智能的发展做出重要贡献,尤其是专家系统的成功开发与应用,对人工智能走向工程应用和实现理论联系实际具有特别重要的意义。

2) 连接主义

连接主义,又称为仿生学派(bionicsism)或生理学派(physiologism),其原理主要为神经网络及神经网络间的连接机制与学习算法。连接主义认为人工智能源于仿生学,特别是人脑模型的研究。它的代表性成果是1943年由生理学家麦卡洛克(McCulloch)和数理逻辑学家皮茨(Pitts)创立的脑模型,即MP模型,开创了用电子装置模仿人脑结构和功能的新途径。它从神经元开始进而研究神经网络模型和脑模型,开辟了人工智能的又一发展道路。20世纪60~70年代,连接主义,尤其是对以感知机(perceptron)为代表的脑模型的研究曾出现过热潮,直到Hopfield教授在1982年和1984年提出用硬件模拟神经网络时,连接主义又重新抬头。1986年,鲁梅尔哈特(Rumelhart)等提出多层网络中的反向传播(BP)算法。此后,连接主义势头大振,从模型到算法,从理论分析到工程实现,为神经网络计算机走向市场打下基础。

3) 行为主义

行为主义,又称进化主义(evolutionism)或控制论学派(cyberneticsism),其原理为控制论及感知-动作型控制系统。行为主义认为人工智能源于控制论。控制论思想早在20世纪40~50年代就成为时代思潮的重要部分,影响了早期的人工智能工作者。维纳和麦克洛等提出的控制论和自组织系统影响了许多领域。控制论的早期研究工作重点是模拟人在控制过程中的智能行为和作用,如对自寻优、自适应、自校正、自镇定、自组织和自学习等控制论系统的研究,并进行"控制论动物"

的研制。到 20 世纪 60~70 年代,上述这些控制论系统的研究取得一定进展,播下智能控制和智能机器人的种子,并在 80 年代诞生了智能控制和智能机器人系统。

人工智能的研究,已从当初一枝独秀的符号主义发展到多学派共存的局面,它们的目标都是相同的,即研究如何通过人工的方法模拟人的智能,实现机器智能。以上三个人工智能学派将长期共存与合作,取长补短,并逐渐走向融合和集成,为人工智能的发展做出新的贡献,也将对人类的未来产生深远的影响。

虽然人类智能和人工智能有着许多的共性,但是它们之间也存在着较大的差异。

1) 逻辑与非逻辑思维的差异

人类智能具有逻辑思维能力,同时也具有非逻辑思维能力,但是人工智能则能够通过逻辑思维及推理来实现其智能。例如,人类在解决许多实际问题时,并没有通过逻辑思维的方式来直接获得问题的解,有时人们称之为直觉或者急中生智等。

2) 计算与非计算的差异

人类的智能同样也是信息处理的过程,只是该过程并不一定是通过计算来实现的,计算只是其中的一个部分。但是人工智能却离不开计算过程,包括算术运算和逻辑运算。这是因为人工智能离不开计算机,而计算机的每次信息处理都需要经过数学或逻辑运算,并且对于某些信息处理过程还涉及问题的数学建模,因而人工智能的信息处理周期相对就较长。

3) 递归运算和非递归运算的差异

即使对于智能中的运算能力而言,对于人类目前许多的数学和逻辑的运算方法,人工智能也有许多不能进行操作或者有效操作。特别是对于非递归运算,人工智能在此领域获得突破的可能性仍然不大。在目前所提出的各种人工智能方法中,基本上还没有涉及非递归运算。

4) 语法和语义的差异

通过对人类自然语言和计算机编程语言进行对比可以发现,人类语言要复杂和丰富得多,这既体现在语法上也体现在具体的语义上。但是我们知道,人类的高级智能是建立在语言和文字的基础上的,没有语言也就没有今天人类的智能。由于计算机的语义理解能力非常低,而对于各种抽象词汇的理解能力则更加困难。因而有人指出"计算机只有语法,没有语义",这样的结论虽然过于绝对,但是它也从一方面反映了利用计算机程序来实现人工智能的难点和瓶颈问题。

计算智能技术则是传统人工智能技术的延伸和扩展。计算智能始于 20 世纪 80 年代,是以数字形式表达和模拟智能行为的一门交叉学科。计算智能常用的定义有以下两种[1,2]。

定义 1.1　计算智能以数据为基础,以计算为手段来建立功能上的联系(模型)而进行问题求解,以实现对智能的模拟和认识。

定义 1.2　用计算科学与技术模拟人的智能结构和行为称为计算智能。

1992 年,美国学者 Bezdek 在国际期刊 *Approximate Reasoning* 上首次提出了"计算智能"的概念。他认为计算智能主要依赖生产者所提供的各种数字和数据资料,不依赖于知识,而人工智能则必须采用知识进行处理。换句话讲,就是如果一个系统仅处理低层的数值数据,其中包含有模式识别部件,并且没有使用人工智能意义上的知识,同时具有计算自适应性、计算容错能力、接近于人的计算速度以及近似于人的出错率,则该系统就属于计算智能系统。

从学科范畴看,计算智能技术是信息科学、生命科学、认知科学等不同学科相互交叉的产物。它主要借鉴了仿生学以及自然界中的智能现象和规律,基于人们对生物体智能机理和某些自然规律的认识,采用数值计算的方法去模拟和实现人类的智能、生物智能、其他社会和自然规律。具体来讲,计算智能技术和方法是在人工神经网络、进化计算及模糊系统这三个领域发展相对成熟的基础上形成的一个统一的学科概念。

1994 年 6 月底到 7 月初,电气和电子工程师学会(IEEE)在美国佛罗里达州的奥兰多市召开了首届国际计算智能大会(WCCI'94)。会议第一次将神经网络、进化计算和模糊系统这三个领域合并在一起,形成了"计算智能"这个统一的学科范畴。

在此之后,WCCI 大会就成了 IEEE 的一个系列性学术会议,每 4 年举办一次。1998 年 5 月,在美国阿拉斯加州的安克雷奇市召开了第二届计算智能国际会议 WCCI'98。2002 年 5 月,则在美国的夏威夷州首府火奴鲁鲁市召开了第三届计算智能国际会议 WCCI'02。此外,IEEE 还出版了一些与计算智能有关的学术刊物。目前,计算智能的发展得到了国内外众多的学术组织和研究机构的高度重视,并已成为智能科学技术一个重要的研究领域。

计算智能的主要研究内容包括人工神经网络、遗传算法、模糊逻辑、人工免疫系统、群体计算模型(蚁群算法等)、量子计算、DNA 计算以及智能代理模型等[15-22]。计算智能研究的主要问题包括学习、自适应、自组织、优化、搜索、推理等[18,19,21,22]。

人工神经网络是通过模拟人类脑神经系统的结构和功能,采用人工的方式来模拟和构造的网络系统[6,14-16]。虽然单个神经元的结构和功能比较简单,但是大量的神经元所构成的网络却能够实现较为复杂的功能。人工神经网络的研究迄今已有 60 多年的历史,并且已经在智能控制、模式识别、信号处理和机器人等众多领域得到成功的应用。

遗传算法是一种仿生进化算法,它模仿的机制是自然界所有生物体的进化过程。它通过模拟达尔文的"优胜劣汰、适者生存"原理得到更好的基因结构,通过模拟孟德尔遗传变异理论在迭代过程中保持已有的基因,通过变异来寻找更好的基因。1975 年,美国密歇根大学的 Holland 教授首先提出了遗传算法的概念,随后他又与其同事系统地介绍了遗传算法的理论、原理和方法[10]。20 世纪 80 年代以后,遗传算法得到了迅速的发展和应用,并在算法的复杂性、收敛性等理论方面取得了众多重要的研究成果。遗传算法在实际应用中可作为一种随机的优化和搜索方法[9-12]。

1965 年美国的控制论专家 Zadeh 教授首次提出了模糊集合的概念,标志着模糊系统理论的诞生[4]。模糊系统的理论基础是模糊数学理论,包括模糊集合和隶属度函数、模糊逻辑、模糊规则、模糊推理等。模糊逻辑通过模仿人脑的不确定性概念判断和推理思维方式,对于模型未知或不能确定的描述系统,应用模糊集合和模糊规则进行推理,解决常规方法所难于应对的规则型模糊信息问题。模糊逻辑善于表达界限不清晰的定性知识与经验,它借助于隶属度函数概念,区分模糊集合,处理模糊关系,模拟人脑实施规则型推理,可以解决因“排中律”的逻辑破缺所产生的种种不确定问题 。

计算智能是通过观察到的生物现象和机理,建立智能计算模型和方法,目的是有效地解决实际问题[23,24]。反过来,利用计算智能模型和方法可以更好地理解和研究生物现象和过程,相应的有生物信息学和神经计算学等[13-15,18]。计算智能和软计算的概念既有区别,也有联系。计算智能是强调通过计算的方法来实现生物的内在的智能行为,而软计算是受智能行为启发的现代优化计算方法,强调计算和对问题的求解[18]。

当前计算智能技术发展的重要方向就是不断引进深入的数学理论和方法,并将“计算”和“集成”作为主要的学术指导思想,进行更高层次的综合集成研究。这种综合集成研究不仅仅局限在模型和算法层次的综合集成的框架,而且还涉及感知层次和认知层次的综合集成[25-27]。

1.3　计算智能技术的主要应用领域

发展和利用计算智能技术能够提高我们解决实际工程和科学研究问题的能力,一方面可以对实际应用中尚无法解决的难题找到可靠和高效的解决方法和途径,另一方面采用计算智能技术和方法相对于常规方法将达到事半功倍的效果。

如上所述,计算智能技术中包含多种算法和模型,其中,每种技术都有若干性能占有优势的应用领域。总体来讲,计算智能技术的主要应用领域包括以下几个。

1) 模式识别

模式识别与我们的日常生活息息相关,在字符识别、语音识别、零件检测、质量控制、遥感分析以及医学诊断等领域都要用到模式识别技术和方法。模式识别中的基本问题是解决模式的分类,在更高的层次上还包括对模式的学习、判断、自适应、自寻优以及自动发现规律等。模式识别的大规模研究始于 20 世纪 60 年代,并迅速发展成为一门新兴的学科。模式识别在某些意义上和计算智能中的"学习"、"优化"等概念相近,因而将计算智能技术应用于模式识别领域具有广阔的前景[28,29]。

2) 优化计算

计算智能是受到生物智能和人类智慧的启发而提出的方法。在科学研究和工程实践中经常遇到较为复杂的优化问题,采用传统的计算方法来解决这些问题面临着计算复杂度高、计算时间长等问题,特别是对于 NP(non-deterministic polynomial)难问题,传统算法根本无法在可接受的时间内获得精确解。因此,为了在求解时间和求解精度上取得平衡,科学家们提出了很多具有启发式特征的计算智能算法。这些算法或模仿生物界的进化过程,或模仿生物的生理构造和身体机能,或模仿动物的群体行为,或模仿人类的思维、语言和记忆过程的特性,或模仿自然界的物理现象,希望通过模拟生物智能实现对问题的优化求解。这些算法共同组成了计算智能优化算法[30,31]。

3) 宏观经济预测

宏观经济预测是一项繁杂但又十分重要的工作,有效地进行宏观经济预测能够协助有关政府部门和企事业单位等准确地把握未来的经济发展趋势,为决策和制定经济发展战略规划提供科学依据。目前国内外研究人员常常运用计算智能方法来进行经济预测研究,实践结果表明,计算智能技术的人工神经网络、进化算法等方法是较为有效的经济预测方法[32-34]。

4) 金融分析

在金融市场中,市场价格的波动不仅受到基本供求关系这一普遍规律的制约,而且还受到参与交易的人群的主观意念的影响。经典的数学方法或传统的人工智能技术往往难以对金融市场数据进行有效分析,发现其中所蕴含的规律或者预测模型。而计算智能技术和方法由于本身所具有的自适应、自组织、优化和自学习等优良特性,可以更为有效地进行金融数据分析和预测,这早已引起了以华尔街为代表的金融界的高度重视,并投入了大量的人力、物力和财力进行相应的研发工作[35-37]。

5) 智能控制

智能控制是在无人干预的情况下能自主地驱动智能机器实现控制目标的自动控制技术。控制理论发展至今已有 100 多年的历史,在经历了"经典控制理论"和"现代控制理论"的发展阶段后,现在已经进入"大系统理论"和"智能控制理论"发展阶段。随着信息技术、计算技术的快速发展以及与其他相关学科的发展和相互渗透,也推动了计算智能技术在控制系统的应用和发展,常用的智能控制系统包括模糊逻辑控制、专家系统和专家智能控制、神经网络系统辨识与控制、模糊神经网络智能控制、神经网络最优控制以及综合集成智能控制等[38-40]。

6）机器人学

机器人学是一门非常复杂的学科，涉及计算机语言、机械、电子、自动控制以及人工智能等众多学科。在当今社会，越来越多的各种类型的机器人活跃在人类生产、生活的多个领域。但是从基本的技术层面上看，要真正实现机器人融入社会，普及至一般家庭中，还至少需要攻克五个关键的技术障碍：高智能化、感应技术、自身供电、发动机以及软件程序。而计算智能技术所具有的自学习和自适应等特点，可帮助未来的机器人具备从周围环境中学习新知识，并根据所学知识改变自身行为以及应对环境变化的能力[41-43]。

7）信息安全

信息安全是指信息网络中的硬件、软件及其系统中的数据受到保护，不受偶然的或者恶意的原因而遭到破坏、更改和泄露，系统能够连续可靠正常地运行。信息安全主要包括以下五方面的内容，即需保证信息的保密性、真实性、完整性、未授权拷贝和所寄生系统的安全性。信息安全是一门涉及计算机科学、网络技术、通信技术、密码技术、信息安全技术、应用数学、数论、信息论等多种学科的综合性学科。网络和信息安全对于保障我国的经济发展和社会稳定起着至关重要的作用。随着计算智能理论和技术的发展和应用，通过在信息安全中引入智能技术，能够研发出更为高效和实用的信息安全产品，具有高度的智能特性和自适应动态变化环境的能力，并且使得许多以前难以解决的问题迎刃而解[44-46]。

8）医疗诊断

目前医学上常用的诊断方法是根据各种医疗仪器对病人的检查结果，由医生凭借自己所掌握的病理学知识和多年所积累的经验做出诊断结果。但是这种诊断方法受主观因素影响大，并且诊断结果的准确性和医生的医疗水平有着密切的关系。而将计算智能技术应用于医疗诊断领域，建立医疗智能诊断系统并应用于各种高危疾病的临床诊断，是一种有效的新型智能诊断方法和辅助诊断工具，有助于提高疾病诊断的准确率并且具有广阔的发展前景[47-50]。

在后面章节中，我们将分别介绍不同的计算智能方法在这些领域中的应用实例，并与其他相关方法的性能比较结果和分析。

1.4　本书的结构和内容安排

本书涉及的计算智能技术和方法从总体上可分为三大部分，分别是模糊进化计算方法及其实施过程、人工神经网络及其实施过程、模糊逻辑系统及其具体应用；然后探讨不同计算智能方法的融合，并针对一种基于进化计算的模糊系统的设计进行具体介绍,通过仿真实验对系统的性能进行比较和测试;最后介绍和分析常用的计算智能方法的性能评测指标。不同计算智能方法的性能评测问题包括针对某个具体问题如何选择评价标准或准则,以及如何选择合理的进行评价的前提条件,这些都是在计算智能方法的实施过程中较为关键的问题。

由于计算智能是信息科学、生命科学、认知科学等不同学科相互交叉、相互渗透以及相互促进而产生的一门新的学科,因而有许多的计算智能技术和方法仍然存在着很多的问题,还处于其发展的阶段,因而本书主要介绍当前发展的较为成熟,并且得到了广泛和成功应用的计算智能技术和方法。

由于进化计算是计算智能技术的一个重要分支,并且其中的许多方法都得到了广泛和成功的应用,本书对于进化计算这一部分内容所占的篇幅相对较大。本书所介绍的模拟进化计算方法主要包括五种典型的算法(范例):遗传算法、进化规划、进化策略、遗传编程和粒子群优化算法。在第2章中,我们介绍进化计算的相关概念、生物原理和机制,并且介绍不同进化计算方法的特点及其发展历史,然后给出进化计算方法在解决实际问题时的一般性框架结构;第3章和第4章,则分别针对进化计算中两种应用最为普遍的算法——遗传算法和进化规划,详细介绍其工作原理、工作流程、实施细节,并且给出它们在实际中的具体应用实例;本书第5章,则针对其他进化计算方法中典型的三种算法分别进行介绍,包括它们的工作原理、实施过程以及具体操作等。

人工免疫系统是研究、借鉴、利用生物免疫系统的原理、机制而发展起来的各种信息处理技术、计算技术及其在工程和科学中的应用而产生的多种智能系统的统称。人工免疫系统已经成为继神经网络、模糊逻辑和进化计算后人工智能的又一研究热点。本书的第6章介绍人工免疫系统及相关算法,并且给出它们在实际中的应用实例,并与相关方法进行性能比较和分析。

人工神经网络是一种通过模拟动物神经网络行为特征,并进行分布式并行信息处理的一种数学模型。人工神经网络的研究迄今已有60多年的历史,因而是一种相对来讲较为成熟的计算智能方法。本书的第7章,首先详细介绍人工神经网络的概念、特点和学习方法等,然后针对几种较为典型的人工神经网络类型介绍其工作原理、学习方法以及具体的应用实例。

从1965年Zadeh教授首次提出模糊集合的概念,模糊理论已经走过了近半个世纪的风雨路程,到如今已发展成为一门独立的学科。模糊逻辑理论和系统的应用范围已遍及自然科学与社会科学几乎所有的领域,特别是在模糊控制、模式识别、聚类分析、系统决策、人工智能及信息处理等方面取得了令人瞩目的成就。本书的第8章就针对计算智能技术的另一个重要分支模糊逻辑和模糊系统进行详细介绍。

本书的第9章则详细介绍一种基于进化计算方法的模糊系统设计方法,它属于两种不同类型计算智能方法之间的结合。本书的最后一章,则针对如何恰当地评价一种新提出的计算智能方法的性能,介绍常用的评价的标准或准则,并且探讨如何在实际应用中来合理选择这些评价标准。

参 考 文 献

[1]　徐宗本,张讲社,郑亚林. 计算智能中的仿生学:理论与算法. 北京:科学出版社,2003.

[2]　梁久祯. 智能计算:若干理论问题及其应用. 北京:国防工业出版社,2007.

[3]　Zadeh L A. Fuzzy logic = computing with words. IEEE Transactions on Fuzzy Systems, 1996,4(2):103-111.

[4]　Zadeh L A. Fuzzy logic, neural networks, and soft computing. Communications of the ACM,1994,37(3):77-84.

[5]　徐宗本. 计算智能:模拟进化计算. 北京:高等教育出版社,2004.

[6]　阎平凡,张长水. 人工神经网络与模拟进化计算. 北京:清华大学出版社,2005.

[7]　贲可荣,张彦铎. 人工智能. 北京:清华大学出版社,2006.

[8]　王小平,曹立明. 遗传算法:理论、应用及软件实现. 西安:西安交通大学出版社,2002.

[9]　Lawrence D. Handbook of Genetic Algorithms. New York:Van Nostrand Reinhold,1991.

[10]　Holland J H. Adaptation in Natural and Artificial Systems. Cambridge:MIT Press,1992.

[11]　Mitchell M. An Introduction to Genetic Algorithms. Cambridge:MIT Press,1996.

[12]　Chambers L D. The Practical Handbook of Genetic Algorithms:Applications. London: Chapman and Hall,2000.

[13]　Hassoun M. Fundamentals of Artificial Neural Networks. Cambridge:MIT Press,2003.

[14]　Fausett L V. Fundamentals of Neural Networks:Architectures, Algorithms and Applications. New Jersey:Prentice Hall,1993.

[15]　Grossberg S. Nonlinear neural networks:Principles,mechanisms,and architectures. Neural Networks,1988,1(1):17-61.

[16]　Hornik K. Multilayer feedforward networks are universal approximators. Neural Networks,1989,2(5):359-366.

[17]　Zadeh L A,Klir G J,Yuan B. Fuzzy Sets,Fuzzy Logic,and Fuzzy Systems. Singapore: World Scientific,1996.

[18]　Liu J,Lampinen J. A fuzzy adaptive differential evolution algorithm. Soft Computing, 2005,9(6):448-462.

[19]　Corne D W. Creative Evolutionary Systems. Waltham:Morgan Kaufmann,2001.

[20]　Goldberg D E. Genetic Algorithms in Search, Optimization, and Machine Learning. Boston:Addison-Wesley Professional,1989.

[21]　Goldberg D E. The Design of Innovation(Genetic Algorithms and Evolutionary Computation). Berlin:Springer,2002.

[22]　Koza J R. Genetic Programming:On the Programming of Computers by Means of Natural Selection. Cambridge:MIT Press,1992.

[23] Koza J R. Genetic Programming II: Automatic Discovery of Reusable Programs. Cambridge: MIT Press, 1994.

[24] Koza J R, Andre D, Bennett F H, et al. Genetic Programming 3: Darwinian Invention and Problem Solving. Waltham: Morgan Kaufman, 1999.

[25] Koza J R, Keane M A, Streeter M J, et al. Genetic Programming IV: Routine Human-Competitive Machine Intelligence. Norwell: Kluwer Academic Publishers, 2003.

[26] Michalewicz Z. Genetic Algorithms + Data Structures = Evolution Programs. Berlin: Springer, 1998.

[27] Back T. Evolutionary Algorithms in Theory and Practice: Evolution Strategies, Evolutionary Programming, Genetic Algorithms. Oxford: Oxford University Press, 1996.

[28] Bandyopadhyay S, Murthy C A, Pal S K. Pattern classification with genetic algorithms. Pattern Recognition Letters, 1995, 16(8): 801-808.

[29] Suganthan P N. Structural pattern recognition using genetic algorithms. Pattern Recognition, 2002, 35(9): 1883-1893.

[30] Qin A K. Self-adaptive differential evolution algorithm for numerical optimization. IEEE Congress on Evolutionary Computation, Edinburgh: IEEE, 2005: 1785-1791.

[31] Babu B V, Chakole P G, Mubeen J H. Multiobjective differential evolution (MODE) for optimization of adiabatic styrene reactor. Chemical Engineering Science, 2005, 60(17): 4822-4837.

[32] Kim K J. Artificial neural networks with evolutionary instance selection for financial forecasting. Expert Systems with Applications, 2006, 30(3): 519-526.

[33] Peña B, Teruel E, Díez L I. Soft-computing models for soot-blowing optimization in coal-fired utility boilers. Applied Soft Computing, 2011, 11(2): 1657-1668.

[34] Baykan N A, Yilmaz N. Mineral identification using color spaces and artificial neural networks. Computers & Geosciences, 2010, 36(1): 91-97.

[35] Chang P C, Liu C H. A TSK type fuzzy rule based system for stock price prediction. Expert Systems with Applications, 2008, 34(1): 135-144.

[36] Hadavandia E, Shavandia H, Ghanbari A. Integration of genetic fuzzy systems and artificial neural networks for stock price forecasting. Knowledge-Based Systems, 2010, 23(8): 800-808.

[37] Liu C F, Yeh C Y, Lee S J. Application of type-2 neuro-fuzzy modeling in stock price prediction. Applied Soft Computing, 2012, 12(4): 1348-1358.

[38] Simon F, Visakan K. Dual adaptive control of nonlinear stochastic systems using neural networks. Automatica, 1998, 34(2): 245-253.

[39] Renders J M, Saerens M, Bersini H. Fuzzy adaptive control of a certain class of SISO discrete-time processes. Fuzzy Sets and Systems, 1997, 85(1): 49-61.

[40] Narendra K S, Mukhopadhyay S. Adaptive control of nonlinear multivariable systems using neural networks. Neural Networks, 1994, 7(5): 737-752.

[41] Topalov A V, Kim J H, Proychev T P. Fuzzy-net control of non-holonomic mobile robot using evolutionary feedback-error-learning. Robotics and Autonomous Systems, 1998, 23(3):187-200.

[42] Wang M, Liu N K. Fuzzy logic-based real-time robot navigation in unknown environment with dead ends. Robotics and Autonomous Systems, 2008, 56(7):625-643.

[43] Jha R K, Singh B, Pratihar D K. On-line stable gait generation of a two-legged robot using a genetic-fuzzy system. Robotics and Autonomous Systems, 2005, 53(1):15-35.

[44] Tsang C H, Kwong S, Wang H. Genetic-fuzzy rule mining approach and evaluation of feature selection techniques for anomaly intrusion detection. Pattern Recognition, 2007, 40(9):2373-2391.

[45] Alberto F, María C, Edurne B, et al. Solving multi-class problems with linguistic fuzzy rule based classification systems based on pairwise learning and preference relations. Fuzzy Sets and Systems, 2010, 161(23):3064-3080.

[46] Mansoori E G, Zolghadri M J, Katebi S D. A weighting function for improving fuzzy classification systems performance. Fuzzy Sets and Systems, 2007, 158(5):583-591.

[47] Abbass H A. An evolutionary artificial neural networks approach for breast cancer diagnosis. Artificial Intelligence in Medicine, 2002, 25(3):265-281.

[48] Setiono R. Extracting rules from pruned neural networks for breast cancer diagnosis. Artificial Intelligence in Medicine, 1996, 8(1):37-51.

[49] Setiono R. Generating concise and accurate classification rules for breast cancer diagnosis. Artificial Intelligence in Medicine, 2000, 18(3):205-219.

[50] Abbass H A. An evolutionary artificial neural networks approach for breast cancer diagnosis. Artificial Intelligence in Medicine, 2002, 25(3):265-281.

第2章 进化计算的概念和范例

2.1 概　　述

自然界中的智能包括生物智能、人类高级智能以及人造智能(人工智能)。模拟进化计算(SEC)技术是通过观察和研究自然界中生物(包括我们人类)的智能行为,进而模拟自然界生物进化过程与机制,并用于求解优化与搜索问题的一类自组织、自适应的人工智能技术[1]。目前,模拟进化计算技术主要由遗传算法、遗传编程、进化策略和进化编程(evolutionary programming,EP)等算法组成[2-6],近年来其他诸如粒子群优化[7]、DNA 计算[8](DNA computing)和分子计算[9](molecular computing)等新的计算方法也归入了模拟进化计算技术的范畴中。

模拟进化计算技术的核心思想模拟和借鉴了生物的自然进化过程(从简单到复杂,从低级到高级)。生物的进化过程是一个自然的、并行发生的和稳健的优化过程,这一优化过程的目的在于使生命体达到适应环境的最佳结构和效果,而生物种群通过"优胜劣汰、适者生存"的自然选择以及个体基因的遗传变异来达到进化的目的。

模拟进化计算方法是一种更为宏观意义上的仿生优化算法,它模拟的是自然界中一切生命与智能的生成与进化过程[10]。它不仅模拟达尔文"优胜劣汰、适者生存"的进化原理来激励生命体产生更好的结构,而且也通过模拟孟德尔等的遗传变异理论在种群的优化过程中保持已有的结构,同时寻找更好的结构。

"进化计算"也常被翻译为演化计算,这一概念是在 20 世纪 90 年代初才被正式提出的,它是模拟生物进化原理和遗传变异理论的仿生计算方法的总称。虽然"进化计算"概念出现在 20 世纪 90 年代,但是其中的某些方法如遗传算法等却早在 20 世纪 50 年代就开始进行相关的研究,因而模拟进化计算方法发展的历史可以追溯到 20 世纪 50 年代[11-13]。但是在进化计算早期的研究过程中,基本上进化计算方法的各个分支是各自独立发展的,它们之间没有交流和融合,直到 20 世纪 90 年代以后,进化计算各个分支的方法才逐步进行交流和探讨,并且开始与其他计算智能方法进行融合,它们之间互为补充、取长补短。

在原有的进化计算方法得到快速发展的同时,也不断有新的进化计算方法产生,如粒子群优化、DNA 计算和分子计算等。另外,研究人员还将进化计算方法与其他计算智能方法相结合,或者嵌入已有方法中得到新的混合方法,如进化神经网络[14]、遗传模糊系统[15]等。模拟进化计算技术和方法已经成为继专家系统、人工神经网络之后在人工智能领域的又一个研究热点。目前,模拟进化计算技术和方法的应用范围几乎涉及社会科学、自然科学以及工程应用的各个方面,相关的应用软件和系统也在实际工程设计中发挥着重要的作用。模拟进化计算技术和方法较为典型的应用领域包括人工智能、知识发现、数据挖掘、模式识别、图像处理、决策分析、生产调度、智能控制、机器人等诸多领域,并且在这些领域已经得到了成功的应用,发挥着日益显著的作用[16-21]。

　　本书所涉及和介绍的模拟进化计算方法主要包括五种典型的算法(范例):遗传算法、进化规划、进化策略、遗传编程和粒子群优化算法。相对来讲,从研究的时间跨度上和取得的研究成果看,遗传算法比其他几种进化计算方法都显得更为成熟一些,因而本书对于遗传算法的工作原理、算法实施和实际应用的介绍也就更为详细一些。本章在 2.2 节首先介绍模拟进化计算方法所借鉴的生物进化原理和机制,它们是各种不同类型进化计算方法的生物学基础;然后在 2.3 节简要地介绍模拟进化计算方法的发展历史;在 2.4 节介绍模拟进化计算方法的一般性框架结构和实施步骤;在 2.5 节介绍模拟进化计算方法在实际中的主要应用领域和发展现状;在 2.6 节则对模拟进化计算方法进行总结和概括,并对未来的发展趋势进行展望。

2.2　模拟进化计算方法的生物学基础

　　模拟进化计算方法是通过模拟和借鉴自然界中生物进化过程与机制,并用于求解优化与搜索问题的一类自组织、自适应的计算智能技术。本节简要地介绍不同的模拟进化计算方法所模拟和借鉴的生物学原理和机制,其中主要包括遗传变异理论、生物进化论的一些概念和观点。

2.2.1　遗传变异理论

　　世间的生物的子代从其亲代继承特征或性状,从而生物的子代与亲代之间存在一定程度的相似性,这种生命现象称为遗传(heredity)。早在公元前 3 世纪,《吕氏春秋》中就记载着"夫种麦而得麦,种稷而得稷,人不怪已",人们也经常讲"种瓜得瓜,种豆得豆"。研究这种生命现象与机理的科学称为遗传学(genetics)。正是由于遗传的作用,自然界才有稳定的物种。

　　构成生物体的基本组成单位是细胞(cell)。细胞中含有一种微小的丝状化合物称为染色体(chromosome),生物的所有遗传信息都包含在这个复杂而又微小的染色体中。遗传信息是由基因(gene)所组成的,生物体所表现出的各种性状都是由其相应的基因所决定的,基因是遗传信息的基本单位。细胞通过分裂具有自我复制的能力。在细胞的分裂过程中,其遗传基因也同时复制到下一代,从而其性状也被下一代所继承。经过生物学家的长期研究,现在人们已经初步了解控制并决定生物遗传性状的染色体主要是由一种叫做脱氧核糖核酸(deoxyribonucleic acid,DNA)的物质所构成。染色体是生物细胞内具有遗传性质的物质,它容易被碱性染料染成深色,所以被称为染色体。染色体中的主要成分除了 DNA 之外还包含着大量的蛋白质,染色体是 DNA 的载体。染色体在细胞的有丝分裂、减数分裂和受精过程中能够保持一定的稳定性和连续性。这是最早观察到的染色体与遗传有关的现象,其说明染色体是遗传物质的主要载体,因为绝大部分的遗传物质是在染色体上的。染色体学说是遗传学发展的重要里程碑,它将细胞学中可以观察到的染色体行为与杂交实验中遗传因子的行为联系起来,这也标志着遗传学和细胞学的结合。

1953 年,沃森和克里克发现了 DNA 双螺旋的结构,如图 2-1 所示。这开启了分子生物学时代,使遗传的研究深入到分子层次,"生命之谜"被打开,人们可以清楚地了解遗传信息的构成和传递的途径。DNA 是一种长链的大分子有机聚合物,

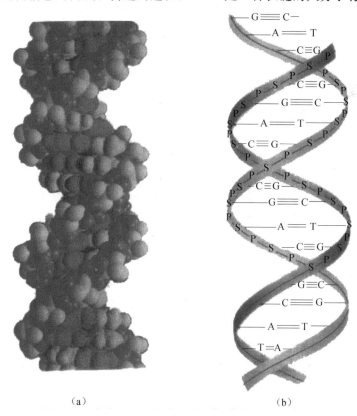

(a)　　　　　　　　　　　　　　　　(b)

图 2-1　DNA 双螺旋结构示意图

其基本组成单位称为脱氧核苷酸。DNA 分子是由两条核苷酸链以互补配对原则所构成的双螺旋结构的分子化合物。每个核苷酸由一个单分子五碳糖连接一个或多个磷酸基团和一个含氮碱基组成。单个核苷酸再以"糖-磷酸-糖"的共价键形式连接形成 DNA 单链。两条 DNA 单链以互补配对形式形成 DNA 双螺旋结构。这些碱基沿着 DNA 长链所排列而成的序列，可组成遗传密码，是蛋白质氨基酸序列合成的依据。读取密码的过程称为转录，是根据 DNA 序列复制出一段称为 RNA 的核酸分子。多数 RNA 带有合成蛋白质的讯息，另有一些本身就拥有特殊功能。基因就是 DNA 或 RNA 长链中占有一定位置的基本遗传单位。生物的基因数量根据物种的不同而差别很大，小的病毒只含有几个基因，而高等生物基因的数目达到几千到上万个。遗传信息在一条长链上按照一定模式进行排列，这种方式被称为遗传编码。

基因在染色体上所占的位置称为基因座(locus)。在分子水平上，基因座是有遗传效应的 DNA 序列。一个基因座可以是一个基因，也可以是一个基因的一部分，或具有某种调控作用的 DNA 序列。等位基因(allele)，又称对偶基因，则是一些占据染色体的基因座的可以复制的脱氧核糖核酸。等位基因大部分时候是脱氧核糖核酸列，有的时候也被用来形容非基因序列。一种生物所特有的基因及其构成形式称为其基因型(genotype)。基因型也是指生物的遗传型，即控制性状的基因组合类型，它是生物体从它的亲本获得全部基因的总和。而一种生物在环境中所呈现的相应性状被称为该生物的表现型(phenotype)。一个生物体的性状是很多的，那么，控制这些性状的全部基因就称为生物体基因型。

细胞在分裂时遗传物质 DNA 通过复制(reproduction)而转移到新产生的细胞中，新的细胞就继承了原来细胞的基因。有性生殖生物在繁殖下一代时，两个同源染色体之间通过交叉(crossover)而重组，即在两个染色体的某一相同位置处 DNA 被切断，其前后两部分分别交叉组合而形成两个新的染色体。另外在进行细胞复制时，虽然概率很小但也有产生某些复制差错的可能，从而使 DNA 中的某些基因发生变异(mutation)，产生新的染色体，呈现出新的性状。

2.2.2　生物进化论

生物进化论是讲述自然界中的生物从无到有，从少到多，从简单到复杂，从低级到高级的发展的科学理论。生物在其延续生存的过程中，逐渐适应其生存环境，使得其品质不断得到改良，这种生命现象称为进化(evolution)。生物的进化是以种群的形式共同进行的，有时也称为生物群体(population)，群体中的每个生物称为个体(individual)。每一个生物个体对其所处的生存环境都有不同的适应能力，这种能力称为个体的适应度(fitness)。达尔文的进化论学说主要包括渐变性进化学说、物种形成和增殖学说以及著名的自然选择学说(natural selection)，这些学说构成了现代进化论的主体。达尔文的进化论学说认为通过不同生物间的交配以及其他一些原因,生物的基因有可能发生变异而生成一种新的生物基因,这部分变异了的基因也将遗传到下一代。这种新的基因依据其与环境的适应程度决定其增殖能力,有利于生存环境的基因逐渐增多,而不利于生存环境的基因逐步减少。通过这种自然的选择,物种将逐渐地向适应于生存环境的方向进化,从而生成越来越适应生存环境的新生物物种。

达尔文的进化学说具有以下几个方面的特征:

(1) 生物进化过程是逐渐进行的,而不是采用跳跃式或骤变式的方式。生物进化是通过积累一系列细微、连续的有益变异而逐步实现的,新的物种的产生是在原有物种的基础上通过缓慢的过程进化而成的。

(2) 达尔文把种群思想(population thinking)引入到生物进化过程中,强调生物种群中个体的特异性。另外物种增殖是由一个共同的祖先通过进化生成新的不同的子代种,这也解释了生物界中的物种多样性问题。

(3) 达尔文的自然选择学说是以种群思想为基础,自然选择的对象是种群中的个体。正是由于种群中不同的个体间存在着适应性、生存以及生殖能力等方面的差异,因而使得自然选择可以进行。

而从染色体和 DNA 的层面上看,虽然生物体遗传和进化的许多原理和机制还尚未被人们所掌握,但是在以下几个方面确是有着一致的看法的。

(1) 生物体的所有遗传信息都包含在细胞中的染色体中,染色体的具体结构(基因型)的不同决定了个体的不同生物特征(表现型),表现型也决定了个体对外界环境的适应度。

(2) 由于 DNA 双螺旋的结构形式,并且其双链之间存在着恒定的碱基互补原则,因而染色体可以视为是由四种不同的碱基的核苷酸序列所组成的一维字符串,其中基因在染色体上是采用线性排列的形式。

(3) 生物的繁殖从父代到子代,在遗传信息上则体现在基因信息的传递和复制,而在有性繁殖情形,基因信息的传递是通过个体基因的交叉和重组来实现的。

(4) 通过个体同源染色体之间的基因交叉操作或者染色体上的基因变异操作,新的基因型也带来新的表现型,使生物体呈现新的性状或者生成新的物种。基因的变异操作是推动生物进化过程的重要原动力。

(5) 个体对于环境的适应度决定了该个体在自然界中能否存活,那些具有较强适应性的染色体或者基因会比适应性差的染色体或者基因在生物的自然选择过程中有更多的机会遗传到下一代。

(6) 生物种群的个体之间以及不同的种群之间既存在着竞争同时也存在着合作关系,竞争是生物种群分享有限生存资源的直接结果,它是生物进化的促进剂。自然界中由于有竞争,所以必然有选择,自然选择就是生物进化中最基本的规律。

2.3　模拟进化计算方法的发展历史

进化计算方法与其他技术和方法一样,从开始提出到目前为止已经经历了几十年的发展,在其发展过程中,众多科学家和研究人员做出了巨大的贡献,推动了进化计算方法的发展和广泛应用。按照目前常用的划分方法,人们将进化计算方法的发展阶段分为三个时期:萌芽期、成长期和发展期。

2.3.1　萌芽期

早在 20 世纪 50 年代,一些生物学家就试图利用计算机来模拟自然遗传系统。其中,澳大利亚的 Fraser 就是这些生物学家的一个代表,其研究领域为隐形基因。他曾在表达每个隐形基因时,采用了 3 组 5 位(串长 15 位)的二进制字符串的形式,并且其研究工作有些类似于今天的利用进化算法来求解函数优化问题。这也成为进化计算技术和方法的起源。

到了 20 世纪 60 年代初,来自美国密歇根大学的 Holland 教授在研究自适应系统时,提出了一种具有自适应的系统,它对于外界环境中的变化以及不确定性具有较强的鲁棒性,并且该系统能够通过与环境的相互作用来做出恰当的调整。到了 1968 年,Holland 教授提出了模式理论,它成为现在遗传算法的主要理论基础[2]。但是,首次提出遗传算法这个术语的是美国的 Bagley 于 1967 年在其关于博弈论的博士论文中提出的,在其论文中他所提出的遗传算法与今天的遗传算法十分相似,尤其是在算法中选择、交叉和变异算子的实施方式上[22]。

同样是在 20 世纪 60 年代,德国的 Rechenberg 等正式提出了进化策略的算法,最初的算法只包含有一个个体,并且进化操作也仅有突变一种算子[23]。1965年,美国的 Fogel 等也正式提出了进化规划算法,其算法中采用了由多个个体所组成的群体,并且只有突变操作[24]。

2.3.2　成长期

1975 年,Holland 教授正式出版了进化计算领域的一本重要专著《自然界和人工系统的自适应性》(*Adaptation in Natural and Artificial Systems*)[2]。这本专著全面系统地介绍了遗传算法的工作原理。人们常把这一著作的出版视为遗传算法问世的重要标志,Holland 教授也被视为遗传算法的创始人。

同样是在 1975 年,德国的 Schwefel 在其博士论文中发展和改进了进化策略算法,其中采用了由多个个体组成的群体而不是先前的仅由单个个体参与进化,并且进化的操作包括突变和重组(recombination)算子,改善和提高了进化策略算法的性能[25]。

　　20 世纪 80 年代,越来越多的研究人员开始积极参与到遗传算法的研究工作中,使得遗传算法成为人工智能领域的新的研究热点。1987 年,美国的 Lawrence 总结了人们在研究遗传算法时的一些经验,并公开出版了《遗传算法和模拟退火》(*Genetic Algorithm and Simulated Annealing*),它以论文集的形式采用大量实例详细介绍了遗传算法。1989 年,Holland 教授的学生 Goldberg 出版了在遗传算法研究领域具有重要影响力的专著《遗传算法:搜索、优化和机器学习》(*Genetic Algorithms in Search, Optimization and Machine Learning*),全面系统地介绍了遗传算法及其应用。该专著迄今仍然被认为是关于遗传算法最有影响力的著作之一,并被广泛地作为高校学生和研究人员学习和应用遗传算法的经典教科书。

　　1985 年,美国举办了第一届遗传算法的国际学术会议(International Conference on Genetic Algorithms, ICGA),与会者广泛地交流了遗传算法应用中的经验和体会。在此次国际学术会议期间,国际遗传算法学会(International Society of Genetic Algorithms, ISGA)也正式宣告成立。此后国际遗传算法学术会议每隔两年定期召开一次。

　　在 20 世纪 80 年代后期,D. B. Fogel 对他父亲 L. J. Fogel 所提出的进化规划算法进行了改进,在突变操作中使方差能够自适应地进行变化,并且促使进化规划集合进化策略算法的相互交叉和渗透。

2.3.3　发展期

　　这一阶段是从 20 世纪 90 年代开始一直持续到现在。在此期间,遗传算法不断地向广度和深度发展,并且从事遗传算法研究和应用的人数开始迅速增长,遗传算法的应用领域也在不断扩大。

　　1991 年,Lawrence 出版了《遗传算法手册》(*Handbook of Genetic Algorithms*),该手册详尽地介绍了遗传算法的原理、实施细节以及众多应用实例。1996 年,Michalewicz 出版了专著《遗传算法＋数据结构＝进化程序》,书中深入讨论了遗传算法和进化程序方面所涉及的各种具体问题。同年,Back 出版了专著《进化算法的理论与实践:进化策略、进化规划、遗传算法》,该著作深入阐明和探讨了进化算法的许多理论问题。

　　20 世纪 80 年代后期,研究人员开始对遗传算法的表达方式进行改进,美国斯坦福大学的 Koza 在 1989 年提出了遗传编程的概念,并且采用层次化的计算机程序来代替二进制字符串进行问题的表达。1992 年,Koza 出版了专著《遗传编程——应用自然选择法则的计算机程序设计》(*Genetic Programming: On the Programming of Computer by Means of Natural Selection*),该书全面地介绍了遗传编程的原理及应用实例,标明遗传编程已成为进化算法的一个重要分支。Koza 本人也被大家视为遗传编程的奠基人。

　　1994 年，Koza 又出版了其第二部专著《遗传编程Ⅱ：可再用程序的自动发现》（*Genetic Programming* Ⅱ：*Automatic Discovery of Reusable Programs*），书中提出了自动定义函数的新概念，并在遗传编程算法中引入了子程序的新技术。同年，Kinnear 主编了《遗传编程的进展》（*Advances in Genetic Programming*），其中汇集了许多研究工作者关于应用遗传编程的经验和技术。1998 年，Banzhaf 等出版了专著《遗传编程：计算机程序的自动进化及其应用综述》（*Genetic Programming*：*An Introduction on the Automatic Evolution of Computer Programs and its Applications*），该书除了全面总结遗传编程方法之外，还针对各种改进技术进行评述。同时，关于遗传编程的专门和综合的国际学术会议也开始定期地召开，这标志着遗传编程已经得到了广泛的应用。

　　我国开始出现进化算法的研究是在 20 世纪 80 年代以后，在那一时期，有关进化计算的学术论文和专著开始大量的出现，相关的国际学术会议也正式成为专门的会议系列，开始定期地在世界各地召开，极大地促进了进化计算研究人员的学习和交流，也大力推动了各种进化计算方法的推广和应用。目前，模拟进化计算技术和方法已经成为继专家系统、人工神经网络之后在人工智能领域的第三个研究热点。

2.4　模拟进化计算方法的一般框架结构

　　虽然模拟进化计算方法包含多种算法，但从整体上讲，所有的模拟进化计算算法在实际应用中都具有较为相似的流程。模拟进化计算方法的一般框架和具体的流程如下所示。

　　步骤 1：算法的初始化。

　　首先要确定算法中的种群规模以及算法的终止条件（如采用算法的最大进化代数或者最优解与期望值的误差是否满足阈值条件等），并且随机生成初始种群，设置算法的各种运行参数，最后还要设置算法的进化代数的计数初值 $t=0$。

　　步骤 2：个体评价。

　　根据定义的个体适应度函数，计算当前种群中每个个体的适应度值。

　　步骤 3：种群的进化过程。

　　从当前种群中基于个体的适应度，选择优良个体组成下一代种群，在此过程中对个体实施各种进化操作，如交叉、变异和选择等。

　　步骤 4：算法的终止条件判断。

　　基于所定义的终止条件判断标准，如果当前的种群满足算法的终止条件，则终止算法的迭代过程，并输出种群中具有最大适应度的个体作为最优解；否则置进化代数 $t=t+1$，并转到步骤 2 进行算法下一代的进化过程。

从上述的模拟进化计算方法的流程可以看出,进化计算方法首先产生初始种群,然后对种群中的个体进行评价,评价操作是根据预先定义的一个评价函数来计算当前种群中每个个体(候选解)在环境中的"适应度",接下来就是算法的关键和核心部分,即种群的进化过程。种群的进化过程的功能是通过实施一些进化操作(如选择、交叉和变异),从当前种群中产生新的个体,然后从当前种群和新产生的个体中选择部分优良个体成为下一代种群,这就完成了种群的一次进化过程。算法的终止条件是判断算法是否结束迭代过程的条件。在种群的进化过程中,选取不同的进化操作或者操作采用不同的实施方式,就决定了进化算法的不同种类。

在算法的初始化过程中,一般是通过随机的方式选取个体组成初始种群。例如,当个体采用二进制串的形式时,串上的每个二进制字符以 50% 的概率选择 1或者 0。当前有研究人员在进行算法设计时,将一些经验知识运用到初始种群的产生过程中,即对个体的取值具有指导作用。这样做可以明显加快算法的收敛速度,但是需要引起注意的是这样也有可能使算法陷入局部最优解。种群的规模和算法的终止条件是根据具体问题的性质来确定的,但是也要注意,如果种群的规模太大则算法的计算成本就会较大,算法的运行时间就会很长,但是反之如果种群的规模太小,则种群进化的效果就会大打折扣。

适应度函数的定义没有一个统一的标准,但是通常来讲适应度函数值和待优化目标函数的取值是成比例的,如果是求最大值,那么是成正比的;而如果是求最小值,那么该比例关系则是成反比的。适应度函数在进化计算方法的实施过程中起着至关重要的作用,它决定了种群进化的方向,它不仅可用来对个体进行评价,还在选择、交叉和变异等遗传操作的实施过程中作为关键的参数。

在种群的进化过程中,模拟进化计算方法主要模拟生物体染色体的交叉和基因变异过程,所采用的操作策略称为选择算子、交叉算子和变异算子,从而产生一代又一代的新种群,实现个体的适应度不断改善和提高。

(1) 选择算子:它是模拟自然界生物进化过程中自然选择的原理,体现"物竞天择、优胜劣汰"的机制。根据种群中每个个体的适应度,选择算子按照一定的规则或方法从当前种群中选择一些优良的个体,进行后续的交叉和变异操作,让父代个体的基因能够遗传到下一代种群。

(2) 交叉算子:它是模拟自然界中生物有性繁殖的基因重组操作,根据选择算子从当前种群中所选择的优良个体中,交叉算子随机选择一对母体,按照一定的概率(交叉概率)交换它们之间的部分基因信息。

(3) 变异算子:它是模拟自然界中生物的基因突变的遗传操作,对于当前种群中被选择进行变异的个体,根据所设定的概率(变异概率)改变该个体的某一个或某些基因座上的基因值为其他的等位基因。

　　有时候在进化计算的不同类型的算法中,可能对于遗传算子的称呼不完全一致,如有的进化计算方法中有重组算子和突变算子,但它们和交叉算子以及变异算子的具体操作是比较接近或者类似的。

　　综上所述可以得出,进化计算方法有两大基本特点,分别是群体搜索策略和群体进化过程中个体之间信息的交换。进化计算方法具有如下的优越性:①进化计算方法采用随机搜索策略,因而在搜索过程中不易陷入局部最优。②进化计算方法本身固有并行性,所以非常适合于巨型并行机。③进化计算方法采用自然进化机制来表示复杂现象,具有能快速可靠地解决非常困难的问题的能力。④进化计算方法也很容易与其他算法进行融合,因而具有良好的扩展性,实现同其他技术和方法的综合应用。

　　下面针对一个常见的函数优化问题,具体介绍模拟进化计算方法在实际应用中的实施过程。不失一般性,假定模拟进化计算方法所要处理的问题为一个求解目标函数的最大值问题。从抽象的意义上讲,模拟进化计算所要解决的问题可以描述为下面的公式:

$$\max_{X \in \Omega} f(X) \tag{2-1}$$

其中,Ω 为 n 维实数空间($\mathbf{R}^n$)的一个子集;$f : \Omega \rightarrow \mathbf{R}^1$ 表示待优化的目标函数。该优化问题就是在区域 Ω 中进行搜索,得到使函数取得最大值的 n 维实数空间的点或者点集。

　　为了模拟生物的进化过程和相关机制,首先要将优化变量 X 对应到某个生物种群中的相应个体。

　　定义 2.1(遗传编码)　我们称一个有限长度的字符串为优化变量的一个遗传编码(也称染色体编码):

$$A = a_1 a_2 \cdots a_l \tag{2-2}$$

其中,l 称为编码长度;A 为 X 的编码;X 则称为 A 的解码。编码中的每个 a_i 可视为是一个遗传基因,它的取值范围(或者所隶属的某个集合)则称为等位基因。A 可认为是由 l 个基因所组成的一个染色体,亦可称为生物学中的个体。编码的长度通常来讲是固定的,但对某些具体问题也可以是变化的;个体中的每个等位基因可以是一组整数、实数或者其他类型的集合元素。接下来,可定义个体空间和种群空间的概念。

　　定义 2.2(个体空间和种群空间)　假设 Γ 表示等位基因,l 为给定的编码长度,则下面的集合称为个体空间:

$$H_l = \{A = a_1 a_2 \cdots a_l \mid a_i \in \Gamma, i = 1, 2, \cdots, l\} \tag{2-3}$$

对任何正整数 m,下面的表达式则称为 m 阶种群空间:

$$H_l^m = \underbrace{H_l \times H_l \times \cdots \times H_l}_{m \text{次}} \tag{2-4}$$

其中,二阶种群空间 H_l^2 称为母体空间。H_l 中的任一元素则称为一个个体,H_l^m 中的元素则称为 m 阶种群,H_l^2 中的每个元素则称为一对母体。

定义 2.3(适应度函数)　假设 $\mathbf{R}^+$ 表示正实数集,如果一个映射 $F{:}\Omega{\rightarrow}\mathbf{R}^+$ 满足下面的条件:F 与 f 具有相同的全局极大值点,并且满足

$$f(X_1) \geqslant f(X_2) \Rightarrow F(X_1) \geqslant F(X_2), \quad X_1, X_2 \in \Omega$$

则该映射称为个体的一个适应度函数。显然存在无穷多可能满足上述求极值问题的适应度函数。在实际应用中,最简单的方法就是直接取 $f(X)$ 作为适应度函数。个体越接近目标函数的全局最大值点,其适应度就越大;反之其适应度就越小。

上述函数的求解最大值问题的解空间就是满足 $X \in \Omega$ 的优化变量集合。模拟进化计算方法对该问题的求解是通过对染色体 A 的搜索来完成的,而搜索空间就是由个体空间 H_l 所构成的空间。这样我们就将实际的函数优化问题转换为在个体编码空间对适应度函数的优化和搜索过程。完成上述准备工作后,我们就可根据不同的进化计算方法类型,来进一步设计进化操作算子,最后通过算法的迭代过程来实现求解函数求极值问题。

关于利用进化计算方法来求解优化问题,在很多应用场合我们并不知道该优化问题的全局最优解是多少,以及全局最优解是否不只一个。在这种情形下,由于进化计算方法具有全局搜索能力,因而如果算法进化过程比较充分并且算法的迭代次数足够多的条件下,我们能够有较大的概率获得全局最优解。但是在实际应用中,如果某个进化计算方法需要很长的时间才能收敛到全局最优解,虽然的确得到了全局最优解,那么这也是不可接受的,因为算法的计算时间超出了可行的范围。而如果某个进化计算方法能够在有限的时间内得到接近全局最优解的次优解,并且该算法运行时间不会随着问题中变量数目的增加而呈指数规律增长,那么该算法就是求解该问题的一种可行性方法。在很多应用场合,次最优解和最优解对于实际问题所带来的差异也是可以忽略不计的。

另外,需要强调的是对于某些优化问题,进化计算方法并不一定是最好的选择。例如对于某些典型的函数优化问题,这时采用常规的数学规划方法,包括线性规划和非线性规划,可以根据数学公式直接进行求解;而如果采用进化计算方法,则有可能需要耗费更多的时间。一般对于常规的数学优化问题,就采用现有的数学工具进行求解,而对于那些采用常规数学方法无法解决(或者难以解决)的复杂问题,采用进化计算方法就是一种不错的选择,因为进化计算方法不受目标函数连续性、可微等方面的限制,并且具有较强的鲁棒性:当问题发生改变时,如果不是原

理上和形式上大的改变,则所设计进化计算方法可不需要做出改变,或者仅作小规模的改动,算法的大部分不需要做出调整。

2.5　模拟进化计算方法的典型应用领域

模拟进化计算方法从本质上讲就是模拟自然界生物的进化过程的一种新型的搜索和优化方法,因为生物的进化过程就是物种由低等到高等,从简单到复杂的过程,通过进化生物个体对外界环境的适应能力得到逐步增强和提高。模拟进化计算方法具有自组织、自适应和自学习等智能特征,并且对所要求解问题的要求和限制条件较少,因而在各种不同的领域中得到了广泛应用。下面将简要地介绍模拟进化计算技术和方法在基础研究和实际工程应用中较为成功的领域。

1) 数据挖掘和模式识别

实际中的数据挖掘和模式识别问题经常面对搜索空间巨大、数据和模式不完整、不确定的情况,而采用常规的数理统计和机器学习方法往往难以处理这些问题,或者方法的运行效率不高。进化计算方法可应用于数据的聚类分析、关联规则挖掘以及模式识别和图像处理等领域。但在实际应用中,需要将数据挖掘的任务表达为数学上的优化问题,然后利用进化计算所具有的随机优化和搜索能力以及自适应和自学习的优势,实现数据挖掘的任务。

2) 复杂系统的自动控制

由于模拟进化计算具有自组织、自适应和自学习等优良特性,因而能够适应控制环境的变化,克服干扰信号的影响,确保控制系统的控制精度,并实现控制的实时性和快速性。智能控制理论的研究和应用是控制理论新的发展阶段,控制系统向智能控制系统的发展已成为未来的发展趋势。而快速、高效的智能控制算法是实现智能控制的重要手段,进化计算方法作为一种随机全局优化工具,可用于智能控制系统中结构和参数的优化。另外,还可利用进化计算方法通过迭代学习过程,从人们的实际操作经验得到控制规律和控制算法,进而达到对控制系统实现有效控制的目的。

3) 复杂问题的优化

当前有多种类型的优化算法,如模拟退火算法、梯度下降法、单纯形法等。但是如果遇到下面这些较为复杂的问题时,如目标函数没有确定的解析表达式、最优控制问题、组合优化问题、多峰值函数优化问题和多目标函数优化问题等,常规的优化方法往往就无法解决,或者能勉强解决但需要耗费很长的时间。这时进化计算方法就表现出其优势和优越性,不仅能够获得全局最优解,并且算法的运行效率还较高,另外还体现在当问题的维数增长时,算法的运行时间并不会呈现指数型增长。

4）人工智能领域

实际上从划分关系上讲,进化计算就属于人工智能的一个重要分支。这里的人工智能是指一个更为广义的概念,所有通过人工方法达到模拟人类智能的技术和方法都可称为人工智能。从发展的角度看,进化计算方法是继模糊数学、专家系统和人工神经网络之后,处理和实现人工智能的又一个新的有力工具。进化计算方法更为强调的是从生物进化原理和机制上获得启示,这种智能实际上是模拟自然界的智能,也是一种更高层面上的智能,人类的智能也是自然智能的一个组成部分。

5）多种计算方法的融合

随着科学技术的快速发展,各种不同的学科之间也呈现了相互交叉和融合的趋势。进化计算方法与其他计算智能方法进行了广泛的融合,提出了诸如模糊遗传算法、基于遗传算法的人工神经网络等。其中进化计算可用于优化模糊系统的隶属度函数和模糊规则,还可以基于进化计算来确定人工神经网络拓扑结构和网络参数等。这样能够发挥进化计算方法与其他技术和方法的优点,实现取长补短,相互促进,从而能够获得更为有效的解决问题的方法,提高解决实际问题的能力。

实际上在上述各个领域中都存在已经较为成熟的方法,那么模拟进化计算方法为什么会引起广泛的关注并得到成功应用呢? 相对于其他相关的方法,模拟进化计算方法的优势到底体现在什么地方呢?

首先,模拟进化计算方法和其他传统的方法相比较,显著的不同主要体现在以下几个方面:

（1）模拟进化计算方法不直接对问题进行求解,而是采用问题对应的目标函数所涉及参数的编码形式来进行搜索和优化。

（2）模拟进化计算方法是直接基于个体的适应值来对每个个体进行评价,不需要其他诸如目标函数的导数等其他信息。

（3）模拟进化计算方法采用群体搜索和优化策略,群体中的每个个体代表了所求解问题的一个候选解。

（4）模拟进化计算方法是采用随机搜索机制,而不是采用传统方法中的确定性计算方法。

例如,在处理优化问题时,研究工作者已经提出了多种类型的优化算法,如模拟退火算法、梯度法、单纯形法等。但是这些算法往往会陷入局部最优解,特别是针对那些具有众多局部极值的函数（多峰值函数）的优化问题。因为这些算法往往是采用单点搜索,即从一个初始点向着最优解的方向移动,在解空间中就形成了一条轨迹,对于单峰值函数可能还比较有效;但一旦所要求解的问题是多峰值函数的形式,就会陷入局部极值点并且无法跳出该区域。而模拟进化计算方法采用群体搜索和优化策略,相当于在多个区域和多个方向上进行并行搜索和优化,这样在算法每次迭代过程中就不是得到一个解,而是得到一组分布广泛的优化解,能够有效地避免陷入局部最优解。

对于传统的方法在求解许多实际问题时,除了要知道目标函数的表达式,还要求知道目标函数的导数、连续性等信息,但是对于较为复杂的问题不仅无法计算或得到目标函数的导数信息,而且问题的具体运行模型也是未知的,系统就对外呈现一个黑箱模型(仅知道系统的输入信号和相应的输出值)。此时,许多传统的方法或者无法解决这样的复杂问题,或者虽然可以应用但是运行效率不高且无法获得满意的解。采用模拟进化计算方法就能够有效地解决此类复杂问题。

另外,需要强调的是虽然模拟进化计算方法采用了随机搜索机制,但是实际上其搜索过程体现出很强的针对性,如在算法中种群的迭代过程中,那些适应度更好的个体有较大的概率进入下一代种群,相当于保留优良解而抛弃不好的解;而在个体的突变或变异操作上,也会采用自适应的变异策略,对于那些接近最优解的个体变异的幅度就选的小些,而对于那些还远离最优解的个体的变异的幅度则可以选得大些,这样做的目的相当于在解空间搜索区域的微调和粗调。

总体上讲,模拟进化计算方法具有通用、随机、并行、自适应、局部搜索和全局搜索相结合等较为突出的优点,并且能够处理常规方法所不能有效处理的问题。这就决定了模拟进化计算方法的适用范围包括了实际中的广泛领域。但是需要指出的是,模拟进化计算方法也不是万能的,并不是对于所有类型的问题都是有效的,特别是对于通常遇到的数值优化问题,此时就可采用常规的数学规划方法进行求解,采用进化计算方法反而有可能效率更低。

2.6　总　　结

随着科学技术的发展以及人们对生物进化原理、群体智能(swarm intelligence)和遗传变异机制的深入研究,不断有新的模拟生物进化原理和遗传变异机制的技术和方法被提出。当前所有模拟生物的遗传和进化规律来解决实际工程和其他实际问题的技术和方法都可称为进化计算方法,进化计算已经成为一门较为独立的计算技术学科,并且也是计算智能中的关键、核心技术和方法。如前所述,模拟进化计算方法具有通用性、随机性、自适应和鲁棒性等较为突出的优点,并且能够处理常规方法所不能有效处理的问题,因而在未来仍然具有较大的发展空间。

但是也要看到模拟进化计算技术的缺点和局限性。模拟进化计算方法由于采用随机性概率搜索机制,因而算法的运行时间相对来讲还是比较长的,因而今后需要提高算法的运行效率,扩大模拟进化计算方法在实际中的适用范围。另外,模拟进化计算方法的优势在于其全局搜索和优化能力,但是进化计算方法的局部搜索能力却明显不足,因而已有不少研究成果是将进化计算方法和局部优化方法进行结合,取长补短,这也是进化计算领域一个重要的研究方向。

在本章我们介绍了模拟进化计算方法的主要概念以及典型范例。从广义的角度讲,模拟进化计算方法范围不限于本章所介绍的几种算法,但我们将着重介绍遗传算法、进化规划、进化策略、遗传编程和粒子群优化算法这五种算法。相对来讲,从研究的时间跨度上和取得的研究成果看,遗传算法比起其他几种进化计算方法都显得更为成熟一些,因而本书对于遗传算法的工作原理、算法实施和实际应用的介绍也就更为详细一些。接下来本书将首先介绍遗传算法的工作原理和实施过程,并给出遗传算法的具体应用实例;然后介绍另一种应用最为普遍的进化计算方法——进化规划,包括其工作原理、实施特点以及典型的应用实例;最后分别介绍其他几种进化计算方法,并总结不同进化计算方法的特点和适用领域,以及进化计算方法与其他计算智能方法之间相互促进、共同发展的趋势。

参 考 文 献

[1] 徐宗本,张讲社,郑亚林. 计算智能中的仿生学:理论与算法. 北京:科学出版社,2003.

[2] Holland J H. Adaptation in Natural and Artificial Systems. Cambridge:MIT Press,1992.

[3] Mitchell M. An Introduction to Genetic Algorithms. Cambridge:MIT Press,1996.

[4] Back T. Evolutionary Algorithms in Theory and Practice:Evolution Strategies,Evolutionary Programming,Genetic Algorithms. Oxford:Oxford University Press,1996.

[5] Goldberg D E. The Design of Innovation(Genetic Algorithms and Evolutionary Computation). Berlin:Springer,2002.

[6] Koza J R. Genetic Programming:On the Programming of Computers by Means of Natural Selection. Cambridge:MIT Press,1992.

[7] Kennedy J,Eberhart R C. Particle swarm optimization. Proceedings of IEEE International Conference on Neural Networks,Piscataway:IEEE,1995:1942-1948.

[8] Deaton R,Garzon M,Rose J A,et al. DNA computing:A review. Fundamenta Informaticae,1998,35(1):231-245.

[9] Adamatzky A. Molecular Computing. Cambridge:MIT Press,2003.

[10] 徐宗本. 计算智能:模拟进化计算. 北京:高等教育出版社,2004.

[11] Koza J R. Genetic Programming II:Automatic Discovery of Reusable Programs. Cambridge:MIT Press,1994.

[12] Koza J R,Andre D,Bennett F H,et al. Genetic Programming 3:Darwinian Invention and Problem Solving. Waltham:Morgan Kaufman,1999.

[13] Koza J R,Keane M A,Streeter M J,et al. Genetic Programming IV:Routine Human-Competitive Machine Intelligence. Norwell:Kluwer Academic Publishers,2003.

[14] Kiranyaz S,Ince T,Yildirim A,et al. Evolutionary artificial neural networks by multi-dimensional particle swarm optimization. Neural Networks,2009,22(10):1448-1462.

[15] Hadavandi E,Shavandi H,Ghanbari A. Integration of genetic fuzzy systems and artificial

neural networks for stock price forecasting. Knowledge-Based Systems,2010,23(8):800-808.

[16] Abbass H A. An evolutionary artificial neural networks approach for breast cancer diagnosis. Artificial Intelligence in Medicine,2002,25(3):265-281.

[17] Tsang C H,Kwong S,Wang H. Genetic-fuzzy rule mining approach and evaluation of feature selection techniques for anomaly intrusion detection. Pattern Recognition,2007,40(9):2373-2391.

[18] 王小平,曹立明. 遗传算法:理论、应用及软件实现. 西安:西安交通大学出版社,2002.

[19] Martínez M,Senent J S,Blasco X. Generalized predictive control using genetic algorithms. Engineering Applications of Artificial Intelligence,1998,11(3):355-367.

[20] McGookin E W,Murray-Smith D J,Li Y,et al. Ship steering control system optimisation using genetic algorithms. Control Engineering Practice,2000,8(4):429-443.

[21] Scheunders P. A genetic c-Means clustering algorithm applied to color image quantization. Pattern Recognition,1997,30(6)6:859-866.

[22] Bagley J D. The behavior of adaptive systems which employ genetic and correlation algorithms. Ann Arbor:University of Michigan,1967.

[23] Beyer H G. The Theory of Evolution Strategies. Berlin:Springer,2001.

[24] Fogel L J,Owens A J,Walsh M J. Artificial Intelligence through Simulated Evolution. Hoboken:John Wiley,1966.

[25] Schwefel H P. Numerical Optimization of Computer Models. Chichester:Wiley,1981.

第3章　遗传算法

3.1　遗传算法概述

遗传算法是由美国密歇根大学的 Holland 教授首先提出,并且经过他和他的学生 de Jong 以及其他研究人员,如 Goldberg、Mitchell 等,不断地改进和完善而形成的一类模拟进化算法。遗传算法的工作原理是通过模拟自然界中生物的进化过程,其中主要基于达尔文提出的生物进化论以及孟德尔提出的遗传学原理,来设计相应的进化算子或操作,并用于求解各种复杂的实际问题。

在漫长的岁月里,地球上的生命从最原始的单细胞生物开始,经历了由低级到高级,从简单到复杂的自然进化过程,出现了今天所看到种类繁多的动物和植物,当然也包括我们人类这样有思维、有智力的高级生命体。根据适者生存、优胜劣汰的自然法则,并利用基因的交叉和变异,各种生物包括我们人类不仅可以被动地适应周围的自然环境,更重要的是能够通过学习、模拟和创造,不断地提高对自然环境的适应能力。

在人类的发展史上,通过学习和模拟其他生物的行为来增强对环境的适应能力的例子有很多。例如,通过模拟飞禽的行为,人类发明了飞机,可以自由地遨游天空;通过模拟鱼类的游行原理,人类发明了船和潜水艇,从而可以征服大海;通过模拟大脑的功能,人类发明了计算机,从而可以在一定程度上替代人类的脑力工作。自从 20 世纪后半叶以来,又出现了人工神经网络和模糊系统。其中,人工神经网络是对人类大脑信息处理机制的模拟,而模糊系统则是模拟了人类的思维方式。除了向人类自身的结构进行模拟和学习之外,人类还向其自身的演化这一更为宏观的过程进行模拟和借鉴,提出了具有代表性的一种进化计算方法——遗传算法[1]。

自然界的生物演化过程从本质上讲就是一个学习和优化的过程,它使得生命体能够达到适应环境的最佳结构和效果。例如,长颈鹿为了吃到树上的树叶而不至于饿死,进化长出了长长地脖子;青蛙的存活得益于其两栖式左右逢源的能力;人类的直立行走解放了双手,则是得益于类人猿求生的努力。而正是人类的直立行走,使得人类逐步成为了地球的主宰。

遗传算法属于一种更为宏观意义上的仿生进化算法,它模仿的机制是自然界所有生物体的进化过程。它通过模拟达尔文的"优胜劣汰、适者生存"的原理得到更好的基因结构,通过模拟孟德尔遗传变异理论在迭代过程中保持已有的基因,通过变异来寻找更好的基因。从其本质上讲,遗传算法是一种随机的优化和搜索方法[2],它利用选择、交叉和变异逐步改善候选解的质量,最终得到问题的优化解。

遗传算法具有通用、并行、稳健、简单与全局优化能力强等许多较为突出的优点,并且适用于解决各种复杂的全局搜索和优化问题。自从遗传算法诞生以来,从理论上和实际应用中都已得到证明,遗传算法能够实现在复杂的空间内进行有效的搜索,并具有很强的鲁棒性,因而遗传算法在众多领域得到了广泛和成功的应用。在自动控制领域,遗传算法常用于学习和确定控制器的结构和参数,具体应用包括机器人控制、锅炉过热汽温的控制等;在调度和规划领域,遗传算法常用于确定企业车间的生产调度方案以及并行计算机的任务分配方案;在优化领域,遗传算法常用于搜索复杂空间中的优化解,具体应用包括多目标函数的优化、旅行商问题、图划分问题等;在图像处理领域,遗传算法常用于模式识别、信息中的特征提取、图像边缘检测等;在知识发现领域,遗传算法常用于设计相应的知识发现方法、知识规则提取方法以及各种数据挖掘方法中。

3.1.1 遗传算法的发展历史

Holland 教授最初所提出的遗传算法,通常被称为简单遗传算法(simple genetic algorithm)或基本遗传算法,以区分在此基础上所提出的各种改进算法。在20 世纪 70 年代,Holland 教授在前人工作的基础上提出了基因模式理论(schema theorem)。该理论提出了位串编码技术,这种编码可用于模拟生物染色体的编码,及其交配(即杂交)和变异操作,也奠定了遗传算法发展的理论基础。1975 年,Holland 出版了其开创性著作《自然和人工系统的自适应》,该著作系统地介绍了遗传算法的理论、原理和方法[2]。遗传算法的通用编码技术和简单有效的遗传操作为推动遗传算法的进一步研究和应用奠定了基础。随后,1989 年,Holland 的学生 Goldberg 出版了《搜索、优化和机器学习中的遗传算法》,该著作对遗传算法的理论和应用进行了全面阐述,为遗传算法的发展奠定了坚实和重要的基础[3]。

与此同时,L. J. Fogel 和 Rechenberg 以及 Schwefel 提出了另外两种同样基于自然演化原理的算法[4,5],分别称为演化程序(evolutionary programming)和演化策略(evolutionary strategies)。它们与遗传算法在本质上是相同的,都是属于进化计算的范畴,只是它们分别从不同的层次和不同的角度模拟自然进化原理,然后用于对实际问题抽象得到的搜索空间进行搜索和优化操作。当时,这几种进化计算方法基本上都是各自独立发展的,它们之间基本上没有相互交流和融合发展。

20 世纪 80 年代以后,遗传算法得到了进一步地研究和发展,应用领域不断扩大。这一时期是遗传算法发展的兴盛时期,无论是理论研究还是应用研究都取得了众多研究成果,如算法的复杂性、收敛性等方面都取得了众多重要的成果。1985

年,在美国召开了第一届遗传算法国际会议,并且成立了国际遗传算法学会,以后每两年都举行一次国际会议。在欧洲,从 1990 年开始每隔一年都举办一次基于自然原理的并行问题处理方法(parallel problem solving from nature)学术会议,其中遗传算法是会议主要内容之一。1991 年,Lawrence 编辑出版了《遗传算法手册》,其中包括遗传算法在工程技术以及社会生活中的大量应用实例[6]。1997 年,IEEE 的 *IEEE Transaction on Evolutionary Computation* 期刊创刊,更是使得遗传算法等进化计算方法的研究进入了稳定、快速的发展阶段。从此以后,有关遗传算法的学术论文和应用成果不断出现在各种著名的学术期刊上,带来了遗传算法的研究热潮,并吸引越来越多的研究人员从事有关遗传算法的研究和应用。

除了直接针对遗传算法本身进行研究和应用之外,不少研究人员还将遗传算法与其他进化计算方法以及传统的优化方法进行对比研究,并且提出新的更为有效的改进算法或者混合算法[7]。因而出现了许多将遗传算法与一些传统的优化方法(如爬山法、模拟退火法、牛顿法等)以及人工免疫算法、神经网络、模糊逻辑等相结合的算法,它们被称为改进的遗传算法,如模糊遗传算法、小生境遗传算法、基于 DNA 计算的遗传等,使得人们在解决复杂问题时可以选择许多更为有效的搜索和优化工具[8]。

3.1.2 遗传算法的特点

遗传算法是一种通用的全局搜索和优化算法,由于它不需要所求解的问题的数学模型,因而从理论上讲可适用于任何复杂问题的求解。遗传算法借鉴了达尔文的自然进化原理以及生物的遗传变异理论,它根据“适者生存,优胜劣汰”等自然进化规则来实施搜索和优化操作,可应用于许多传统数学方法难以解决的复杂问题。遗传算法提供一种高效的解决此类问题的新的方法和新的途径。与传统的优化算法相比,遗传算法主要有以下几个方面的特点。

1. 具有较强的鲁棒性

传统的优化方法,大多是采用数学上的梯度信息来进行优化的。这类方法往往存在着收敛到局部最优解的缺点。另外它们需要用到目标函数及其约束式的导数信息,因而这类优化方法对函数的性能要求较高。而遗传算法则仅仅利用种群中每个个体的适应值来进行演化操作,不需要计算目标函数及其约束式的导数。所以遗传算法能够解决各种类型的复杂优化问题,不管其设计变量是否连续、可微,在优化问题上表现出较强的鲁棒特性。

2. 具有全局搜索和优化的能力

对于多目标优化问题,如果利用传统的优化方法就需要求得该优化问题的所有可行解，并且从中选取全局最优解。但在实际应用中，这往往是不可能或者不现实的，因为搜索空间往往会很大，所以一般很难遍历整个搜索空间。而遗传算法则是利用个体的编码空间进行多点并行搜索，算法中的各种遗传算子会使得整个种群不断地向问题的最优解靠近，并且保持种群中个体的多样性，使得不同的个体分别在不同的区域进行搜索。这样能够有效地避免算法收敛于局部最优解，也体现了遗传算法比其他优化方法具有更强的全局搜索和优化能力。

3. 算法本身的并行性

从遗传算法的工作过程可以看出，遗传算法是基于种群的进化操作来实现搜索和优化功能的。这也说明遗传算法是基于多点的群体搜索，具有并行搜索的特性。遗传算法所隐含的并行处理特性使得实现遗传算法时采用并行的方式成为可能，可考虑利用并行计算机或多台计算机同时并行实现种群中各个个体的进化操作。遗传算法的并行特性和实现将使得其在解决大型复杂问题时发挥巨大的优越性。

但是遗传算法并非只有优点而没有缺点，其缺点和不足主要表现在以下几个方面：未成熟收敛、局部搜索能力差、运行时间长等。未成熟收敛是指遗传算法在种群演化过程的后期，种群中的所有个体都会陷入同一个局部极值，这时交叉和变异操作已经无法改善个体的适应度，但是算法还没有收敛到全局最优解。另外，遗传算法虽然从本质上属于全局优化算法，但是它的局部搜索能力较差，因为其局部搜索能力主要依靠变异操作来实现，但是变异操作更适合于大范围的搜索，在局部小范围内的搜索却比较差，即微调能力有限。遗传算法是一种随机搜索和优化算法，因而在搜索和优化的过程中一般不需要任何指导信息，这原本是遗传算法的优点，但是这也会使其计算效率不高，运行时间较长，在应用于对实时性要求较高的系统时存在着较大的局限性。

需要注意的是，遗传算法虽然具有模式定理、隐含并行性以及积木块假说等定理和假说，也能够从理论上证明在保留最优解的情况下，算法能够最终收敛到全局最优解，但是遗传算法还是缺乏严格的数学和理论基础，这是需要进一步深入研究的重要问题。例如，虽然可以证明遗传算法能够最终收敛到全局最优解，但是何时达到全局最优解，全局最优解具有什么样的特征，以及算法收敛的速度如何控制等问题，都需要能够从理论上给出指导信息或者评判标准。

3.2　遗传算法的理论基础

遗传算法作为一种解决复杂问题的进化算法，到底是什么力量使其具有强鲁棒性、高适应性及全局优化等众多优良特性呢？为了阐述和解释其中的运行机理，

Holland 提出了模式定理和隐含并行性等定理,奠定了遗传算法发展的重要理论基础[2]。本节通过介绍模式定理、积木块假说以及隐含并行性定理等,详细阐述遗传算法是如何通过遗传操作来逐步改善解的质量,以及优化解有着什么样的特征等。

3.2.1 模式的概念

在遗传算法的种群演化过程中,我们会发现经过一段时间的遗传操作后,种群的优良个体的某些编码片段是相同或者相似的,这就与将要介绍的模式以及模式定理有着直接的关系。我们首先给出模式的定义及相关概念,然后探讨各种遗传操作对于模式的具体影响,最后通过模式定理给出模式对于系统性能影响的具体结论。

定义 3.1(模式) 基于三值字符集{0、1、*}所产生的二进制串中,在某一或某些位置上具有相同结构的 0、1 字符串的所有二进制串所组成的集合称为模式。

我们以一个长度为 5 的字符串为例,模式 *0001 描述了在位置 2、3、4、5 具有形式"0001"的所有字符串,即{00001,10001};又如模式 *1**0,描述了所有在位置 2 为"1"及位置 5 为"0"的字符串。由此可以看出,模式的概念为我们提供了一种简单地用于描述在某些位置上具有结构相似性的 0、1 字符串集合的方法,即在这些字符串的某些位置具有相似性的位串子集的相似性模板(similarity template)。在定义中"*"表示一个通配符(可从 0 和 1 之间任选)。

遗传算法种群中的个体,即染色体中相似的模板称为"模式",模式表示染色体中某些特征位相同的结构,因此模式也可解释为相同的构形。基于二进制编码的标准遗传算法中,个体或染色体是以二进制字符串形式表示的。我们假定 X_l 表示长度为 l 的二进制串的全体,同时用 * 表示通配符,即表示该位的基因可取 0 或 1,则空间 $V_l = \{0, 1, *\}^l$ 表示所有模式的集合。如 $l = 4$ 时,模式 01** 表示集合 {0100, 0101, 0110, 0111}。通过模式的概念,我们不仅可将多个不同的二进制串联系起来,而且还会发现字符串的某种相似性以及高适应度之间具有某种因果关系,这也就是遗传算法进行搜索和优化的运行机理。

遗传算法的解通常是由若干部分组成的,每个部分可以看成一个积木(building block),从概括的角度来描述,遗传算法的工作机制可以解释为不断发掘、强化以及组合那些好积木,从而得到问题的解。这里隐含着一个意思,即好的解是由好的积木组成的。Holland 使用了一个专用的名词"模式"来代替那些"积木"。

定义 3.2(模式阶次) 在某个模式 H 中,具有确定字符的位置的个数称为该模式的模式阶次(schema order),记作 $O(H)$。

例如,模式 011*1* 的阶次为 4,而模式 0***** 的阶次为 1。显然一个模式的阶次越高,其所代表的集合所包含的个体数目越少,因而确定性越高。

定义 3.3(定义距)　模式 H 中的第一个确定位置和最后一个确定位置之间的距离称为该模式的定义距(defining length),记作 $\delta(H)$。

例如,模式 $011*1*$ 的定义距为 4,而模式 $0****$ 的定义距为 0。

在遗传算法中,基因模式可用来分析个体间的相似性,而基因模式的阶次以及定义距则可以作为度量模式之间相似性的指标,而也正是这两个指标为分析位串的相似性以及分析遗传操作对于重要模式的影响提供了重要的度量手段。接下来我们介绍由 Holland 教授所提出的模式定理,并具体分析复制、交叉和变异操作对于模式的影响和计算公式。

3.2.2　模式定理

在 20 世纪 70 年代,美国密歇根大学的 Holland 教授正式提出了遗传算法中的基因模式定理。基因模式定理是以二进制编码串为分析基础,通过模拟生物染色体的功能,定性分析和探讨了人工染色体的表示和人工染色体的繁殖操作等,揭示了遗传算法的内在运行机制,并且为遗传算法的发展奠定了坚实的理论基础。

定理 3.1(模式定理)　在第 $t+1$ 代群体中包含模式 S 的所有个体的数目的期望值,可以通过下面的计算公式得到

$$n_{t+1}(S) \geqslant n_t(S) \times \frac{f(S)}{f_{avg}} \times \left[1 - P_c \frac{\delta(S)}{l-1} - O(S)P_m\right] \qquad (3-1)$$

其中,$n_t(S)$ 和 $n_{t+1}(S)$ 分别表示在第 t 代和第 $t+1$ 代种群中所有包含模式 S 的个体数目;$f(S)$ 为当前种群中包含模式 S 的个体的平均适应值;f_{avg} 为整个种群中所有个体的平均适应值;$\delta(S)$ 表示模式 S 的定义长度;l 为每个串的长度;交叉概率和变异概率分别为 P_c 和 P_m。

由于在第 t 代种群中,基因模式 S 出现的次数为 $n_t(S)$,而在遗传算法中每个个体通过实施选择操作被选中的概率与其适应度值有关,其中第 i 个个体被选中的概率为 $\dfrac{f_i}{\sum f}$,其中 $\sum f$ 为当前种群中所有个体适应度之和。进一步可以推得在下一代种群中模式 S 总共出现的数目为

$$n_{t+1}(S) = n_t(S) \times \frac{n \times f(S)}{\sum f} = n_t(S) \times \frac{f(S)}{f_{avg}}$$

可以看出,基因模式 S 在后一代种群中出现的次数与包含该模式所有个体的平均适应度和整个种群的平均适应度成正比。因而如果包含模式 S 所有个体的平均适应度较高,那么该模式 S 在后代种群中出现的概率也更高,反之其出现的概率将减少,即被淘汰的概率增加。自然界中生物的“适者生存、优胜劣汰”机制在基因模式出现次数上得到了充分的体现。

在遗传算法中,选择操作可以将具有优良性能的个体中的基因模式按照一定的规律遗传给后代,但是选择算子仅仅是针对种群中已有的个体,因而选择操作并不能产生新的基因模式。接下来我们探讨其他遗传操作对于基因模式出现次数的影响情况以及具体的变化规律。这里仅针对单点交叉算子进行分析。

假定当前种群中存在着包含如下两个基因模式的个体,它们的表达式为

$$S_1 = 1*****1$$

$$S_2 = *****11$$

并且两个随机选择的父代个体如下:

$$F_1 = 1010011$$

$$F_2 = 0010110$$

假定杂交位为第 3 位(按照从左往右的顺序),将这两个父代个体在杂交位前后的位串进行互换,得到两个新的子代个体如下所示:

$$Z_1 = 0010011$$

$$Z_2 = 1010110$$

可以看到,F_1 同时包含了模式 S_1 和模式 S_2,由于交叉位的选择以及模式信息的不同,导致在交叉操作产生的新个体中不再包含模式 S_1,但是模式 S_2 被保留到新的子代个体中。根据两个模式的确定位置的分布特点,我们可以较为直观地想到模式 S_1 比模式 S_2 更容易在实施单点交叉操作的过程中被破坏,或者说其存活到下一代的概率较低。下面我们从基因模式定义长度(定义距)的角度来分析不同基因模式存活到下一代的概率。

对于上面的例子,基因模式 S_1 的定义距为 $\delta(S_1)=6$,单点交叉操作中杂交位可能的选择方案为 $l-1$ 个,可以得到在实施交叉操作过程中其被破坏的概率为

$$P_2 = \frac{\delta(S_1)}{l-1} = \frac{6}{6} = 1$$

即在交叉操作中肯定遭到破坏,或者可以说基因模式 S_1 生存的概率为

$$P_1 = 1 - P_2 = 0$$

而对于基因模式 S_2,其定义距为 $\delta(S_2)=1$,同样在单点交叉操作中杂交位可能的选择方案为 $(l-1)$ 个,可以得到在实施交叉操作过程中该模式被破坏的概率为

$$P_2 = \frac{\delta(S_2)}{l-1} = \frac{1}{6}$$

只有当选择杂交位是 6 时,基因模式 S_2 才可能遭到破坏。类似地,基因模式 S_2 生存的概率为

$$P_1 = 1 - P_2 = \frac{5}{6}$$

可以看到,当选取的杂交位在基因模式的位串之间时,基因模式容易遭到破坏,反之则有更大的概率保留到下一代。综上所述,在单点交叉算子的实施过程中,某个基因模式 S 生存到下一代的概率为

$$P_1 = 1 - \frac{\delta(S)}{l-1}$$

同时,考虑到交叉算子本身就是基于随机的方式来实施操作,即有一个交叉概率 P_c,那么某个基因模式 S 生存到下一代的概率则修正为

$$P_1 \geqslant 1 - P_c \times \frac{\delta(S)}{l-1}$$

下面我们探讨变异操作对于基因模式出现次数的影响情况以及具体的变化规律。在遗传算法中,变异算子的功能是在设定的变异概率 P_m 下,随机地改变个体某个基因位的取值,进而产生新的个体。容易理解,即只有当某个基因模式的所有位都不发生变异操作时,该基因模式才能够保留到下一代。由于基因模式的某一位置发生变异的概率为 P_m,也就是说不发生突变的概率为 $1-P_m$,所以对于模式阶数为 $O(S)$ 的基因模式 S,其所有确定位都不发生变异的概率为

$$(1-P_m)^{O(S)}$$

一般来讲,P_m 都取很小的值,因而基因模式 S 的所有确定位都不发生变异的概率可近似用 $1-O(S)P_m$ 来计算。

综合上述的分析过程,遗传算法中某个基因模式 S 在选择算子、交叉算子和变异算子的共同作用下,其在下一代种群中出现的次数为

$$n_{t+1}(S) \geqslant n_t(S) \times \frac{f(S)}{f_{avg}} \times \left[1 - P_c \frac{\delta(S)}{l-1} - O(S)P_m \right]$$

显然,上式就是基因模式定理的主要内容。

模式定理描述了在第 $t+1$ 代群体中包含模式 S 的个体的数目的决定因素,它主要取决于包含模式 S 的个体的平均适应值与种群中所有个体的平均适应值的比值,另外还受到交叉概率和变异概率的影响。那些适应值高于平均适应值的模式会随着种群的演化而保留下来,并且数目会逐步增加;而那些适应值低于平均适应值的模式在后代中会出现的概率越来越小,这有点类似于发生在自然界中低适应值物种的消亡现象。

可以看出,在遗传算法的选择、交换和变异操作的作用下,具有低阶、短定义距以及平均适应度高于群体适应度的模式在后代中出现的概率将以指数规律增长。它们的出现次数阐明了一个重要规律,那就是在种群的演化过程中保留个体的某

些重要基因是十分有益的,这也是基因模式定理所得出的最重要的结论。但值得注意的是,该定理本身并没有明确指出遗传算法在解决具体问题时所体现出的优越性,并且也只适用于二进制编码形式,但是重要的是它提供了遗传算法发展的一个重要理论基础。

3.2.3 积木块假说

模式定理指出,在种群中那些具有高适应值、低阶、短定义矩的模式的数量会在种群的进化过程中呈指数规律增长,而这些具有高适应值、低阶、短定义矩的模式就被称为积木块,也被称作建筑块。积木块在遗传算法的进化过程中起到了非常重要的作用,它与算法中的几种遗传算子相结合,在积木块的数量不断增加的同时,积木块的质量也在不断地改善和提高,从而引导算法向全局最优解靠近。下面就给出积木块假说的具体内容。

积木块假说:遗传算法中,积木块在遗传算子的作用下相互结合,能够生成阶次较高、长定义距和高平均适应度的模式,并且可以最终生成全局最优解。

由于上述结论并没有得到证明,因此被称为积木块假说,而非积木块定理。但是目前已有大量的实践证据支持这一假说。尽管大量的证据并不等于理论证明,但至少可以肯定的是对于很多经常碰到的问题,遗传算法都是适用的。

事实上,积木块假说是基于以下两个基本前提的:

(1) 表现型相近的个体具有相近的基因型;

(2) 遗传算子之间是相对独立的,它们之间的相关性低。

模式定理指出,在一定的条件下那些拥有较优的模式的样本数目可以呈现指数规律增长,从而满足遗传算法搜索全局最优解的必要条件,即遗传算法具有找到全局最优解的可能性。而积木块假说则是从另一方面指出遗传算法具有得到全局最优解的能力。

到目前为止,绝大多数的遗传算法的实践和应用都支持积木块假说,如常用的函数优化问题、组合优化问题、平滑多峰值问题以及带干扰多峰值问题等。然而,积木块假说始终没能得到一个哪怕是启发式的证明,而模式定理也存在着仅适用于二进制编码的局限性。

3.2.4 隐含并行性

由于遗传算法是基于多点的搜索和优化算法,因而遗传算法在种群的进化过程中会体现出并行搜索的特点。只是在算法的实施过程中,对种群中个体所实施的遗传操作仍然是按照顺序进行的,因而一般称这种并行性为隐含并行性。本节主要从遗传算法在种群的进化过程中,基因模式数目的变化情况来进行遗传算法的隐含并行性分析,下面首先介绍隐含并行性定理的主要内容。

假定种群的规模是固定的,其包含的个体数目为 n 个,每个个体采用长度为 l 的二进制字符串进行表示。则群体中所包含的所有可能的基因模式数目为 $n \times 2^l$,在这些模式中一部分的模式生存概率较高,即能够在种群的进化过程中被逐代遗传下来,而另外一部分模式的生存概率则较低,或者说发生改变的概率较高,因而容易在种群的进化过程中被逐渐淘汰。隐含并行性定理就是描述在种群的进化过程中模式的生存概率以及数目问题。

假定在单点交叉算子和变异算子的作用下有一定生存能力的基因模式的长度为 l_s,则所有模式的定义长度不超过 l_s 的可能的模式数目为 $(l-l_s+1) \times 2^{l_s-1}$,在种群规模为 n 的种群中有一定生存能力的基因模式的总数为 $n \times (l-l_s+1) \times 2^{l_s-1}$。另外在规模较大的种群中会存在一些阶数不高的相同的基因模式,因而在种群中有一定生存能力的基因模式的总数会小于上面的数值。可选择种群的规模为 $n=2^{l_s/2}$ 时,期望阶数大于 $l_s/2$ 的基因模式不会重复出现。另外由于基因模式的数目分布服从二项式分布规律,即模式的阶数大于和小于 $l_s/2$ 的基因模式数目是相同的,仅以其中阶数大于 $l_s/2$ 的基因模式为例,当前种群中满足条件的模式数目为

$$N_m \geqslant \frac{n \times (l-l_s+1) \times 2^{l_s-1}}{2}$$

由于选择种群的规模为 $n=2^{l_s/2}$,因而有

$$N_m \geqslant \frac{n \times (l-l_s+1) \times n^2}{4} = \frac{(l-l_s+1) \times n^3}{4}$$

上式可以进一步表示为

$$N_m \geqslant cn^3$$

其中,$c = \frac{(l-l_s+1)}{4}$ 为常数。

由此我们得到如下结论:在种群规模为 n 的种群中具有一定生存能力的基因模式的总数与群体规模的 3 次方成正比,即 $N_m \geqslant c \times O(n^3)$。这也正是隐含并行性定理的主要内容。

定理 3.2(隐含并行性定理) 设为 ε 一个小正数,$l_s < \varepsilon(l-1)+1$,$N=2^{l_s/2}$,则遗传算法标准(SGA)一次处理的存活概率不小于 $1-\varepsilon$ 且定义距不大于 l_s 的模式数为 $O(n^3)$。

根据隐含并行性定理的内容以及上面的分析过程,我们可以看出遗传算法在种群的进化过程中对其中的 n 个个体进行搜索的同时,可以实现对种群规模的 3 次方数目的模式的并行搜索。这体现了遗传算法的隐含并行处理的能力及特点,进一步说明了遗传算法在本质上是一种并行计算算法。

模式定理、积木块假说以及隐含并行性定理分别从不同的角度来描述遗传算法的搜索能力和特点。模式定理是保证了较优模式(遗传算法的较优解)的样本数呈指数增长,从而满足了求最优解的必要条件,即遗传算法存在找到全局最优解的可能性;而积木块假说则指出遗传算法具有找全局最优解的能力,即积木块在遗传算子的作用下,能最终生成全局最优解。隐含并行性定理则说明 SGA 表面上每代仅对 n 个个体进行处理,但实际上并行处理了大约 $O(n^3)$ 个模式,这正是遗传算法所谓的隐含并行性。

3.3 基本遗传算法及其改进算法

Holland 教授首次提出了遗传算法的思想,它利用了仿真生物遗传学和自然选择的相关机理,通过模拟和借鉴自然选择、遗传、变异等作用机制,逐步改善种群中个体的适应度。所以从某种程度上说,遗传算法是对生物进化过程的数学仿真。

3.3.1 基本概念

定义 3.4(个体) 个体是模拟生物中的个体,是对实际问题的具体解的一种称呼,每个个体对应于搜索空间中的一个点。

定义 3.5(种群) 模拟生物种群,由一定数量的个体组成一个种群,其对应于整个搜索空间中的一个点。

定义 3.6(染色体) 染色体又可以叫做基因型个体,是具体问题中个体的一种字符串形式的编码表示。

定义 3.7(基因) 基因是染色体串中的元素,即字符串中的单个字符。基因用于表示个体的特征。

例如,采用二进制串的形式 $S=1011$,则其中的 1、0、1、1 这 4 个元素分别称为基因。它们的值称为等位基因(alletes)。

定义 3.8(基因座(locus)) 基因地点在算法中表示一个基因在串中的具体位置,称为基因位置(gene position),有时也简称基因位。

基因位置由串的左向右计算,例如在串 $S=1101$ 中,0 的基因位置是 3。

定义 3.9(基因特征值(gene feature)) 当采用二进制串来表示基因串时,基因的特征值与二进制数的权一致。

例如,在串 $S=1011$ 中,基因位置 3 中的 1,它的基因特征值为 2;基因位置 1 中的 1,它的基因特征值为 8。

定义 3.10(适应度(fitness)) 种群中每个个体对环境的适应程度叫做适应度。适应度是以数值方式来描述个体优劣程度的重要指标。遗传算法的适应度函数在物理意义上对应着优化模型中的目标函数。

3.3.2　遗传操作

Holland 教授最初所提出的算法也被称作基本遗传算法,该算法涉及的遗传操作主要包括以下三种:选择、交叉和变异。

1. 选择

选择操作在有的文献中也被称为复制操作,它是在上一代的群体中选出一定数目的优良个体,作为参与进行新个体繁殖的父代个体。在遗传算法中,选择操作的主要思想是采用随机选择方法,但是对于适应度高的个体其被选中的概率也较大,而适应度低的个体其被选中的概率也较小。常用的选择方法主要有轮盘赌选择法(roulette wheel selection)、锦标赛选择法(tournament selection)、随机遍历选择法等。下面主要介绍轮盘赌选择法。

轮盘赌选择法是遗传算法最早提出的一种选择方法,它具有简单实用的特点,因而得到了广泛的应用。轮盘赌选择法是将种群中所有个体的适应度之和看做一个轮盘,每个个体对应于轮盘的一个区域,适应度越高的个体其在轮盘中所占的比例就越高。轮盘赌选择法的具体实施步骤如下:

(1) 对当前种群中所有个体的适应度进行累加,得到它们的总和,表示为 $\sum_{i=1}^{n} f_i$。

(2) 根据每个个体的适应度 f_i 的大小,将各个体与区间 $\left[0, \sum_{i=1}^{n} f_i\right]$ 的某一个区域建立对应关系。

(3) 产生一个区间在 $\left[0, \sum_{i=1}^{n} f_i\right]$ 范围内的均匀分布的随机数,并将该随机数落在区域所对应的个体选中。

从轮盘赌选择法的实施步骤可以看出,个体的适应度越高,则其被选中的概率也越高。其中,个体 i 被选中遗传到下一代的概率为

$$P_i = f_i / \sum_{i=1}^{n} f_i$$

但是这种选择方式仍然属于随机选择方法,所以有可能适应度最优的个体无法被选中,但是这种概率相对来讲不大。

2. 交叉

交叉算子是将两个被选中的个体的基因串的某一部分进行交叉和互换操作,从而得到两个新的个体。交叉算子在实施时是按照一定的概率 P_c 来进行交叉操

作,并且交叉的位置也是随机进行选择的。根据实际问题的不同,交叉算子设计了多种形式,可分为单点交叉算子(single point crossover)、双点交叉算子(two point crossover)以及均匀交叉算子(uniform crossover)。下面,我们只针对应用较多的单点交叉算子进行介绍和讨论。

假定每个个体都采用 6 位二进制数进行表示,两个父代个体可分别表示为

$$F_1 = 100111$$
$$F_2 = 011010$$

交叉的位置可在 1~5 进行选取,现产生一个[1,5]的随机整数,假定该数为 3,则表示将这两个个体的低 3 位进行交叉和互换,得到的两个新个体如下所示:

$$Z_1 = 100010$$
$$Z_2 = 011111$$

在实施个体的交叉操作时,还包含一个参数称为交叉概率 P_c,它控制了每次个体交叉操作实施的概率。交叉概率的取值大小是和所要解决的问题相关的,通常在遗传算法设计中交叉概率的取值范围为[0.6,0.8]。

3. 变异

变异操作在有的文献中也被称为突变操作,它是指根据变异概率 P_m 将个体编码串中的某些基因编码用其他的基因值来替换,从而生成新的个体。对于二进制编码而言,就是将编码串中的某些位进行取反操作:即从“0”变异为“1”,而“1”则变异为“0”。

遗传算法中的变异操作最常见的是采用基本位变异算子。基本位变异算子的实施策略是对于某个个体编码串,随机指定其中的某一位或某几位发生基因变异操作。对于基本遗传算法来讲,就是针对二进制编码符号串所表示的个体,如果需要进行变异操作的某一基因座上的原有基因值为 0,则实施变异操作后变为 1;反之,如果该个体的原有基因值为 1,则实施变异操作后将其变为 0。

遗传算法中的交叉和变异算子是生成新个体的两种遗传操作,其中交叉是主要的遗传的操作,而变异则是产生新个体的辅助方法。因为一般来讲算法所设置变异概率值都比较低,因而在生成新个体的过程中变异发生的概率也比较低。但是变异操作实现了遗传算法的局部搜索能力,同时也具有保持种群的多样性的功能。遗传算法中、交叉算子和变异算子相互配合,共同实现对搜索空间的全局搜索和局部搜索[9]。

3.3.3　基本遗传算法

1. 遗传算法的参数设置

在遗传算法中,种群中的个体总数称为种群规模。种群规模是遗传算法的一

种重要参数,它对算法的性能有着重要的影响:当种群的规模太小时,算法的搜索效率会受到影响,因而难以得到最优解;当种群的规模太大时,则算法每次迭代的时间会较长,算法最终的收敛时间也会很长。种群规模是根据所求解问题的性质来确定的,不同的问题可能有各自适合的种群规模。一般来讲,种群规模通常选为30~100。遗传算法中个体的长度也是一个重要参数,在实际应用中有定长和变长两种情况,其中定长的情形更为常见。一般来讲,个体的长度越大,则搜索的区域划分更为细致,但是计算量也会随之增加[7]。

　　遗传算法中最为重要的两个参数分别是交叉概率和变异概率。在算法的迭代过程中决定个体进行交叉操作所用到的概率为交叉概率,交叉概率的取值范围一般在 0.6~0.8 的范围内,交叉概率太小时算法难以实现有效搜索,而当交叉概率太大时又容易破坏高适应度个体的基因结构。变异概率是指个体发生变异概率,变异概率一般在 0.01~0.03 的范围内,变异概率太小时算法会难以产生新的基因结构,而当变异概率太大时又会使遗传算法的随机性太大,也不利于算法的搜索操作。

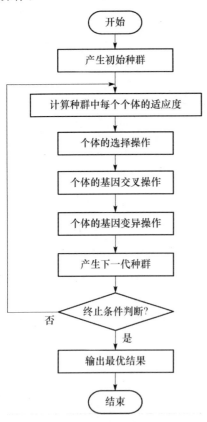

图 3-1　基本遗传算法的流程图

　　遗传算法的终止条件也是需要在算法实施前进行确定的,它决定了遗传算法何时结束算法的迭代搜索过程。遗传算法的终止条件最常用的有如下两种情形:一种是算法完成了预先设定的进化代数后停止迭代;另一种是种群中适应度值最优的个体在连续若干代没有改进,或者种群中个体的平均适应度在连续若干代基本没有改进时则算法结束。

2. 遗传算法的基本步骤

　　在确定了遗传算法的基本参数后,下面我们就来介绍基本遗传算法的具体步骤。我们知道遗传算法是模拟和借鉴自然界中生物的进化理论和进化过程,它将实际问题抽象为算法中的个体形式,并通过种群实施各种遗传操作来实施进化过程,最终输出搜索所得到最优解。根据遗传算法的思想可以画出如图 3-1 所示的基本遗传算法的流程图。

　　只要将所求解问题与遗传算法中的

个体及适应度建立联系,就可应用遗传算法来求解各种形式的优化设计问题,其中适应度函数起到优化问题与遗传算法的群体进化过程之间的中介和桥梁作用。

(1) 对于实际待解决的问题首先进行数学建模,我们将问题的描述变换为位串形式编码表示的过程称为编码;同时在搜索空间 U 上定义恰当的适应度函数 $f(x)$,设置个体的交叉率 P_c 和变异率 P_m。

(2) 随机从 U 中产生 n 个个体作为初始种群 $S = (s_1, s_2, \cdots, s_n)$,设置代数计数器 iter=1。

(3) 计算当前种群 S 中每个个体的适应度值。

(4) 基于计算得到的个体适应度值按照某种概率选择策略,从种群 S 中选择 N 个个体组成群体 S_1。

(5) 按照交叉概率 P_c 所确定的进行交叉的个体数目 c,从群体中随机确定 c 个个体,配对进行交叉操作,并用新生成的个体替换原个体,得到群体 S_2。

(6) 按照变异概率 P_m 从群体中随机确定 m 个个体,分别进行变异操作,并用新生成的个体替换原个体,得到群体 S_3。

(7) 如果没有满足算法的终止条件,则用 S_3 代替原种群 S,iter=iter+1,转第(3)步继续算法的迭代过程,否则输出种群中适应度值最优的个体,算法结束。

从基本遗传算法的流程图实施步骤可以看出:①由于遗传算法采用群体的并行搜索策略,因而便于进行算法的并行化处理;②虽然遗传算法采用随机搜索策略,但并不是盲目的搜索,而是基于个体的适应度采用启发式搜索策略,向着不断改善解的方向搜索;③在遗传算法中,适应度函数不受函数的连续性、可微等条件的制约,因而具有广阔的应用范围。

需要强调的是,虽然遗传算法是依靠选择算子、交叉算子和变异算子来实现种群的搜索和优化,但是个体适应度函数的定义也起着重要的作用,因为优化得到的解(个体)需要通过适应度来进行评价。当一个个体的适应度值越大时,其对应优化解的质量就越好。个体的适应度函数是遗传算法实施进化过程的驱动力,也是模拟自然界自然选择法则的唯一标准。在定义个体的适应度函数时,应结合所求解问题本身的特点和要求而定。

3.3.4 改进的遗传算法

自从 1975 年 Holland 教授系统地提出遗传算法的完整结构和理论以来,众多研究人员对遗传算法中的编码方式、选择策略以及交叉和变异算子进行了深入的研究,提出了许多有效的改进策略和方法。同时,研究人员还分别针对基本遗传算法所存在的不足和缺点,在基本遗传算法的基础上提出了各种类型的改进遗传算法,并且将遗传算法与其他传统优化方法相结合提出了一些混合算法。当前几种流行的遗传算法改进策略,分别体现在以下几个方面。

1. 对编码方式的改进

在遗传算法的实际应用中,个体的二进制编码是一种最为常用的编码方式。二进制编码的优点在于编码、解码操作简单,交叉、变异等操作便于实现,这种编码方式的缺点在于精度要求较高时,个体编码串较长,使算法的搜索空间急剧扩大,遗传算法的性能降低。格雷编码是遗传算法另一种常用的编码方式,其特点是任意两个相邻的码之间只有一位不同,并且最大数和最小数之间也仅有一位不同,它能克服二进制编码所存在的不连续问题。另外,遗传算法还经常采用浮点数编码方式,这种编码方式是采用浮点数来代替编码中的二进制数,能有效减少个体的染色体长度,并显著改善遗传算法的计算复杂性。

2. 对遗传操作算子的改进

1) 选择策略的改进

适应度比例选择方式是遗传算法常用的选择策略,通常采用轮盘赌选择法来实现。但是这种选择方式中低适应度的个体进入下一代的概率较小,尤其是在算法进化过程后期,这会导致算法中种群中个体的多样性降低,使算法易陷入局部最优解。

(1) 对群体中的所有个体按其适应度大小进行降序排序。

(2) 根据具体的求解问题,设计一个概率分配表,并将各个概率值按上述排列次序分配给各个个体。

(3) 以各个个体所分配到的概率值作为其遗传到下一代的概率,基于这些概率用轮盘赌选择法来产生下一代群体。

在上述改进的选择方式中,虽然本质也是采用轮盘赌选择法,但是由于是人为的制定概率分配表,所以会考虑提高低适应度个体被选中的概率,保持算法进化搜索过程中个体的多样性,进而提高算法的搜索效率,避免陷入局部最优解。

2) 交叉算子的改进

这里介绍一种有别于传统交叉操作的均匀交叉算子,它的特点是对于子代个体其继承父代两个个体相应基因的概率是相同的,并且对于整个编码个体中所有的基因都是采用相同的操作方法。其具体操作如下所述。

(1) 针对两个父代个体 A 和 B,随机产生一个与这两个个体编码长度相同的二进制屏蔽字,表示为 $P = W_1 W_2 \cdots W_n$,其中的每位用于决定后代个体的基因组成。

(2) 按下列规则从 A、B 两个父代个体中产生两个新个体 X、Y:若 $W_i = 0$,则

X 的第 i 个基因继承父代个体 A 的对应基因,而 Y 的第 i 个基因则继承父代个体 B 的对应基因;反之如果 $W_i=1$,则 X 的第 i 个基因继承父代个体 B 的对应基因,而 Y 的第 i 个基因则继承父代个体 A 的对应基因。这样就生成子代个体 X、Y 的第 i 个基因,对于子代个体 X、Y 其他位基因也采用相同的操作方法,完成后就得到两个子代新个体。

下面通过一个具体实例来说明上述操作过程:

个体 A:1011

个体 B:1100

屏蔽字:0101

则对父代个体 A 和 B 实施完均匀交叉操作后,两个子代个体 X、Y 的形式如下所示:

子代个体 X:1110

子代个体 Y:1001

3) 变异算子的改进

这里介绍一种基于逆序的变异方式。该变异方式是按照某种方式首先产生两个变异位,然后把两个变异位之间的基因片段进行倒序排列,得到一个新的编码个体。下面就是一种逆序变异的实例:

变异前:

3 4 8 | 7 9 6 5 | 2 1

变异后:

3 4 8 | 5 6 9 7 | 2 1

这种变异操作一般用于利用遗传算法来求解旅行商问题,即 TSP 问题。此时问题中个体的编码一般采用整数编码,并且编码中的位是有顺序关系的,并不是任意取值。基于这种变异方式能够实现 TSP 问题中的变异操作,并且还能够确保得到有效解,避免产生无效的旅行商路线方案。

3. 对控制参数的改进

Schaffer 建议的选择遗传算法的运行参数的最优参考范围是:种群规模在 $20\sim100$,算法迭代次数在 $100\sim500$ 代,交叉概率 P_c 在 $0.4\sim0.9$,变异概率 P_m 在 $0.4\sim0.9$[10]。

Srinivas 等提出了自适应遗传算法,即交叉概率 P_c 和变异概率 P_m 能够随着适应度的大小而自动改变:当种群中个体的适应度趋于一致或趋于局部最优时,使交叉概率和变异概率二者增加;而当种群中个体的适应度比较分散时,则使交叉概率和变异概率二者减小;同时对种群中适应度高于群体平均适应值的个体,采用较低的交叉概率和变异概率,从而能使性能优良的个体进入下一代,而适应度低于群体平均适应值的个体,则采用较高的交叉概率和变异概率,使性能较差的个体被淘汰[11]。

4. 对执行策略的改进

1) 混合遗传算法

在遗传算法中,群体的随机搜索主要是通过交叉和变异操作实现的,但是交叉和变异操作是针对选择操作之后的群体进行的,由于遗传算法通常采用轮盘赌选择方法使得高适应度的个体被较多的复制,而低适应度的个体则较少被复制。这样随着算法进化过程的进行,种群中个体的多样性会逐渐减少,甚至会出现很多相同的高适应度个体,但是如果种群中最优个体只是局部最优解,那么遗传算法有可能会陷入局部最优,无法搜索到全局最优解。

同样,在遗传算法中局部搜索功能主要是通过交叉和变异算子来实现的,尤其是交叉算子所起的作用更大一些,而变异算子只是起着辅助的作用。在算法的进化过程的最后阶段,种群中可能会含有大量相同或相似的个体,这时算法交叉操作的搜索效率会显著降低,而变异操作则几乎成为单纯的随机搜索,因而算法的局部搜索能力大大降低。

一种解决方法就是将遗传算法与一些传统的优化方法(如爬山法、模拟退火法、牛顿法等)结合起来,解决遗传算法所存在的收敛速度慢和易陷入局部最优解的问题,这样可进一步提高算法的搜索效率,并且还能提高算法的通用性,能够解决实际中普遍的优化问题。这里介绍一种将常用的梯度法和遗传算法相结合的混合遗传算法,一方面利用梯度法较为出众的局部搜索能力,另一方面则利用遗传算法来实现并行搜索,不断搜索新的区域,从而使遗传算法具有更好的灵活性,也更易实现并行处理[12]。

A. 混合遗传算法中的实施策略

(1) 个体的编码。基本遗传算法一般采用将实数空间离散化的二进制编码方式,而混合遗传算法常用的应用领域是针对复杂的非线性函数优化问题或多模态函数优化问题,因而可采用实数的直接编码方式。

(2) 正交交叉算子和选择操作。正交交叉算子是将正交试验设计的思想引入到个体的交叉操作中。正交试验设计是指通过少数几次试验,就能找到最好或较好的试验条件,它是一种高效快速的实验设计方法,因而被广泛地用于优化设计中。正交交叉算子是用正交实验设计的方法来增强交叉操作的效率,可以有效提高算法的性能,并使得算法更加稳健。

正交交叉算子是一种新型的交叉算子,它将由两个父代个体确定的解空间量化成有限个数目的点,然后应用正交设计选择其中部分具有代表性的点作为子个体。假定两个父代个体为

$$P_1 = (p_{1,1}, p_{1,2}, \cdots, p_{1,N}), \quad P_2 = (p_{2,1}, p_{2,2}, \cdots, p_{2,N})$$

由它们确定的解空间如下：

$$L_{\text{parent}} = \left[\min(p_{1,1}, p_{2,1}), \min(p_{1,2}, p_{2,2}), \cdots, \min(p_{1,N}, p_{2,N}) \right]$$

$$U_{\text{parent}} = \left[\max(p_{1,1}, p_{2,1}), \max(p_{1,2}, p_{2,2}), \cdots, \max(p_{1,N}, p_{2,N}) \right]$$

然后将 $[L_{\text{parent}}, U_{\text{parent}}]$ 的每个域量化为 Q 水平，量化的方法如下：

$$\beta_{ij} = \begin{cases} \min(p_{1,i}, p_{2,i}), & j = 1 \\ \min(p_{1,i}, p_{2,i}) + (j-1) \times \dfrac{|p_{1,j} - p_{2,j}|}{Q-1}, & j = Q \\ \max(p_{1,i}, p_{2,i}), & 2 \leqslant j \leqslant Q-1 \end{cases}$$

为了避免杂交操作产生的新个体数目过多，因而采用每个个体 $X = (x_1, x_2, \cdots, x_N)$ 中的分量分成 F 组，每组作为一个因素看待，这样能够减少产生的正交数组的数目。具体分组方法如下所示。

随机产生 $(F-1)$ 个整数， $k_1, k_2, \cdots, k_{F-1}$，它们满足 $1 < k_1 < k_2 < \cdots < k_{F-1} < N$，然后将个体分成 F 份，每份称为个体 $X = (x_1, x_2, \cdots, x_N)$ 的一个因素：

$$\begin{cases} f_1 = (x_1, x_2, \cdots, x_{k_1}) \\ f_2 = (x_{k_1+1}, x_{k_1+2}, \cdots, x_{k_2}) \\ \quad \vdots \\ f_F = (x_{k_F+1}, x_{k_F+2}, \cdots, x_N) \end{cases}$$

其中，第 i 个因素 f_i 的 Q 个水平可表示为

$$\begin{cases} f_i(1) = (\beta_{k_{i-1}+1,1}, \beta_{k_{i-1}+2,1}, \cdots, \beta_{k_i,1}) \\ f_i(2) = (\beta_{k_{i-1}+1,2}, \beta_{k_{i-1}+2,2}, \cdots, \beta_{k_i,2}) \\ \quad \vdots \\ f_i(Q) = (\beta_{k_{i-1}+1,Q}, \beta_{k_{i-1}+2,Q}, \cdots, \beta_{k_i,Q}) \end{cases}$$

接下来就选择正交表 $L_M(Q^F) = [b_{i,j}]_{M \times F}$，然后根据此正交表安排实验，产生 M 个后代个体：

$$\begin{cases} (f_1(b_{1,1}), f_2(b_{1,2}), \cdots, f_F(b_{1,F})) \\ (f_1(b_{2,1}), f_2(b_{2,2}), \cdots, f_F(b_{2,F})) \\ \quad \vdots \\ (f_1(b_{M,1}), f_2(b_{M,2}), \cdots, f_F(b_{M,F})) \end{cases}$$

最后，计算每个因素在每一个水平的目标均值，对于求最小值问题来讲，每个

因素各水平均值最小的水平就认为是相应因素的最优水平,然后把每个因素的最优水平组合起来形成一个新的个体,加入到新种群中。这样,由父代个体 P_1 和 P_2 共产生了 $M+1$ 个新个体。

正交交叉算子是由两个父代个体通过交叉操作产生一组新个体,然后从由新生成的个体和两个父本个体所组成的群体中,选择最优的个体进入下一代群体。由于是采用了局部选择而不是基于整个种群的选择操作,因而在一定程度上保持了种群中个体的多样性。

(3) 变异操作。由于算法中的个体采用实数编码方式,对于这种个体编码方式普遍采用的变异操作是高斯变异算子,它在个体的分量上叠加一个服从正态分布的随机量作为变异操作中的偏差量,具体计算公式为

$$X'(j) = X(j) + N(0, \delta), \quad j = 1, 2, \cdots, n$$

其中,$X(j)$ 表示原个体的第 j 个分量,$X(j)$ 则表示新个体的第 j 个分量,$N(0, \delta)$ 表示服从正态分布的随机量。

(4) 局部搜索算子。本书中的混合遗传算法是利用梯度法进行局部搜索,并将其作为算法中的一个局部搜索算子,其具体实施步骤如下。

步骤 1:设定终止阈值 $\varepsilon > 0$,以实施局部搜索操作的个体作为初始点 $X(0)$,令 $k = 0$。

步骤 2:计算梯度 $\Delta f(X(k))$,如果 $\| \Delta f(X(k)) \| < \varepsilon$,则算法停止迭代,输出当前 $X(k)$ 为最优解。否则令 $S(k) = -\Delta f(X(k))$,从 $X(k)$ 出发沿 $S(k)$ 作一维搜索,并求得 λ_k 满足

$$\min_{\lambda > 0} f(X(k) + \lambda S(k)) = f(X(k) + \lambda_k S(k))$$

步骤 3:令 $X(k+1) = X(k) + \lambda_k S(k)$,$k+1 \to k$,并返回步骤 2 进行迭代。

(5) 设置算法的终止条件。算法的终止条件可采用下面的任何一种形式或者它们的组合形式:①算法收敛到一个不动点或者算法连续几次的迭代过程中最优解的变化量都小于设定的精度指标;②达到算法的最大迭代次数。

B. 混合遗传算法的步骤

步骤 1:初始化。随机产生一个分布均匀的初始群体,其中包含 N 个初始解。

步骤 2:交叉操作。按照两两配对的原则对当前群体中的个体配对,并执行上述的正交交叉操作。

步骤 3:变异操作。将群体中的每个个体以概率 P_m 实施高斯变异操作。

步骤 4:局部搜索算子。对种群中的每个个体利用局部搜索算子实现局部搜索和寻优操作。

步骤 5:算法终止条件的判断。如果算法终止条件满足,则算法终止,否则转到步骤 2 进行算法的迭代过程。

2）并行遗传算法

标准遗传算法对于解决一般的优化问题是有效的,但是随着问题规模和复杂程度的不断提高,在算法中计算个体的适应度以及实施交叉和变异操作将会耗费很多时间,因而标准遗传算法的运行时间会变得十分漫长。因此,研究人员一直致力于提高标准遗传算法的运算速度,其中一个重要的研究方向就是研究遗传算法的并行化执行问题[13]。

实际上遗传算法本身是并行的,在实施群体的搜索过程中个体并行地进行遗传操作,只是在运行遗传算法时将其过程进行串行化。多种群并行遗传算法是近几年所提出的一种改进的遗传算法。多种群并行遗传算法的基本思想是将算法中的群体再划分为若干子群体,每个子群体中的个体分别并行地进行进化操作。每个子群体被分配一个处理器,目的是让各个子群体互相独立地实施进化操作,同时各个群体之间通过迁移算子进行信息交流和联系,实现多种群的协同进化,并通过用户选择系数对每个种群的最优个体保存。用每一代源种群中的最优个体替代目标种群中的最差个体,并将每一代中各个种群的最优个体存入精华种群。当并行遗传算法结束后,对精华种群中的个体进行排序并获得最优解。图 3-2 为遗传算法多种群并行进化的结构示意图,其中子群体 1 和子群体 2 均采用一点交叉操作。

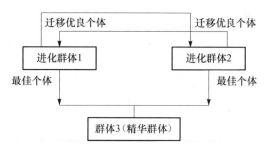

图 3-2　遗传算法多种群并行进化的结构示意图

每个子群体的进化流程如图 3-3 所示。在每个子群体的进化过程中,首先对旧个体根据其适应度进行由高到低的降序排序,然后选择其中适应度最高的一半个体进入交配池,进行个体的交叉和变异操作,得到新的个体。在计算这些新生成个体的适应度后,再次对当前的新个体和原来的旧个体根据其适应度进行一次由高到低的降序排序,并将适应度最高的一半个体保留到下一代种群。在算法每次选择个体进行配对前都要进行适应度排序,因为根据基因块假设,两个高适应度的个体有更大的可能会通过交叉操作产生适应度更高的个体,所以排序后再实施交叉操作可以提高交叉操作的效率,从而提高算法的收敛速度。

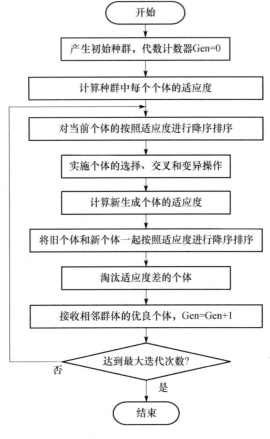

图 3-3　子群体的进化流程图

3.4　遗传算法的具体应用

从 3.3 节的介绍和讨论可以看出,遗传算法主要利用自然界中的自然进化原理以及生物的遗传变异理论,通过设计遗传变异算子来实施搜索和优化操作,具有通用、并行、稳健、全局优化能力强等较为突出的优点。正是因为具有这些突出的优点,所以遗传算法得到了广泛和成功的应用,并且可应用于许多传统数学方法难以解决的复杂问题,特别是各种类型的优化问题。由于遗传算法的应用领域众多并且分布广泛[14-18],我们不可能一一列举,本节仅针对两个最为普遍并且也较为成熟的应用领域进行具体介绍和分析,它们分别是组合优化问题和知识发现中的数据挖掘问题。

3.4.1 遗传算法在组合优化中的应用

组合优化问题属于函数优化问题中的一种特殊类型的优化问题,它属于离散最优化问题,在规划、调度、资源分配、决策等问题中有着非常广泛的应用。相对于普通的函数优化问题,组合优化问题的计算复杂度高,属于是 NP 难问题,当问题的规模增大时,可行解的数目将呈现指数规律增长,会导致搜索空间产生组合爆炸问题。

典型的组合优化问题有旅行商问题、加工调度问题、0-1 背包问题、装箱问题、图着色问题等。常用的解决组合优化问题的方法包括贪婪法、线性规划松弛法、局部搜索法以及遗传算法、模拟退火算法、禁忌搜索等智能优化算法。本节着重介绍遗传算法在旅行商问题(traveling salesman problem,TSP)中的应用和实施步骤。

1. 旅行商问题

旅行商问题是指某个旅行推销商想在若干个城市中推销自己的产品,他计划从某个城市出发,经过每个城市一次且只有一次,最后回到出发的城市。假设城市之间距离已知,那么问题就在于该旅行推销商应如何选择环游路线,使他所走的路程最短。该问题就称为旅行商问题。旅行商问题是组合优化问题中的一个经典问题,并且经常用于评价和比较不同类型的优化方法的性能和效率。

旅行商问题是要解决如何寻找一条最短的旅行路线,该旅行路线既包括所有的城市,并且每个城市只能经过一次。旅行商问题中所有可能的旅行路线随着城市数目的增加呈现指数规律增长趋势,对于一个中等规模的旅行商问题,如城市的数目为 20 个,该旅行商问题所对应的可能旅行路线数目为 $19! = 1.21 \times 10^{17}$,因而无法实现通过穷举法来搜索所有可能的旅行路线,并从中选择最短的旅行路线。

2. 基于遗传算法来求解旅行商问题

利用遗传算法来求解旅行商问题,首先必须将包含所有城市的旅行路线与个体建立对应关系,即对个体进行编码。假如有 n 个城市,则该旅行商问题中任意一条可能的旅行路线可以采用一个编码长度为 n 的整数向量来表示,其中每个整数分别代表一个不同的城市,即该城市的编号。

在旅行商问题中,遗传算法中常用的交叉算子和变异算子设计方法可能并不适合,因为一方面有可能产生无效的旅行路线,另外有可能破坏已经搜索得到的部分最优区域路段。因此在介绍遗传算法来求解旅行商问题的具体步骤之前,我们首先介绍遗传算法中遗传算子如选择算子、交叉算子和变异算子的实施策略。

1) 选择算子

为了提高算法的收敛速度,同时也为了保持种群中个体的多样性,这里介绍一种基于个体的路线长度排序的选择算子。这种选择算子将种群中的个体按照其代表的旅行路线的长度由大到小进行降序排序,并将这些个体分别按照 $0,1,\cdots,N-1$ 的顺序进行编号。则对于编号为 i 的个体,其所代表的路线被选中的概率为

$$P(i) = \frac{T_{n-i}}{\sum_i T_i}$$

其中,T_i 表示编号为 i 的个体所对应的路线长度;T_{n-i} 表示编号为 $(n-i)$ 的个体所对应的路线长度;$\sum_i T_i$ 表示当前种群中所有路线的长度总和。

从个体被选择的概率的计算公式可以看出,路线长度最大的个体被选中的概率最小,而路线长度最小的个体被选中的概率则最大。这种选择算子的设计策略,虽然也是基于概率来选择个体,但是相对于遗传算法一般的选择操作可以确保优良的个体有更大的概率被选中。

2) 交叉算子

这里采用一种新型的交叉算子,称为反序-交叉算子,该算子将反序和交叉操作相结合,在产生后代时能够跳离局部最优,同时还具有较好的自适应特性。反序-交叉算子具有一元算子简单、搜索时间短的特点,同时还能够继承父代个体的遗传信息。

反序-交叉算子可视为类似 Lin-Kernighan 算法的并行爬山过程,每次实施爬山搜索时进行一些不同数目的边的交换。反序-交叉算子具有自适应特性:每个个体实施反序的次数以及相应反序路径段都由另一个随机选择的个体进行确定,因此这种方法可看成是一个具有较强选择性和自适应性的动态操作算子。

在应用反序-交叉算子到解决旅行商问题时,产生一个新的后代个体需要反复执行多次反序和交叉操作,直到在随机选择的个体编码中,出现与当前城市相邻的下一个城市恰好和原来城市的下一个相邻城市相同的情况时就结束反复,得到一个新的下一代个体。这种算子在经过多次的反序和交叉操作后,既保留了父代个体中的部分信息,也生成了新的个体(新的优化解)。如果新生成个体的适应度比父代更好,则实现了算法的优化和搜索功能。

下面通过一个例子来具体描述反序-交叉算子的实施过程。

假如当前个体的编码如下所示:

$$I_1 = (2,3,9,4,1,5,8,7,6)$$

假设当前选择的城市为 3,随机产生一个随机数,根据其取值大小分别有两种不同的操作。

（1）如果满足 rand()≤P_c，则从个体 I_1 中再随机选择一个城市，假定为 8，将城市 3 和城市 8 之间的路径段进行反序排列，该过程就是一次反序过程，得到的个体形式为

$$I' = (2,3,8,5,1,4,9,7,6)$$

（2）如果满足 rand()＞P_c，则随机地从种群中另选取一个个体，假定其形式为

$$I_2 = (1,6,4,3,5,7,9,2,8)$$

在此个体中，城市 3 的下一个连接城市为 5，则将个体中从城市 3 到城市 5 的路径段进行反序操作，得到的新个体为

$$I' = (2,3,5,1,4,9,8,7,6)$$

该新个体中的子串"3-5"实际上是来自个体 I_2，因而其操作相当于交叉操作。

上述两种情况所产生的串实际上只是中间结果，上述过程有反复执行多次，直到出现下面情况：当前城市相邻的下一个城市恰好和原来城市的下一个相邻城市相同的情况时就结束反复，得到一个新的下一代个体。

假定上例中经过几次反复后，得到的个体为

$$I' = (9,3,6,8,5,1,4,2,7)$$

当前城市为 6，如果产生的随机数 rand()≤P_c，并从当前个体中随机选择的城市为 8，可以看到城市 6 和城市 8 之间就是相邻的，则上述反复反序过程结束，新生成的个体形式就是

$$I' = (9,3,6,8,5,1,4,2,7)$$

归纳起来，反序-交叉算子具有以下两方面的特征：

（1）每个个体仅与后代个体竞争。

（2）在同一代中，某个个体实施反序-交叉算子的相关操作的次数是动态变化的，而非固定数目。

总之，反序-交叉算子是当前较为流行的解决对称旅行商问题的一种有效的进化算子，它同时具有杂交的特征也具有变异的特征。

3）变异算子

在解决旅行商问题中，这里的变异算子采用基于次序的变异算子，其具体操作是随机交换两个城市所代表的整数在个体编码串中的位置，就能够确保在变异操作之后新生成个体的合法性和有效性。

基于遗传算法来求解旅行商问题的具体步骤如下所示：

（1）采用一个长度为 n 的整数向量来表示个体的编码，其中每个整数代表一个不同的城市的编号，并且构造恰当的适应度函数，能够合理地评价个体的优劣，一般采用该个体对应路径长度的倒数，即路径越长其适应度越低。

（2）随机产生一定数目的个体作为遗传算法的初始化种群 $P(0)$，其中每个个体必须是旅行商问题所对应的有效个体编码。

（3）对当前种群 $P(t)$ 进行排序选择操作，得到进行后续遗传操作的群体 $P_1(t)$。

（4）对群体 $P_1(t)$ 中每个个体实施反序-交叉算子的基本操作，每次得到一个新个体，这样产生群体 $P_2(t)$。

（5）对群体 $P_2(t)$ 中的所有个体实施基于次序的变异操作，产生算法的下一代种群 $P(t+1)$。

（6）算法终止条件判断：如果不满足算法的终止条件，则转到步骤（3）进行算法的迭代进化过程；否则算法结束，并输出适应度最高的个体，其表示最优的旅行路线。

3.4.2　遗传算法在数据挖掘中的应用

分类是数据挖掘领域中的重要研究内容和方法。分类就是通过分析已知类别的数据集中的数据，为每个类别的数据分别建立分类模型或分类函数，然后针对新的数据集中的数据进行分类，该分类模型或分类函数就称为分类器。

常用的分类方法包括决策树分类、贝叶斯分类、基于规则的分类、神经网络分类、支持向量机分类等。本节介绍如何根据已有的训练数据集，利用遗传算法来确定分类规则，然后针对新的数据进行分类。

1. 分类规则

要构造分类器，必须首先知道一个其中数据类别已知的数据集，该数据集又称为示例数据集或训练集合。训练集合中记录被称为样本，每个记录都有一个唯一确定的类别标记，称作类别标签。

例如，银行或者其他金融机构常常面对用户的信用等级分类问题。银行的信用卡部分根据客户的信誉程度将一组持卡人的记录分为良好、一般和较差三类。分类问题就是分析该组记录数据，对每个信誉等级建立分类模型。如"信誉良好的客户是那些收入在 5 万元以上，年龄在 40～50 岁的人士"，得出这个分类模型后，就可根据这个分类模型对新的记录进行分类，从而判断一个新的持卡人的信誉等级。

假定训练数据集中包含 m 个记录数据，每个记录数据的形式为 $(a_1, a_2, \cdots, a_n)$，每个记录包含 n 个属性，其中既包含有连续属性也包含离散属性。而所采用的分类规则的形式为

$$\text{if } A_1 = I_1 \text{ and } A_2 = I_2 \text{ and } \cdots \text{ and } A_n = I_n \text{ then } C_i$$

其中，$A_i(i=1,2,\cdots,n)$ 表示分类规则的 n 个属性；$I_i(i=1,2,\cdots,n)$ 则表示 n 个集合，对于连续属性而言是表示该属性取值范围的一个区间，而对于离散属性则表示该属性的某个属性值；"="表示某个属性 A_i 的取值在集合 I_i 内；C_i 表示该分类规则的类别。if 部分称为规则的前提，而 then 部分则称为规则的结论。

2. 基于遗传算法的分类规则挖掘算法

1) 个体编码

算法中每个个体采用 Michigan 编码形式，即一个个体对应于单条分类规则。并且在算法的运行过程中，种群中的所有个体都为同类的分类规则。算法每运行一次，只得到一类分类规则，最后将不同类别的分类规则组合成分类规则集合，用于新的未知数据进行分类操作。每个个体对应的二进制编码的形式如下所示：

0/1	0/1	...	0/1	L_1	L_2	...	L_n

其中，编码的前 n 位分别表示 n 个属性是否包含在规则的前提部分：为 1 时表示规则的前提包含该属性，为 0 时则规则的前提不包含该属性。编码的后面部分则表示由 $I_i(i=1,2,\cdots,n)$ 所表示 n 个集合，对于不同的属性每个集合所采用二进制数的位数不同：对于连续属性而言，它表示该二进制数所表示的第几个区间，如若采用两位二进制数则表示该属性划分为 4 个区间，其中"00"表示第一个区间，而"11"表示第四个区间；而对于离散属性，二进制数是表示对应该属性的第几个属性值，如"00"表示第一个属性值，而"11"表示第四个属性值。L_i 表示个体编码中第 I_i 个集合所对应的二进制数的长度，因而算法中每个个体编码的总长度为：$n+n\times L_i$。

2) 个体的适应度函数

假定第 i 个个体所对应的分类规则为

$$\text{if } A_i = I_i \text{ then } C_i$$

则对于给定的训练数据集，假定其满足下面规则的个体数目如下所示。

PP 个个体满足：

$$\text{if } A_i = I_i \text{ then } C_i$$

PN 个个体满足：

$$\text{if } A_i = I_i \text{ then } (\text{not } C_i)$$

NP 个个体满足：

$$\text{if } (\text{not } A_i = I_i) \text{ then } C_i$$

NN 个个体满足：

$$\text{if } (\text{not } A_i = I_i) \text{ then } (\text{not } C_i)$$

则该规则的置信度为

$$\text{confidence} = \text{PP}/(\text{PP} + \text{PN})$$

该规则的覆盖度为

$$\text{complement} = \text{PP}/(\text{PP} + \text{NP})$$

该规则的适应度为

$$\text{fit}(i) = \text{complement} \times \text{confidence} = \frac{\text{PP}}{\text{PP} + \text{NP}} \times \frac{\text{PP}}{\text{PP} + \text{PN}}$$

3）个体的选择操作

个体的选择操作采用基于轮盘赌的选择方法，并且同时采用精英保留策略，将算法每次迭代过程中适应度最高的个体自动复制到下一代。

4）个体的交叉操作

个体的交叉操作按照一定的交叉概率 P_c，从实施完个体选择操作的群体中随机选择两个个体，采用两点交叉方式进行染色体交叉。

5）个体的变异操作

个体的变异操作按照一定的变异概率 P_m，对实施完个体交叉操作的群体中的个体进行基因变异操作，采用基本位变异操作。

6）排挤小生境策略

首先计算当前群体中个体之间的距离，可采用常用的汉明距离等，如果某两个个体之间的距离小于事先设定的阈值，则对其中适应度较低的个体施加一个惩罚函数，降低其适应度。这种策略的思想是在某个设定距离阈值范围内，只允许存在一个较高适应度的个体，这样既能够保持种群中个体的多样性，又使得各个体之间保持一定的距离。

算法的具体实施步骤如下所示：

（1）随机产生初始群体 $P(0)$。

（2）计算群体中每个个体的适应度，并进行降序排序，记忆适应度最高的 N 个个体（其中满足条件 $N < M$）。

（3）实施个体的选择操作：对群体 $P(t)$ 实施比例选择运算，得到群体 $P_1(t)$。

（4）实施个体的交叉操作：对步骤（3）选择的个体集合 $P_1(t)$，实施个体之间的两点交叉运算，得到集合 $P_2(t)$。

（5）实施个体的变异操作：对步骤（4）实施个体交叉操作之后得到的个体集合 $P_2(t)$，实施个体的基本位变异操作，得到集合 $P_3(t)$。

(6) 模拟小生境淘汰:将步骤(5)得到的集合 $P_3(t)$ 与步骤(2)所记忆的 N 个个体组合成一个新的群体,计算该群体中个体之间的距离,然后模拟上述的排挤小生境策略,对某些在设定距离阈值范围内的低适应度个体施加一惩罚函数,降低其适应度。

(7) 生成下一代群体:对步骤(6)中群体中个体的适应度进行排序,选择其中适应度最高的 M 个个体组成下一代群体。

(8) 终止条件判断:如果不满足算法的终止条件,则更新迭代次数计数器:$t \leftarrow t+1$ 并转到步骤(2)进行算法的迭代过程;否则算法结束,并输出适应度最高的个体所对应的分类规则。

3.5 总　结

遗传算法是源于对自然界中生物进化原理以及遗传变异理论的模拟。但是回过头来看,生物进化的目的为了适应周围环境并且能够更好地生存,但是遗传算法对生物进化现象和过程的模拟和借鉴只是浅层次的,主要体现在对参数的优化上,但是生物进化的强大功能远不只这些。人工生命和复杂性科学的研究和发展与遗传算法的发展有着重要的联系,从未来发展看,随着在这些领域研究的深入,遗传算法具有十分广阔的发展空间。

从自然界中生物的进化过程看,在一个完善和成熟生态系统中,物种和环境之间是相互适应、相互影响的复杂有机系统。但是遗传算法工作流程主要是对一个种群中的个体进行各种遗传操作,表现为一个种群的进化过程,因而有必要进一步地研究和设计多种群的遗传算法,考虑多个种群之间的相互作用和联系,共同实现协同进化。

在遗传算法中主要依靠个体基因型的改变来实现进化操作。有些生物学家研究了个体学习对于生物进化的影响,提出了著名的"baldwin"效应,其基本思想是如果学习的结果有助于个体更好的生存,那么学习效果最好的个体将有更多的后代,从而影响到与学习有关的基因在种群中出现的频率。因而一个有益的探索是在今后遗传算法的发展过程中,可以尝试将个体的学习机制嵌入到遗传算法的工作流程中,从而体现个体的学习机制与种群进化过程的相互作用。

迄今为止,遗传算法在许多领域已得到成功的应用,但是还存在着许多不足和缺点,并且还有大量的理论和实际问题需要研究和解决。首先,对于问题的维数较多、取值范围大或者无限定范围的情况,遗传算法的迭代过程会很漫长,收敛的速度也比较慢;其次,遗传算法容易陷入局部最优解,即无法收敛到全局最优解,这与算法搜索和优化机制有很大的关系;另外,目前在实际应用中对于遗传算法的各种参数没有一个行之有效的选择方法,往往是通过实验反复试凑来确定,这不利于遗传算法的推广应用。

　　遗传算法实际上不仅是一种单纯的优化方法,也可视为是一种以进化思想为基础的全新的方法论,是一种解决常规方法不能奏效的复杂问题的有效工具。随着遗传算法的不断发展和完善,其运算性能和工作效率会逐步提高。另外遗传算法本身的开放性还决定了它与其他算法的相互促进和相互融合趋势,这会在算法的运算速度和实现功能上取得更大的突破。展望未来,遗传算法必将会在更多的领域中发挥越来越重要的作用。

参 考 文 献

[1]　Mitchell M. An Introduction to Genetic Algorithms. Cambridge:MIT Press,1996.

[2]　Holland J H. Adaptation in Natural and Artificial Systems. Cambridge:MIT Press,1992.

[3]　Goldberg D E. Genetic Algorithms in Search,Optimization,and Machine Learning. Boston:Addison-Wesley Professional,1989.

[4]　Back T. Evolutionary Algorithms in Theory and Practice:Evolution Strategies,Evolutionary Programming,Genetic Algorithms. Oxford:Oxford University Press,1996.

[5]　Corne D W. Creative Evolutionary Systems. Waltham:Morgan Kaufmann,2001.

[6]　Lawrence D. Handbook of Genetic Algorithms. New York:Van Nostrand Reinhold,1991.

[7]　王小平,曹立明. 遗传算法:理论、应用及软件实现. 西安:西安交通大学出版社,2002.

[8]　Chambers L D. The Practical Handbook of Genetic Algorithms:Applications. London:Chapman and Hall,2000.

[9]　Burke E K,Newall J P. A multistage evolutionary algorithm for the timetable problem. IEEE Transactions on Evolutionary Computation,1999,3(1):63-74.

[10]　Schaffer J D,Morishima A. An adaptive crossover distribution mechanism for genetic algorithms. Proceedings of the Second International Conference on Genetic Algorithms,Mahwah:Lawrence Erlbaum Associates,1987:36-40.

[11]　Srinivas M,Patnaik L M. Adaptive probabilities of crossover and mutation in genetic algorithms. IEEE Transactions on Systems,Man and Cybernetics,1994,24(4):656-667.

[12]　Goncalves J F,Frias R,José J,et al. A hybrid genetic algorithm for the job shop scheduling problem. European Journal of Operational Research,2005,167(1):77-95.

[13]　Alba E,Luna F,Nebro A J,et al. Parallel heterogeneous genetic algorithms for continuous optimization. Parallel and Nature-inspired Computational Paradigms and Applications,2004,30(5):669-719.

[14]　Asadzadeh L,Zamanifar K. An agent-based parallel approach for the job shop scheduling problem with genetic algorithms. Mathematical and Computer Modelling,2010,52(11-12):1957-1965.

[15]　Jia H Z,Fuh J Y H,Nee A Y C,et al. Integration of genetic algorithm and Gantt chart for job shop scheduling in distributed manufacturing systems. Computers & Industrial Engi-

neering,2007,53(2):313-320.

[16]　Khouja M,Michalewicz Z,Wilmot M. The use of genetic algorithms to solve the economic lot size scheduling problem. European Journal of Operational Research,1998,110(3):509-524.

[17]　Jeong I K,Lee J J. Adaptive simulated annealing genetic algorithm for system identification. Engineering Applications of Artificial Intelligence,1996,9(5):523-532.

[18]　Mahfoud S W,Goldberg D E. Parallel recombinative simulated annealing:A genetic algorithm. Parallel Computing,1995,21(1):1-28.

第4章 进化规划

4.1 概　述

进化规划是由美国的 L. J. Fogel 等于 20 世纪 60 年代所提出的一种进化算法[1]。进化规划算法同样是基于个体的适应度来实施选择操作,但是对个体的结构进行调整的操作只有变异操作,而没有个体之间的交叉操作。进化规划是为了求解预测问题而提出的一种有限状态机模型,其中机器的状态是基于均匀随机分布的规律来进行变异,可用于求解静态和非静态时间序列的预测问题。同时,L. J. Fogel 等也利用进化规划算法来解决某些遗传算法难以解决的复杂问题。

进化规划算法被 L. J. Fogel 等提出后,曾经在 20 世纪六七十年代引起过广泛关注,同时也引起过非议和争执,但正是这些交流和沟通促进了进化规划算法以及进化计算的发展和成熟。到了 20 世纪 90 年代,L. J. Fogel 的儿子 D. B. Fogel 对该算法进行了改进,将该算法的思想拓展到了实数空间,因而能够用来求解实数空间中的优化问题,并且在变异操作中引入了正态分布技术[2,3]。正是由于 D. B. Fogel 的工作,使得进化规划算法得到了更广泛的应用,并且成为进化计算方法中的一个重要分支,应用于人工智能以及其他复杂系统领域的优化问题。

进化规划和遗传算法是进化计算中两种常用的算法。进化规划算法在运行过程中,主要是模拟和借鉴了生物在进化过程中对环境具有的自适应性。而遗传算法则是对于生物进化过程中基因遗传规律的模拟,这点与进化规划算法不同。虽然这些差别可能在本质上是相同的,但是它们反映在算法的具体实施策略上却存在着较大的差异。遗传算法是基于由信息编码所构成的基因型空间来进行设计和运行的,而进化规划算法则是基于个体外在表现行为所构成的表现型空间来进行设计和工作的。在进化规划算法的操作中是没有个体之间的配对和交叉操作的,只有个体的变异是算法实现进化过程的唯一的搜索方法,这也是进化规划算法与其他进化算法的独特之处。因此,进化规划这种进化算法实际上是针对个体的"行为"来实施进化操作的,其中的"行为"直接与所要解决问题的解相关联。

换一种方式讲,进化规划算法是从整体的角度来模拟生物的进化过程,它强调的是整个种群的进化。进化规划算法在运行过程中可视为一个整体,由按照某种目的(如优化)而相互密切关联的不同部分所组成,衡量进化规划算法的设计成功与否的判断标准也是从其整体表现行为上来看的,而不是由这个整体中个别组成部分的好坏来决定。因此,进化规划算法只有对外界环境的行为响应的好坏才具有判断和选择价值,至于这种整体响应是如何产生的以及具体的细节,则不是算法设计所要考虑的主要因素。

进化规划算法可以直接以所求解问题的可行解作为个体的表达形式,因而不需要再对个体进行编码处理,或者说采用实际中十进制实数编码方式。这种个体表达方式的优点在于比较简单,不受编码结构和长度的限制,并且对每个个体所实施的进化操作也比较灵活,同时也不需要考虑在种群的进化过程中各种随机扰动因素对个体所造成的影响。需要强调的是,进化规划算法在实施搜索和优化过程中,只有选择和变异两个进化算子,并且变异算子承担了算法中主要的进化操作,它可对问题的所有参数同时进行优化,并且同时实现全局搜索和局部搜索两项任务。变异算子的设计好坏决定了进化规划算法的搜索效率,因为进化规划在实施搜索和优化的过程中,主要还是依赖变异操作的作用。

相对于遗传算法等其他几种进化计算方法,进化规划算法在种群进化的实施方式上显得更为灵活,因此也在许多应用领域得到了成功的应用[4-7]。总体上讲,进化规划算法具有实施简便、应用灵活以及运行高效的特点。研究人员发现,针对工程领域的复杂优化问题,特别是存在较多局部极值点的函数优化问题以及多模态函数优化问题,进化规划算法的实际运行效果,无论是从运行的时间上还是从所得到优化解的稳定性上,它都比遗传算法表现出更为明显的优势,因而进化规划算法可以说是工程应用中一种较为理想的随机全局优化算法。

4.2 进化规划算法的工作过程

进化规划算法被 L. J. Fogel 提出的初衷是产生一种新的不同于传统人工智能的新方法。进化规划算法不是直接模拟或者借鉴人类的神经生理结构或者他们的特定行为,而是从宏观上模拟生物的自然演化过程。根据 L. J. Fogel 对于智能的定义,智能是生物在适应周围环境的过程中所获得的实现特定目标的能力,智能行为则是对周围环境的变化能够给出正确的预测,进而做出恰当的响应。

进化规划算法的工作过程与遗传算法较为类似,都是通过种群的迭代搜索操作来得到针对特定问题的优化解,其中种群中的每个个体表示实际问题的一个候选解。在进化规划算法的实施过程中,首先根据所要求解问题的类型和性质,确定问题的数学模型以及个体的编码形式;然后随机产生初始群体,并计算其中每个个体的适应度,最后开始实施个体的变异操作和选择操作,进入算法的迭代搜索和优化过程,一直到满足算法的终止条件并输出优化解。下面就具体介绍进化规划算法在具体应用中通用的实施步骤。

4.2.1　实施步骤

在实施进化规划算法之前,首先根据所要求解问题的性质和要求确定问题的表达方式,即建立所要求解问题的数学模型和种群中个体的编码,然后开始进化规划算法迭代搜索过程。对于一个具体的问题,进化规划算法的流程图如图 4-1 所示。

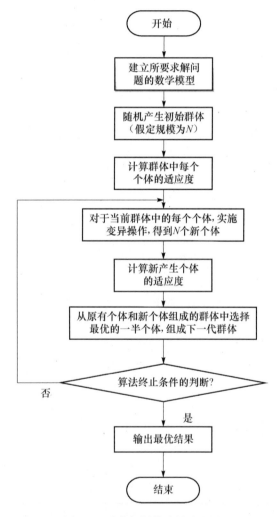

图 4-1　进化规划算法的流程图

进化规划算法的具体实施步骤如下所示:

(1) 根据所要求解的问题的数学模型,随机产生初始群体。

(2) 基于给出的适应度函数的定义,计算种群中每个个体的适应度。

(3) 对当前种群中的每个个体,按照一定的变异规则实施变异操作,并计算新生成个体的适应度。

(4) 从由原有个体和新生成的个体所组成的群体中,按照一定的选择策略挑选其中一半较优的个体组成下一代种群。

(5) 算法终止条件的判断,如果不满足则转到步骤(3)进行算法的迭代,否则算法结束,并选择其中的最优个体作为算法的最优解。

在进化规划算法中,个体的表示形式或者编码方式与所处理问题的类型直接相关,并无统一的要求。常用的表示形式有二进制字符串、逻辑树以及其他特定的形式,虽然对于不同的问题有着不同的表达形式,但是进化规划的实施过程和基本操作还是大致相同的,这在后面进化规划算法的具体应用实例中可以看出。

4.2.2　算法实施中的具体操作

1. 个体的表达方式

进化规划算法采用十进制的实型数来表达问题,并假定每个个体的目标变量具有 n 个分量,其表达形式如下所示:

$$X = (x_1, x_2, \cdots, x_n) \tag{4-1}$$

除了目标变量之外,对于每个分量 x_i 还设置一个控制因子 σ_i,用于对该分量的变异操作进行控制。由目标变量 X 以及相应控制因子 σ 所组成的二元组就是进化规划最为常用的个体表达形式:

$$(X, \sigma) = (x_1, x_2, \cdots, x_n, \sigma_1, \sigma_2, \cdots, \sigma_n) \tag{4-2}$$

2. 产生初始群体

进化规划算法产生初始群体的方法与其他进化算法类似,都是从可行解空间中随机选择固定数目的个体作为初始群体。

3. 适应度函数

由于进化规划算法直接采用十进制的实型数来表达问题,因而其适应度函数也常直接取为目标函数,并且其计算也较为直观。

4. 变异操作

个体的变异操作在进化规划算法中有时也被称为突变操作,变异操作是由进化规划算法产生新个体,实现种群进化的唯一方法。在进化规划算法中,除了变异算子外没有其他如遗传算法中的重组或交叉等类型的进化算子。

进化规划算法可分为标准进化规则、元进化规划和旋转进化规划(rmeta EP)

三种类型,在这三种形式中变异的操作各不相同,下面分别介绍它们的具体操作方法以及计算公式。

1) 标准进化规划

在标准进化规划算法(EP)中,个体的变异实施策略较为简单,它是根据个体的适应度在原有个体各分量的基础上添加一个随机数,并且变异的幅度还具有自适应调整功能。个体变异操作的计算公式为

$$x'_i = x_i + \sqrt{f(x)} \times N_i(0,1) \tag{4-3}$$

其中,x_i 表示父代个体第 i 个分量;x'_i 表示新生成个体第 i 个分量;$f(x)$ 为父代个体的适应度;$N_i(0,1)$ 为针对个体第 i 个分量所产生的随机数,它服从标准正态分布。

2) 元进化规划

为了进一步增强进化规划算法在进化过程中的自适应调整功能,研究人员在标准进化规划的基础上提出了元进化规划,并针对变异操作增加了标准差的概念。对于元进化规划,其变异的计算公式为

$$\begin{cases} x'_i = x_i + \sqrt{\sigma_i} \times N_i(0,1) \\ \sigma'_i = \sigma_i + \sqrt{\eta \cdot \sigma_i} \times N_i(0,1) \end{cases} \tag{4-4}$$

其中,x_i 表示父代个体第 i 个分量;x'_i 表示新生成个体第 i 个分量;σ_i 表示父代个体第 i 个分量的标准差;σ'_i 则表示新生成个体第 i 个分量的标准差;η 用于控制 σ_i 的变动范围;$N_i(0,1)$ 同样是服从标准正态分布的随机数。

从变异的计算公式可以看出,新个体是在旧个体的基础上增加一个随机数,该随机数的大小又取决于个体的标准差,同时该标准差在算法的进化过程中也在进行自适应调整,因而变异操作的自适应功能也得到了增强。元进化规划名称中的"元"表示它为基本方法,元进化规划是进化规划的主要工作方式。

需要强调的是,在实施进化规划算法的过程中,由于个体的标准差在算法的迭代过程中也在发生变化,必须确保标准差为大于 0 的正数。

3) 旋转进化规划

旋转进化规划在其他两种形式进化规划算法的基础上作出进一步地改进,首先在表达每个个体时,采用了三元组的形式 (X, σ, ρ),其中 X 表示目标变量,σ 表示标准差,ρ 表示协方差。

在旋转进化规划算法中,个体变异操作的计算公式为

$$\begin{cases} X' = X + N(0, C) \\ \sigma'_i = \sigma_i + \sqrt{\sigma_i} \times N_i(0,1) \\ \rho'_j = \rho_j + \sqrt{\rho_j} \times N_j(0,1) \end{cases} \tag{4-5}$$

其中, X 表示旧个体的目标变量, X' 表示新个体的目标变量,它们均包含 n 个分量; $N(0,C)$ 为服从正态分布的随机数,其数学期望为 0,而其标准差与协方差有关; ρ_j 表示相关系数,其计算公式为

$$\rho_j = \frac{c_{ij}}{\sqrt{\sigma_i \cdot \sigma_j}} \tag{4-6}$$

由于旋转进化规划算法在实施变异操作时,除了标准差 σ 之外还增加了协方差 ρ,因而进一步增强了算法的自适应调整能力。

5. 选择操作

在进化规划算法中,只有变异算子和选择算子,在算法执行完变异操作后紧接着就开始执行选择操作。进化规划算法中的选择策略是保持种群中个体的数目不变,假定父代个体的数目为 μ 个,每个个体通过变异操作产生 μ 个新个体,选择操作就是从这 2μ 个个体中选择 μ 个个体组成下一代的种群。

进化规划算法的选择方法是采用随机型的 q-竞争选择法。在这种选择方法中,采用了一种评价标准将这 2μ 个个体进行排序,并从中选取排序最靠前的 μ 个个体组成下一代的种群。该评价标准的实施策略是:对于每个个体,从这 2μ 个个体中再随机选择 q 个个体作为其竞争对手。如果该个体的适应度值不低于其竞争对手的适应度值,则该个体就在竞争中获胜,它总共获胜的次数就作为其得分值,记为 W_i。当得到所有个体的得分之后,就将它们按照得分值的高低进行排序,并且将排在前面的 μ 个个体组成下一代的种群。

从上面的描述过程可以看出,这种选择方法仍然是一种随机选择方法。在评价每个个体时,需要随机地再选取 q 个个体作为竞争对手,即比较对象,这 q 个个体选取的不同,该个体的得分值也就不同。

在这种 q-竞争选择方法中, q 的大小是一个关键参数。如果 q 选取得很大,如取极端情况 $q=2\mu$,则选择过程实际上就变成了确定性选择;反之如果 q 选取得很小,则选择过程的随机性就太大,有可能有较多的低适应度个体进行下一代种群。根据经验,通常 q 的取值要大于 10,也可按照 $q=0.9\mu$ 的标准进行选取。

6. 算法的终止条件

进化规划算法与其他进化计算方法一样,对于算法的终止条件的选取没有一个统一的标准,一般是根据所要求解问题的具体情况来进行选取,并主要依据算法设计人员的经验和个人偏好。常见的终止条件包括算法的最大迭代次数、最优个体与期望值的偏差、最优个体适应度连续多少代没有改善以及最优个体和最差个体的适应度之差,其中"算法的最大迭代次数达到设定值就终止算法"这种形式的

终止条件在实际应用中最为常见。

4.3　进化规划算法的特点和优势

通过系统的理论分析及函数仿真实验研究表明,进化规划算法无论是生物基础、算法实施还是计算性能方面都明显优于遗传算法,是处理工程优化问题的一种更理想的方法。本节将详细介绍进化规划算法的特点,然后从算法生物学基础、算法操作以及具体实施细节等方面与遗传算法进行比较分析。

4.3.1　进化规划算法的典型特点

进化规划算法的较为显著特点体现在以下几个方面。

(1) 进化规划算法对生物进化过程的模拟主要强调的是整个物种层次上的进化,而不是在个体基因层次上进化。进化规划算法实际上模拟了生物进化过程中种群对外界环境的自适应行为,它强调建立一个具有自适应行为的模型,能够实现由上往下的优化过程或搜索过程。在进化规划算法中没有个体的交换(重组)算子,种群的进化只有通过个体的突变(变异)操作来实现。

(2) 进化规划算法中的选择算子强调的是种群中各个体之间的竞争选择,它采用的也是随机型选择过程。当竞争数目(即进行适应度比较的对手的数目)q 较大时,这种选择机制就有些类似于进化策略中的确定性选择过程,因为基本上只有适应度高的个体才能进入下一代种群,而适应度低的个体进入下一代的概率则很小,因而类似于只选择适应度高的个体进入下一代种群。

(3) 进化规划算法直接以所求解问题的可行解作为个体的表达形式,因而不需要再对个体进行编码处理。这样在算法的进化过程中是直接对个体的表现型进行操作,而在遗传算法中则是对个体的基因型进行处理。这种编码方式的优点在于比较简单,它不受编码结构和长度的限制,并且对其实施进化操作也比较灵活,同时也不需要考虑在种群的进化过程中各种随机扰动因素对个体所造成的影响。

总的来讲,进化规划算法最为明显的特点在于它强调优化某个系统的整体行为,其核心思想不在于搜索种群中的最优个体,并且是采用由上往下的优化过程或搜索过程。通过具体应用实例也可以看出,进化规划算法最适合于将系统视为一个整体来进行优化的问题。进化规划算法较为突出的缺点是收敛速度慢、易未成熟收敛、搜索效率不高、受初始设置参数的影响较大等。研究人员针对这些问题,已经提出了许多卓有成效的方法来改善进化规划算法的性能,读者可以参考相关文献。

4.3.2　遗传算法和进化规划算法的比较

遗传算法和进化规划算法是在实际中应用最为普遍的两种进化算法,它们的研究和应用领域已经遍及社会科学、自然科学以及工程科学等众多学科,成为性能优异的全局随机优化算法和工具,并且也成为众多学科研究人员和学者在进化计算领域的研究热点。虽然遗传算法和进化规划算法都常作为实际应用中的优化工具,并且这两种算法还存在一定程度上的可替换性。但是遗传算法和进化规划算法所借鉴的生物学原理不同,因而它们在算法步骤、具体操作及实施细节上均存在较大的差异。为了更好地研究和应用这两种算法,下面我们将从两种算法所借鉴的生物学基础、算法操作、实施细节等方面出发,对两种算法进行全面的比较和分析。

1. 生物学基础

遗传算法和进化规划算法都属于进化计算方法,它们的相似之处在于这两种算法均借鉴自然界中生物的进化原理,都采用种群进化的方式实施搜索和优化过程,它们都属于随机全局优化算法。对于许多的现实实践中的优化问题,如函数优化问题,两种算法都能够有效的应用,并且还可互换使用。

但是从具体的生物进化原理看,遗传算法主要是借鉴了达尔文的生物进化论以及孟德尔的遗传学理论,包括通过基因的重组、变异以及染色体在结构和数目上的改变,来实现生物物种的进化,并且生物的有性生殖对应的基因重组还是生物进化的主要方式和推动力量。另外,根据达尔文的自然选择学说,生物要在自然界中生存下来,必须能够适应所存在的环境,只有那些适应性更强的个体才能有较大的概率生存,而那些不适应环境的个体则会被淘汰,该过程就称为自然选择。遗传变异以及自然选择原理都体现在遗传算法实施过程中的复制、交叉、变异、选择等算子的操作上。

进化规划算法的生物学基础与遗传算法不同,虽然它们都是基于生物进化理论。从现代分子生物学观点看,进化规划算法可认为是基于一种生物进化的中性学说。该学说认为,基于达尔文自然选择原理的适应性进化是一种生物的非本质进化,而生物的进化必须以不受选择为前提,不受选择同样可以导致生物的进化。该学说还认为极端的适应性选择是一条死胡同,并认为这就是导致遗传算法早熟的生物学原因。从分子生物学角度看,生物的进化过程是一个不受选择干预的偶然随机过程,每次成功的基因变异,均为下一次新的变异打下了基础。生物进化的实现,就是这一系列偶然过程迭代积累的结果。自然选择的作用只不过是这种随机过程的一种制约,使过于发散的进化状态收敛而已。此外,进化规划算法的设计思想中还引入了拉马克进化论的思想,也就是性状的获得性遗传,它是指生物为了生存而改变性状使之能够更好地适应生存的环境,则遗传到下一代。进化规划算法就是依据上述的生物进化学说和理论,来实现个体"行为"的进化。

2. 算法的实施策略

遗传算法是采用自下往上的搜索策略，它针对由各个参数所组成的二进制字符串进行搜索和优化，即对由信息编码所构成的基因型空间实施遗传操作。而进化规划则是采用自上往下的搜索策略，它直接针对优化问题进行进化操作，而无需对个体进行编码操作，进化规划可对问题的所有参数同时进行优化。

遗传算法在实施种群的搜索和优化过程中，针对个体的遗传操作包括复制、交叉和变异三种遗传算子，其中交叉算子是算法实现进化的主要手段，而变异算子只是一种辅助手段，因为对个体所设置的变异概率一般都比较低，变异算子可以起到小范围搜索以及保持种群中个体多样性的作用；而进化规划算法在实施搜索和优化过程中，则只有选择和变异两个进化算子，并且变异算子是算法中主要的进化操作，它同时实现全局搜索和局部搜索两项任务，变异算子的设计决定了进化规划算法的搜索效率。

3. 算法的具体操作

遗传算法的选择算子为一种随机性选择方式，其功能是从父代群体中选出优良个体，进行后续的交叉和变异操作并组成下一代种群。每个个体被选中的概率一般与该个体的适应度成正比，如常用的轮盘赌选择方法。而对于进化规划算法，其选择算子是采用一种称为随机 q 竞争的联赛选择方式，q 表示在评价每个个体时其竞争对手的数目，在这种选择方式中，下一代种群中的个体是从父代以及其产生的子代中的所有个体中进行选取，这同样也是一种随机选择方式。

在遗传算法中，当实施交叉和变异操作时需要设定两个参数值，分别是交叉概率和变异概率，一般来讲交叉概率的值取得较大一些，而变异概率的值则取得相对小一些，说明算法在实施进化操作时个体的交叉操作为主要操作方式。这两个参数的取值与算法的性能密切相关，但是目前还没有通用的方法来确定这两个参数，一般就是根据所给出的问题凭借经验或者采用试凑的方式来确定，同时针对不同的问题这两个参数变化范围也比较大。而对于进化规划算法，算法的进化过程则主要依靠变异算子来实现，但是没有变异概率的概念，个体发生变异的概率为1，即不存在个体是否变异的问题，而是涉及个体变异的幅度是多大以及是否采用自适应变异的事项。

4.4　进化规划算法的具体应用

进化规划算法也是一种在实际中得到广泛应用的进化算法，其研究和应用已经遍及社会科学、自然科学以及工程科学等众多学科[8-18]，成为一种性能出众的全局随机优化算法和工具。本节首先介绍如何利用进化规划算法来实现预测问题，这也是进化规划算法最初的应用领域以及被提出的初衷；然后介绍如何利用进化规划算法来实现多模态函数的优化问题，这是当前进化规划算法应用最为普遍的一类问题。

4.4.1　基于有限状态机的预测

1. 有限状态机

如前所述，进化规划算法就是为了求解预测问题提出的一种有限状态机（finite-state machine，FSM）进化模型。一种常用的预测方式就是采用一个符号序列，其中所包含的符号必须为一个有限字母集合中的元素。一个包含有限状态机的系统可以用于分析一个符号序列，进而产生相应的输出信号。系统的输出是通过优化适应度函数来实现的，其中包含预测符号序列的下一个符号。换句话讲，预测可用于计算系统的输出响应，同时达到某些预先设定的目标。

有限状态机，又被称为有限状态自动机，简称状态机，是一种表示有限个状态以及在这些状态之间进行转移和其他动作等行为的数学模型[19,20]。有限状态机是在自动机理论和计算理论中研究的一类自动机。

有限状态自动机在众多学科中得到了广泛和成功的应用，其中包括电子工程、语言学、计算机科学、哲学、生物学、数学和逻辑学等。在计算机科学中，有限状态机被广泛应用于复杂系统的建模、硬件电路系统设计、软件工程、编译器、网络协议以及一些计算与语言方面的研究。

在某些特定的场合，有限状态机又指输出取决于过去输入部分和当前输入部分的时序逻辑电路。此时对有限状态机而言，除了输入部分和输出部分外，有限状态机还含有一组具有"记忆"功能的寄存器，这些寄存器的功能是记忆有限状态机的内部状态，它们常被称为状态寄存器。在有限状态机中，状态寄存器的下一个状态不仅与输入信号有关，而且还与该寄存器的当前状态有关，因此有限状态机又可以认为是组合逻辑和寄存器逻辑的一种组合。其中，寄存器逻辑的功能是存储有限状态机的内部状态；而组合逻辑又可以分为次态逻辑和输出逻辑两部分，次态逻辑的功能是确定有限状态机的下一个状态，而输出逻辑的功能是确定有限状态机的输出。

确定一个有限状态机包括确定系统的所有状态、输入和输出符号集合以及状态的转移规律。其中，系统的输入和输出符号集可以相同，也可以不同。在应用有限状态机时，系统的初始状态必须给定，同时还要确定每个状态所对应的输入符号、输出符号以及将要进入的下一个状态。

图 4-2 就是一个包含三个状态的有限状态机，其输入符号集合中包含两个字

符,而输出符号集合中则有三种可能的符号。该有限状态机包含三个状态 A、B 和 C,并且如果不另外说明则默认 A 为起始状态;输入符号集合为$\{0,1\}$,而输出符号集合为$\{X,Y,Z\}$,从图中可以看出状态之间转移的箭头上,其中输入符号标在斜线("/")的左侧,而输出符号则标在斜线("/")的右侧。有限状态机对于一个输入符号序列的具体响应取决于其初始状态、每个状态的输入与输出之间的关系以及状态之间的转移关系。

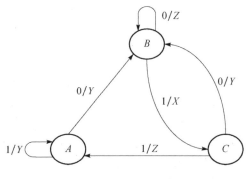

图 4-2　一个三状态有限状态机

图 4-2 所示的三状态有限状态机可以采用另一种表格的形式来进行表示和描述,如表 4-1 所示,它和图 4-2 所示的有限状态机完全相同,只是表示的形式不同而已。在实际应用中,有限状态机一般是采用图示的形式,因为这样更为直观明。

表 4-1　一个三状态有限状态机的逻辑关系表

当前状态	A	A	B	B	C	C
输入字符	1	0	0	1	1	0
输出字符	Y	Y	Z	X	Z	Y
下一状态	A	B	B	C	A	B

有限状态机本质上是属于图灵机的一个子集。图灵机,又被称为确定型图灵机,它是由英国数学家和计算机科学的先驱阿兰·图灵于 1936 年所提出的一种抽象计算模型,其更抽象的意义为一种数学逻辑机,它可以看作等价于任何有限逻辑数学过程的终极强大逻辑机器。图灵机从理论上讲可以解决所有采用序列形式表示的数学问题。在进化规划算法中使用的有限状态机,同样可以对一个实际系统进行建模和分析。

L. J. Fogel 等利用进化规划算法针对有限状态机来实现预测的主要思想是:首先基于所观察到的系统的状态序列建立系统的数学模型,其中序列中的部分状态是已经观察到的,即已知的,另外就是待预测的状态。进化规划算法中包含一个种群,种群中的每个个体表示一个有限状态机。在实施进化规划算法时,首先产生一个初始种群,每个有限状态机的初始状态是通过随机地方式来产生,包括若干事先设定数目的状态。每个有限状态机利用一个报偿函数(payoff function)来进行评价,其中涉及预测的准确率以及预测的误差等项目。子代的个体通过变异的方式产生,表示一个新的有限状态机。新生成的个体同样采用上述报偿函数评价。通常来讲,所有的变异概率都取同一个值,并且变异发生的次数也是事先确定好的。然后,将父代个体和子代个体中适应度最高的 50% 的个体保留下来,作为下一代种群中的父代个体。在进化规划算法进行演化的过程中,利用每一代种群中的最优个体来进行预测,其输出即表示系统的输出。

在遗传算法中,个体的交叉操作是一种主要的遗传操作,用于产生新一代的个体。而在进化规划算法中,变异操作则是用于产生新一代个体的唯一操作。根据有限状态机的特点,在实施进化规划算法中变异操作可表现为以下五种形式:①系统增加一个状态;②系统删除一个状态;③改变系统的起始状态;④改变某个状态的输出符号;⑤改变系统的一个状态转移。

由于进化规划算法中的变异操作可以改变有限状态机的结构,即增加新的某些状态以及删除系统的某些原有状态。因而在实施时要注意的事项包括某些状态的删除引起的状态之间转移的错误或者状态转移的无效,以及由于变异所引起的某些状态输出符号的改变等。在实际应用中,还存在着由于某些变异所增加的新状态可能在当前问题中从来没有用到,L. J. Fogel 称这些变异为中性变异(neutral mutation)。因此要特别注意变异操作的有效性和合理性,否则可能导致有限状态机出现严重的逻辑错误,甚至导致系统无法正常运行。

在利用进化规划算法来求解预测问题时,首先遇到的就是系统的编码问题,这时可以采用有限状态机的固定结构的编码形式,也可以采用有限状态机的变结构的编码形式,即系统的状态数目以及其他参数在进化规划算法的演化过程中可以动态地改变或者调整。对于变结构的编码形式,要事先确定系统最多的状态数目,在算法的演化过程中系统的状态数目可以小于或等于该数值,但是不能大于该数值。

对于表 4-1 所示的有限状态机,每个状态可以采用一个 5 位的二进制字符串进行表示,即为如下的形式:

$$b_4b_3b_2b_1b_0$$

其中,b_4 表示该状态是否被激活:不妨假定如果该位为 1 表示该状态被激活,而如果该位为 0 则表示该状态不被激活;b_3b_2 则表示当输入为符号 0 时,输出符号的具体取值,本例中就为集合 $\{X,Y,Z\}$ 中的某个具体元素;同样 b_2b_1 则表示当输入为符号 1 时,输出符号的具体取值,本例中就为集合 $\{X,Y,Z\}$ 中的某个具体元素。由于两位二进制数可以表示 4 种状态,所以有一种状态是无效状态或者空状态。这样表 4-1 所示的三状态有限状态机可以采用一个 15 位的二进制字符串进行表示。推广到一般形式,一个有限状态机可以采用字符串长度为 $(1+n_i^* \ n_o) * N_s$ 的二进制串进行表示,其中 N_s 表示该有限状态机的状态数目,n_i 表示所有输入字符数目,而 n_o 则表示所有可能的输出字符所需的二进制串的长度。

接下来,我们针对表 4-1 所示的有限状态机为例来说明进化规划算法的实施步骤。

(1) 随机产生一个包含个体的初始种群,确定的变异率。

(2) 对于种群中的每个个体,通过变异产生一个新个体,其中变异的具体操作可以采用前面所述的五种变异方式的任意一种。

(3) 检查是否存在无效的状态转移方式,并将其改为有效的状态转移方式。

(4) 评价所有个体的适应度,并从中选取适应度值最高的一半个体组成下一代种群。

(5) 转到步骤(2)进行算法的迭代过程,直到满足算法的终结条件。

设置步骤(3)的目的是因为算法中的变异操作可能会出现某些状态处于未激活状态,因而与这些状态相关的状态转移就是无效的,这时可将其中的无效状态用当前处于激活状态的其他状态,并且一般是采用随机选择的方式。

2. 应用实例

针对上述的预测问题,我们介绍如何利用进化规划算法来求解著名的"囚徒的困境(prisoner's dilemma)"问题,并给出相应的有限状态机模型,这也是 L. J. Fogel 在应用进化规划算法来求解预测问题时的一个成功实例。

囚徒的困境是博弈论中的一类非零和博弈中最具有代表性的例子,它反映了个人的最佳选择并非团体的最佳选择。虽然囚徒的困境问题本身只是一种数学模型,但是在现实中却不乏这样的实例,如商家的价格竞争、国家之间的关税战、国家之间的军备竞赛、环境保护以及自行车赛中选手的博弈等,都会频繁地出现与囚徒的困境类似的情况。

囚徒的困境是在 1950 年,由就职于美国兰德公司的梅里尔·弗勒德(Merrill Flood)和梅尔文·德雷希尔(Melvin Dresher)共同拟定出相关困境的理论,后来由顾问艾伯特·塔克(Albert Tucker)以囚徒方式进行阐述,并正式命名为"囚徒的困境"。经典的囚徒困境问题可描述如下:

假定警方已经逮捕了甲、乙两名嫌疑犯,但是却没有足够证据指控二人有罪,于是警方就分开囚禁这两名嫌疑犯,并分别和这两人见面,并向两人都提供以下相同的选择方案:

(1) 若其中一人认罪并作证检控对方(相关术语称为"背叛"对方),而对方则保持沉默,那么此人将即时获释,而沉默者将被判监 10 年。

　　(2) 若二人都保持沉默(相关术语称互相"合作"),则二人同样都被判监1年。

　　(3) 若二人都互相检举(相关术语称互相"背叛"),则这二人同样都被判监8年。

　　上述选择方案以及所带来的后果可用表4-2概述。

表4-2　选择方案及后果

	甲合作	甲背叛
乙合作	都被判监1年	甲获释,乙被判监10年
乙背叛	乙获释,甲被判监10年	都被判监8年

　　类似于博弈论的其他实例,对于囚徒的困境问题同样假定每个参与者(即"囚徒")都是利己的,即都在一定的前提下寻求自身最大的利益,而不去关心另外一个参与者的利益。如果基于参与者的某一种选择策略所得到的利益,在任何的情况下都要比其他策略还要低的话,那么就称此策略为"严格劣势",任何理性的参与者都绝不会采用该策略。另外,还要假定没有任何其他的力量来干预参与者的个人决策,参与者可以完全按照自己的意愿来选择某种策略。

　　那么对于这种囚徒的困境问题,囚徒到底应该选择哪种策略,才能够将自己的刑期缩短至最短呢? 由于两名囚徒被相互隔绝监禁,因而无法知道对方的选择方案;另外即使他们能够相互交谈和协商,也未必能够确保对方不会背叛自己。对于其中任何一个囚犯的个人理性选择而言,检举或者背叛对方所得到的刑期,总比选择沉默付出的代价要低。所以可以设想处于困境中两名具有理性的囚徒会如何作出选择:

　　(1) 若对方选择沉默,而我选择背叛会让我获释,所以我会选择背叛;

　　(2) 若对方背叛指控我,我也要指控对方才能够获得相对较短的刑期,所以我还是会选择背叛。

　　由于两名囚徒所面对的客观情况完全一样,所以可以设想这两名囚徒的理性思考都会得出相同的结论——选择背叛。背叛是囚徒的两种可选策略之中的支配性策略。因此对于囚徒的困境问题而言,在这场博弈中唯一可能达到的纳什均衡(又称为非合作赛局平衡,是博弈论的一个重要概念以约翰·纳什命名),就是两名囚徒都选择背叛对方,所得到的结果是两名囚徒都被判服刑8年。

　　这场博弈的纳什均衡,很明显对两名囚徒的任何一人都不是最佳方案,实际上是双方都是输家,这不是顾及到整体利益的Pareto最优解决方案(决策者在进行多目标决策时应遵循的准则)。如果考虑到整体的利益,两名囚徒都选择合作即保持沉默,那么两人都只会被判服刑1年,这样整体的利益会更高,结果也会比两人背叛对方并且都被判刑8年的情况更好。但是根据以上的假设和分析,两名囚徒均为理性的个人,且只追求自己个人利益最大化,这样均衡状况将会是两个囚徒都选择背叛，结果二人的判刑时间均比选择合作要长，总体利益也比选择较合作要低，这正是问题的"困境"所在。这种囚徒的困境问题也漂亮地证明了：在非零和博弈中，Pareto 最优解决方案和纳什均衡是相冲突的。

在应用进化规划方法进行求解时，常用的报偿函数一般是采用 Alelrod 所提出的形式，其具体计算方法为：当双方都选择合作时，双方均得到 3 点；如果双方都选择背叛时，双方均得到 1 点；而如果一方选择背叛，另一方选择合作时，则合作方不得分，背叛方则得到 5 点。

下面仅介绍 L. J. Fogel 利用进化规划方法来求解囚徒的困境问题所得到的结果和结论。L. J. Fogel 将有限状态机的最大状态数目设置为 8 个，图 4-3 就是通过演化操作所得到的一个最优解，其中包含 7 个状态，起始状态为状态 6。

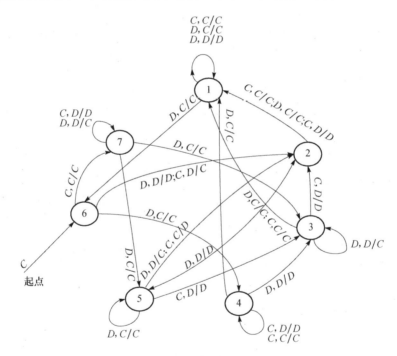

图 4-3　用于囚徒困境问题的七状态有限状态机

从图 4-3 中可以看出，双方均选择合作为起始状态。"C"表示选择合作，而"D"则表示选择背叛。输入字符集合包含{(C,C),(C,D),(D,C),(D,D)}，其中每个元素的第一个字母表示有限状态机的上次状态转移所采用的决策，而第二个字母则表示上次状态转移时对手的决策。例如，图 4-3 中对于状态 6 到状态 7 的状态转移，我们可以看出当前状态为状态 6，如果在上次状态转移中选择合作，同样对手也选择合作，那么当前的决策就是合作，并且转移到状态 7。另外，从图 4-3 中我们同样可以看到，引起状态转移的条件不止一种，在有的情况下可能会有多种条件导致同一个状态转移,如图中由状态 5 到状态 2 的转移,其对应的前提条件就有两种:在第一种情况,在前一次状态转移中状态机和对手均采用背叛,在本次中则选择合作,所以由状态 5 转移到状态 2;而在第二种情况,则是在前一次状态转移中状态机和对手均采用合作策略,本次则采用背叛策略。

通过这种囚徒的困境问题,我们可以看到进化规划算法可以通过对有限状态机进行演化操作来求解预测问题。实际上这只是早期的一个较为成功的应用实例,进化规划算法在该领域的应用还很普遍。接下来,我们介绍进化规划算法应用最为广泛的应用领域,即函数优化问题,尤其是复杂多模态函数的优化问题。

4.4.2 基于进化规划算法的多模态函数优化

本节针对一类应用最为普遍的函数优化问题,介绍如何应用进化规划算法来解决此类问题,同时介绍一种改进的进化规划算法(CEP),最后针对较为典型的多模态函数的优化问题进行仿真实验和分析,表明进化规划算法在解决复杂函数优化问题中的优势和不足,并着重探讨如何改进现有的进化规划算法中的变异算子,使得该算法具有更好的搜索性能。

1. 进化规划算法的实施步骤

假定所要求解的函数优化问题为求最小值问题,它可采用 (Φ, f) 下面的形式进行表示,其中,Φ 表示 n 维实数空间的一个有界集合 $\Phi \subseteq \mathbf{R}^n$,$f$ 则表示待优化的函数 $f:\Phi \rightarrow \mathbf{R}$,它有 n 维输入,函数的输出为一维实数并且也是有界的。现在问题就是在 n 维搜索空间 Φ 中,寻找实数向量 X_{min},使其满足

$$\forall X \in \mathbf{R}^n : f(X_{min}) \leqslant f(X)$$

这是一个典型函数优化中的求最小值问题,并且还属于较为简单的情形,因为并不涉及包含约束条件的优化。下面就介绍如何应用进化规划方法来求解上述的函数优化问题中求最小值问题,进化规划的具体实施步骤如下。

(1) 产生包含 μ 个个体的初始种群,每个个体的表示形式为 (X_i, η_i),$i \in \{1, 2, \cdots, \mu\}$,其中,$X_i$ 就是目标函数的 n 维输入向量,而 η_i 则表示对 X_i 实施高斯变异的标准方差(标准差)。

(2) 评价当前种群中每个个体 (X_i, η_i),$i \in \{1, 2, \cdots, \mu\}$ 的适应度,在函数优化问题中可直接将目标函数 $f(X_i)$ 作为适应度函数。

(3) 每个父代个体 (X_i, η_i),$i \in \{1, 2, \cdots, \mu\}$ 产生一个单一后代 (X_i', η_i'),$i \in \{1, 2, \cdots, \mu\}$,具体的实施策略为

$$x_i'(j) = x_i(j) + \eta_i(j) \times N_j(0,1) \tag{4-7}$$

$$\eta_i'(j) = \eta_i(j) \cdot \exp(\tau' \times N(0,1) + \tau \times N_j(0,1)) \tag{4-8}$$

其中,$x_i(j)$ 和 $x_i'(j)$ 分别表示 X_i 和 X_i' 的第 j 个分量;而 $\eta_i(j)$ 和 $\eta_i'(j)$ 则表示 η_i 和

η_i' 的第 j 个分量；$N(0,1)$ 表示一维的服从标准正态分布的随机数，其均值为 0 而标准差为 1；$N_j(0,1)$ 同样表示一维的服从标准正态分布的随机数，但是只针对第 j 个分量。另外，式(4-8)中的两个控制参数 τ 和 τ' 分别采用如下的形式：

$$\tau = \left(\sqrt{2\sqrt{n}}\right)^{-1}, \quad \tau' = \left(\sqrt{2n}\right)^{-1}$$

其中，n 表示向量 X_i 的维数。

(4) 计算新生成的每个后代个体 $(X_i', \eta_i'), i \in \{1, 2, \cdots, \mu\}$ 的适应度。

(5) 将 $(X_i, \eta_i), i \in \{1, 2, \cdots, \mu\}$ 和 $(X_i', \eta_i'), i \in \{1, 2, \cdots, \mu\}$ 组合起来，对于其中的每个个体，从该混合种群中再随机选取 q 个竞争者个体与它进行适应度的比较，如果在每次的比较中该个体的适应度都不小于竞争者的适应度，则该个体就获胜一次。

(6) 从 $(X_i, \eta_i), i \in \{1, 2, \cdots, \mu\}$ 和 $(X_i', \eta_i'), i \in \{1, 2, \cdots, \mu\}$ 中选择获胜次数最多的 μ 个个体，作为下一代种群中的个体。

(7) 判断算法是否满足终止条件：如果满足则算法终止，并输出所得到的最优解；否则令 $k = k + 1$ 并转到步骤(3)进行算法的重复迭代过程。

2. 一种改进的进化规划方法

当前所提出的改进的进化规划算法，大部分都是针对算法中的变异算子进行一定的改进工作，这是因为变异算子是进化规划算法的主要进化手段，它体现了算法的全局搜索能力。

这是介绍一种采用柯西变异方式来代替原来高斯变异方式的进化规划算法[21]，称为改进的进化规划算法。改进的进化规划算法的工作流程和实施步骤与上述的标准进化规划算法基本上是相同的，除了将变异算子改为下面的形式：

$$x_i'(j) = x_i(j) + \eta_i(j) \times \delta_j \tag{4-9}$$

其中，δ_j 表示一个柯西随机变量，其尺度参数为 $t = 1$，对于个体的每个分量都分别独立设置一个柯西随机变量。

下面介绍柯西随机变量与高斯随机变量的特点。柯西分布是一种数学期望不存在的连续型分布函数，对于中心在原点的一维柯西分布函数，其概率密度分布函数如下所示：

$$f_t(x) = \frac{1}{\pi} \times \frac{t}{t^2 + x^2}, \quad -\infty < x < +\infty \tag{4-10}$$

其中，$t > 0$ 表示一个尺度参数，它决定柯西分布性状的宽度。该概率密度函数所对应的分布函数如式(4-11)所示：

$$F_t(x) = \frac{1}{2} + \frac{1}{\pi}\arctan\left(\frac{x}{t}\right) \tag{4-11}$$

图 4-4 给出了柯西分布和高斯正态分布的概率密度函数的具体形状。从图 4-4 中可以看出,柯西分布和高斯正态分布的形状都是钟状的,但是柯西分布下降到 0 的速度要比高斯正态分布慢得多。从后面的仿真实验结果可以看出,正是柯西分布的这种特性决定了改进的变异操作在实施效果上具有较大的不同。

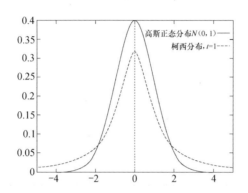

图 4-4　柯西分布和高斯正态分布的概率密度函数

从图 4-4 中柯西分布和高斯正态分布的密度函数的具体形状可以看出,高斯正态分布相对于柯西分布在原点附近取值的概率更大一些,因为柯西分布在均值的两侧均在无穷远处才趋于 0;另一方面,柯西分布的坡度较为平缓,因而相对来讲在原点附近较小的区域内搜索的概率反而降低了,这会影响到算法在搜索过程中针对极值点附近的微调能力。

3. 仿真实验

接下来,我们通过一类较为复杂的函数优化问题,即多目标优化问题,来测试进化规划算法解决这类问题的能力。为了说明上述改进的进化规划算法的应用效果,对于同样的实验条件和参数设置,将比较进化规划算法及其改进算法的运行结果,并阐述进化规划算法在解决复杂函数优化问题中的优势和不足,探讨如何改进算法中的现有变异算子的操作方式,使得能够获得更好的搜索能力并取得更优的优化性能。

1) 算法的参数设置

对于不同的多目标函数,进化规划算法及其改进算法这两种算法的基本参数设置是相同的:种群规模设置为 $\mu=100$,选择操作中的联赛规模设置为 $q=10$,参数 η 的初始值设置为 3,两种算法采用同样的初始种群,采用随机的方式生成。

2) 多模态函数的优化

仿真实验中的评价函数时采用了 6 个常用的基准函数,并且都采用了多模态函数,它们的具体属性如表 4-3 所示,包括函数的表达式、问题的维数以及函数全局最小值。这些多模态函数局部极值点的数目,随着问题维数的增加而呈现指数规律增加趋势。多模态函数的优化问题往往是函数优化问题较难处理的一种类型,甚至可以说是最难的一种类型,它们经常被用于测试和比较不同类型优化算法的性能。本节将针对这 6 个多模态函数,介绍应用进化规划和改进的进化规划进行求解的结果,并给出相应的分析和比较。

表 4-3 多模态测试函数的属性

测试函数	取值范围	函数最小值
$f(x) = \sum\limits_{i=1}^{n}(-x_i \times \sin(\sqrt{\mid x_i \mid}))$	$[-500 \ 500]^n$	-12569.5
$f(x) = \sum\limits_{i=1}^{n}[x_i^2 - 10\cos(2\pi x_i) + 10]$	$[-5.12 \ 5.12]^n$	0
$f(x) = -20\exp\left(-0.2\sqrt{\dfrac{1}{n}\sum\limits_{i=1}^{n}x_i^2}\right) - \exp\left(\dfrac{1}{n}\sum\limits_{i=1}^{n}\cos 2\pi x_i\right) + 20 + e$	$[-32 \ 32]^n$	0
$f(x) = \dfrac{1}{4000}\sum\limits_{i=1}^{n}x_i^2 - \prod\limits_{i=1}^{n}\cos\left(\dfrac{x_i}{\sqrt{i}}\right) + 1$	$[-600 \ 600]^n$	0
$f(x) = \dfrac{\pi}{n}\left\{10\sin^2(\pi y_i) + \sum\limits_{i=1}^{n-1}(y_i-1)^2[1+10\sin^2(\pi y_{i+1})] + (y_n-1)^2\right\} + \sum\limits_{i=1}^{n}u(x_i,10,100,4)$ 其中,$y_i = 1 + \dfrac{1}{4}(x_i+1)$, $u(x_i,a,k,m) = \begin{cases} k(x_i-a)^m, & x_i > a \\ 0, & -a \leqslant x_i \leqslant a \\ k(-x_i-a)^m, & x_i \leqslant a \end{cases}$	$[-50 \ 50]^n$	0
$f(x) = 0.1\left\{\sin^2(3\pi x_1) + \sum\limits_{i=1}^{n-1}(x_i-1)^2[1+\sin^2(3\pi x_{i+1})] + (x_n-1)^2[1+\sin^2(2\pi x_n)]\right\} + \sum\limits_{i=1}^{n}u(x_i,10,100,4)$	$[-50 \ 50]^n$	0

表 4-3 中的 6 个函数都具有数目很多的局部极值点,即使将问题的维数降低,如 $n=2$ 时 2 维的情形,也存在众多局部极值点,这对于常规的优化方法也是一个巨大的挑战。在生成初始种群时,同样是基于每一维变量的取值范围采用随机的方式来产生。

4. 实验结果及分析

对于表 4-3 所示的 6 个多模态函数,在下面的实验中均采用统一的数值 30。针对进化规则及其改进算法的仿真实验结果如表 4-4 所示,结果为算法搜索中所得到的最优解的均值以及标准偏差,并且函数的顺序与表 4-3 完全相同。采用显著性检验方法中的 t 检验方法,通过查表在 $\alpha=0.05$,并且自由度为 49 时两尾概率的值如表 4-3 所示。可见,改进的进化规划算法在所有的 6 个多模态函数的优化中,都能够取得比原来算法更好的性能的假设是成立的。

表 4-4 进化规划算法及其改进算法对于多模态函数优化的性能比较

迭代次数	CEP		EP		CEP-EP
	均值	标准差	均值	标准差	t-test
9000	-12554.5	52.6	-7917.1	634.5	-51.39
5000	4.6×10^{-2}	1.2×10^{-2}	89.0	23.1	-27.25
1500	1.8×10^{-2}	2.1×10^{-3}	9.2	2.8	-23.33
2000	1.6×10^{-2}	2.2×10^{-2}	8.6×10^{-2}	0.12	-4.28
1500	9.2×10^{-6}	3.6×10^{-6}	1.76	2.4	-5.29
1500	1.6×10^{-4}	7.3×10^{-5}	1.4	3.7	-2.76

进化规划算法如果采用高斯变异方式,往往会陷入局部最优解,原因是基于概率分布来讲,在个体的变异操作上其变异的幅度往往都较小,这会导致如果一旦算法搜索到某个局部最优解,通过个体的变异操作就不足以跳出该局部机制所在的搜索空间,这点从实验结果也可以很清楚地看到。而通过将变异方式由高斯变异改进为柯西变异方式,由于柯西分布所具有的不同特征,在概率密度分布形状上有较长的尾巴,因而做大范围跳转的可能性也更高,能够在一定程度上避免陷入局部最优解。

通过仿真实验还能发现,进化规划算法往往会在运行的早期阶段就陷入了局部最优解,而改进后的进化规划算法则能较为稳定地不断得到更好的解,并且持续很长时间或者迭代周期。对于改进的进化规划算法,至少能够得出这样的结论:随着迭代次数的增加,算法最终收敛到全局最优解的概率也随之增加。并且对于其中的一些函数优化问题,已经能够观察到这样的规律。

通过上述实验,我们可以得出结论:对于进化规划算法而言,当其变异算子采用柯西变异方式来代替原来高斯变异方式后,算法有更大的概率避免陷入局部最优解。这种改进的进化规划算法在处理多模态函数的优化问题时,尤其是针对具有较多局部极值点的函数时,能够表现出较为明显的优势。但是也应该看到,高斯变异方式在搜索最优解附近的区域时,能够获得比柯西变异方式更好的性能,即一旦能够接近全局最优解附近的区域,高斯变异方式实际上表现得更为出色。

4.5 总 结

遗传算法和进化规划算法都是在实际中应用最为普遍的两种进化算法,它们在许多研究和应用领域都是相互交叉和重叠的,并且这两种算法还存在一定程度上的可替换性。但是在处理工程领域的复杂优化问题时,特别是存在较多局部极值点的优化问题以及多模态函数优化问题时,进化规划算法在实际运行效果上,无论是从计算时间上还是从所得到优化解的稳定性程度上,都比遗传算法表现出更为明显的优势。进化规划算法可以说是实际研究和应用中一种较为理想的随机全局优化工具。

进化规划算法最为鲜明的特征就是采用自上而下的实施策略,进化规划算法强调的是种群层次上的进化过程,而不是个体的基因层次上的进化过程。可以这样理解,遗传算法的进化过程只是在父代个体和子代个体之间建立遗传联系,好的父代个体必定会产生好的子代个体;而进化规划算法的进化过程,则是强调父代个体和子代个体之间建立个体表现行为上的联系,可称为父代个体和子代个体之间的行为链。这意味着好的子代个体有较大的概率生存,而无论其父代个体的优劣。遗传算法中个体适应度的概念用于选择父代个体,而在进化规划算法中适应度则用于选择子代个体。当需要处理的优化问题是系统层面的优化时,采用进化规划算法将是进化计算方法中的最佳选择。

参 考 文 献

[1] Fogel L J. Intelligence Through Simulated Evolution: Forty Years of Evolutionary Programming. New York: John Wiley & Sons, 1999.

[2] Fogel D B, Fogel L J, Atmar W. Meta-evolutionary programming. Proc. 25th Asilomar Conf. Signals, Systems and Computers, Pacific Grove: IEEE, 1991.

[3] Fogel D B. Evolving Artificial Intelligence. Ph. D. Dissertation. San Diego: University of California, 1992.

[4] Myung H, Kim J H. Hybrid evolutionary programming for heavily constrained problems. Biosystems, 1996, 38(1): 29-43.

[5] Cao Y J, Jiang L, Wu Q H. An evolutionary programming approach to mixed-variable optimization problems. Applied Mathematical Modeling, 2000, 24(12): 931-942.

[6] Duo H Z, Sasaki H, Nagata T, et al. A solution for unit commitment using Lagrangian relaxation combined with evolutionary programming. Electric Power Systems Research, 1999, 51(1): 71-77.

[7] Wang Y, Zhang G, Chang P C. Improved evolutionary programming algorithm and its application research on the optimization of ordering plan. Systems Engineering-Theory & Practice, 2009, 29(6): 172-177.

[8] Sarkar M, Yegnanarayana B, Deepak K. A clustering algorithm using an evolutionary programming-based approach. Pattern Recognition Letters, 1997, 18(10): 975-986.

[9] Zhang H X, Lu J. Adaptive evolutionary programming based on reinforcement learning. Information Sciences, 2008, 178(4): 971-984.

[10] Kumar G P, Babu G P. Optimal network partitioning for fault-tolerant network management using evolutionary programming. Information Processing Letters, 1994, 50(3): 145-

140.

[11] Ma J T, Wu Q H. Generator parameter identification using evolutionary programming. International Journal of Electrical Power & Energy Systems, 1995, 17(6): 417-423.

[12] Myung H, Kim J H. Hybrid evolutionary programming for heavily constrained problems. Biosystems, 1996, 38(1): 29-43.

[13] Duo H Z, Sasaki H, Nagata T, et al. A solution for unit commitment using Lagrangian relaxation combined with evolutionary programming. Electric Power Systems Research, 1999, 51(1): 71-77.

[14] Rajan C C, Mohan M R. An evolutionary programming based simulated annealing method for solving the unit commitment problem. International Journal of Electrical Power & Energy Systems, 2007, 29(7): 540-550.

[15] Choi D H. Cooperative mutation based evolutionary programming for continuous function optimization. Operations Research Letters, 2002, 30(3): 195-201.

[16] Sarkar M, Yegnanarayana B, Khemani D. A clustering algorithm using an evolutionary programming-based approach. Pattern Recognition Letters, 1997, 18(10): 975-986.

[17] Sood Y R. Evolutionary programming based optimal power flow and its validation for deregulated power system analysis. International Journal of Electrical Power & Energy Systems, 2007, 29(1): 65-75.

[18] Basu M. An interactive fuzzy satisfying method based on evolutionary programming technique for multiobjective short-term hydrothermal scheduling. Electric Power Systems Research, 2004, 69(2-3): 277-285.

[19] Pradhan S N, Kumar M T, Chattopadhyay S. Low power finite state machine synthesis using power-gating. Integration, the VLSI Journal, 2011, 44(3): 175-184.

[20] Shiue W T. Novel state minimization and state assignment in finite state machine design for low-power portable devices. Integration, the VLSI Journal, 2005, 38(4): 549-570.

[21] Yao X, Liu Y, Lin G M. Evolutionary programming made faster. IEEE Transactions on Evolutionary Computation, 1999, 3(2): 82-102.

第 5 章　其他模拟进化计算技术

自从 Holland 教授首先提出遗传算法以后,又相继出现了遗传编程、进化策略和进化规划三种进化计算方法,以及其他的诸如 DNA 计算、粒子群优化、蚁群算法、人工免疫等方法。实际上作为第一种进化计算方法,遗传算法的概念要比进化计算出现得更早。"进化计算"这一概念首先是在 20 世纪 90 年代初被提出的[1],当时进化计算就是指遗传算法、遗传编程、进化策略和进化规划这四种算法及其改进算法。当前所有利用模拟生物的遗传和进化规律来解决实际问题的技术和方法都可称为进化计算方法,进化计算已经成为一门较为独立的计算技术学科,并且也是计算智能中关键、核心的技术和方法[2]。

从进化计算的本质和主要特点上看,只要是模拟生物进化机制和规律的算法都可称为仿生模拟进化计算方法,因而进化计算方法所涵盖的范围就会变得广得多。这种概念是模拟进化计算的广义概念,并且也逐渐被本领域的研究人员所认可和使用。本书所涉及和介绍的模拟进化计算方法主要包括五种典型的算法(范例):遗传算法、进化规划算法、进化策略、遗传编程和粒子群优化算法。在本书的第 3 章和第 4 章,我们分别针对遗传算法和进化规划算法进行了详细的介绍,包括其工作原理、实施步骤、关键问题以及具体的应用。本章则主要针对进化策略、遗传编程和粒子群优化算法进行介绍和探讨。

自从模拟进化计算方法诞生以来,与其相关的理论研究和实际应用研究都得到了迅速的发展,并且取得了许多成果。随着模拟进化计算技术和方法的逐渐成熟和应用领域的不断扩大,从事进化计算领域研究和开发的人员队伍也在不断地壮大,为此 IEEE 还专门成立了专门的 IEEE 进化计算委员会。在进化计算方法的发展和应用过程中,各种进化计算方法已经在人工智能、知识发现、数据挖掘、模式识别、图像处理、决策分析和支持、多目标和非线性优化、车间作业调度、移动机器人路径规划、股市和经济指标分析和预测等众多领域得到了成功应用,并且在这些应用领域的研究仍然在不断地拓宽和加深[2-8]。

作为计算智能技术中的关键技术同时也是核心技术,模拟进化计算方法本质上就是模拟自然界中的遗传变异和自然选择等生物进化机制的一种全局随机搜索和优化方法[9]。进化计算方法与其他传统的数学优化方法相比,具有许多较为显著的优势:一方面进化计算方法不要求待求解问题的目标函数满足连续性、可导性等要求,并且进化计算方法还具有通用性、随机性、自适应和鲁棒性等特点和优点,能够解决常规数学优化方法所不能处理或者无法有效处理的问题;另外进化计算方法具有强大的搜索和优化能力,优化问题越复杂时,进化计算方法在求解问题的速度以及收敛性方面的优势将会更加明显和突出。

但是模拟进化计算方法并不是万能的,也有其适用的领域和擅长处理的问题类型。进化计算方法具有较强的全局搜索和优化能力,但是在搜索空间的局部搜索能力却显得力不从心;对于可以利用数学公式或者常规数学方法进行求解的问题,进化计算方法反而没有任何的优势,却会耗费更多的计算成本和运行时间;另外随着问题复杂度的增加,相应的搜索空间的扩大,进化计算方法的运行时间会持续很长时间,因而无法应用于对实时性要求很高的系统。在本章的接下来的讨论中,我们会针对每种进化计算方法分别指出其优势和不足的方面,便于研究人员在设计过程中确定最为合适的进化计算方法。

如前所述,由于模拟进化计算方法具有通用性、随机性、自适应和鲁棒性等诸多方面的特点和优势,并且能够更好地解决常规方法所不能有效解决的复杂问题,因而在未来具有良好的发展前景。当前,进化计算已经成为一门较为独立的计算技术学科,并且是一门覆盖生物科学和计算机科学的交叉学科。展望进化计算技术未来的发展趋势,它将与神经网络、模糊逻辑等其他计算智能技术一起共同推动仿生系统和仿生算法的发展和应用,成为解决科学与工程领域中复杂问题的有效方法和工具。

5.1　进 化 策 略

进化策略是一种基于自然界遗传变异和自然选择等生物进化机制形成的一种全局随机搜索算法,该算法是由德国柏林工业大学的 Rechenberg 和 Sehwefel 于 1963 年提出的[10]。进化策略最开始是为了研究风洞中的流体动力学问题而开发的一种适合于实数变量并模拟生物进化机制的一种优化算法。进化策略的搜索和优化能力主要依靠变异算子的作用,后来也借鉴遗传算法引入了杂交算子,但是杂交算子仍然是进化策略的辅助算子。进化策略算法在最初的形式中只有一个个体,被称为(1+1)-ES,后来在此基础上又发展了多种新的改进形式,分别体现在进化算子具体策略和实施操作方面。

进化策略和进化规划这两种方法具有共同的本质,它们都属于模拟和生物进化原理的随机搜索和优化算法,但这两种方法也存在着较大的不同,它们分别强调了自然进化过程中的不同方面:进化策略强调种群中个体级别的进化过程,而进化规划则强调种群级别上的进化过程[11]。

进化策略作为一种求解参数优化问题的方法,同样也是模仿生物的进化原理,假设不论基因发生何种变化,产生的结果(性状)总遵循零均值、某一方差的高斯分布。进化策略和遗传算法是进化计算方法中两种主要的方法。这两种主流方法的不同之处主要体现在解的表示以及搜索和选择算子的设计方面。遗传算法常使用二进制或整数编码,与此相比,进化策略常基于真实值编码。遗传算法和进化策略之间的一个显著差别在于选择算子的不同。在进化策略中,父代选择是无偏的,即当前种群的每一个个体有着相同的概率被选择用以重组。此外,幸存者的确定性选择是进化策略的驱动力。不过最近几十年涌现出了许多混合方法,一方面,使用整数编码的进化策略被开发用于组合优化问题的求解。另一方面,也有人提出了采用进化策略选择模型的遗传算法。

5.1.1 进化策略的表示形式

进化策略种群中的个体采用传统的十进制实数表示,即

$$X^{t+1} = X^t + N(0,\sigma) \tag{5-1}$$

其中,X^t 表示第 t 代个体的数值;$N(0,\sigma)$ 表示服从正态分布的随机数,其均值为0,而标准差为 σ。如果新个体的适应度优于旧个体,则用新个体替换原来的旧个体,否则就弃用该性能欠佳的新个体,并重新产生下一代新个体。

这种个体表达方式被称为二元表达方式,在这种表达方式中,每个个体由目标变量 X 和标准差 σ 两部分组成,每个部分又可以有 n 个分量:

$$(X,\sigma) = ((x_1,x_2,\cdots,x_n),(\sigma_1,\sigma_2,\cdots,\sigma_n)) \tag{5-2}$$

目标变量 X 和标准差 σ 之间的关系是

$$\begin{cases} \sigma_i' = \sigma_i \cdot \exp(\tau \cdot N(0,1) + \tau' \cdot N_i(0,1)) \\ x_i' = x_i + \sigma_i' \cdot N_i(0,1) \end{cases} \tag{5-3}$$

其中,x_i 和 σ_i 表示父代个体第 i 个分量;而 x_i' 和 σ_i' 则表示新生成个体的第 i 个分量;$N(0,1)$ 表示服从标准正态分布的随机数;$N_i(0,1)$ 表示针对个体的第 i 个分量重新产生的符合标准正态分布的随机数;τ 和 τ' 表示全局系数和局部系数,常取常数1。

在进化策略中,个体的这种进化方式被称为突变,并且由突变生成的新个体与旧个体的差别并不大,就是依靠这种每次迭代中的微小变化,最终实现算法的搜索和优化过程。

进化策略具有多种形式,由最初的形式 (1+1)-ES 到后来的 $(\mu+\lambda)$-ES,(μ,λ)-ES,下面分别介绍进化策略不同的类型。

1. (1+1)-ES

对于 (1+1)-ES 这种进化策略早期的形式,算法仅仅包含一个个体,并且算法的进化操作只有突变一种操作,它是利用独立的随机变量来修正旧个体。(1+1)-ES的算法实施过程中并没有体现种群的作用,它只是依靠单个个体的突

变操作来实现进化过程,因而具有十分明显的局限。

2.$(\mu+1)$-ES

由于进化策略早期的形式$(1+1)$-ES 仅仅依靠个体的突变来实施进化操作,因而存在着较为明显的不足,随后 Rechenberg 在它的基础上又提出了$(\mu+1)$-ES 的形式。在$(\mu+1)$-ES 这种形式的进化策略算法中,父代有 μ 个$(\mu>1)$个体,并且又引入了重组算子,使得父代个体组合产生新的个体。重组算子具体的操作方法如下所示。

从 μ 个父代个体中随机选取两个个体:

$$(X^1,\sigma^1)=((x_1^1,x_2^1,\cdots,x_n^1),(\sigma_1^1,\sigma_2^1,\cdots,\sigma_n^1))$$
$$(X^2,\sigma^2)=((x_1^2,x_2^2,\cdots,x_n^2),(\sigma_1^2,\sigma_2^2,\cdots,\sigma_n^2))$$

根据这两个个体组成生成新的个体,其形式如下:

$$(X,\sigma)=((x_1^{p_1},x_2^{p_2},\cdots,x_n^{p_n}),(\sigma_1^{p_1},\sigma_2^{p_2},\cdots,\sigma_n^{p_n}))$$

其中,$p_i(i=1,2,\cdots,n)$取 1 或者取 2,分别表示来自父代的个体 1 还是个体 2,并且取 1 或者取 2 的概率是相同的。

针对新生成的个体执行个体的突变操作,具体实施方法与$(1+1)$-ES 是相同的。

接下来将突变后新产生的个体与父代的 μ 个个体进行比较,如果新个体优于父代最差的个体,则将新个体代替后者成为下一代群体的新成员,否则重新执行重组和突变操作,直到得到更优的子代个体。

可以看出,$(\mu+1)$-ES 和$(1+1)$-ES 在每一代都只产生一个新个体,但是$(\mu+1)$-ES的改进之处在于:

(1)包含一个群体,其中具有 μ 个个体。

(2)增加了重组算子,相当于遗传算法中的交叉算子,能够继承父代个体的部分信息来生成新的个体。

这两处改进对算法的性能带来了明显的改善,并为进化策略这种新的进化算法的发展奠定了良好的基础。

3.$(\mu+\lambda)$-ES 与(μ,λ)-ES

1975 年,Schwefel 首先提出了$(\mu+\lambda)$-ES,随后又提出了(μ,λ)-ES,这两种形式的进化策略都采用含有 μ 个个体的父代群体,并且通过重组和突变算子产生 λ 个新个体。它们之间的差别在于下一代群体的组成上。其中,$(\mu+\lambda)$-ES 是将父代原有的 μ 个个体和新产生的 λ 个个体中,一共 $\mu+\lambda$ 个个体,从中择优选取 μ 个个体作为下一代群体的个体。而另一种形式进化策略算法(μ,λ)-ES,则是从新生成的 λ 个个体中择优选取 μ 个个体作为下一代群体的个体,并且要求 $\lambda>\mu$。可以看出,如果在执行选择算子时,需要从父代原有个体和新生成的个体中进行选取,则在算法的名称中会使用"＋"记号,如$(\mu+\lambda)$-ES、$(\mu+1)$-ES 以及$(1+1)$-ES,而如果仅从新生成的个体中进行择优选取,则使用","记号,如(μ,λ)-ES。

对于$(\mu+\lambda)$-ES 和(μ,λ)-ES 这两种形式的进化策略,它们的实施过程基本上是相同的,都采用了重组、突变和选择三种遗传算子。重组算子类似于前面所讲述的$(\mu+1)$-ES,而突变算子则有了新的改进,其中的标准差 σ 不是固定的常数,而是随着算法的演化过程可自适应地调整。由于在(μ,λ)-ES 这种形式的进化策略中,个体的寿命只有一代,因而群体的演化过程进行的很快,比较适合于目标函数中具有明显的噪声干扰或者优化结果受到迭代次数的影响较大。

5.1.2　进化策略的实施步骤

进化策略的工作过程包括表达问题,产生初始群体,计算群体中每个个体的适应度,实施重组、突变和选择等遗传算子,生成下一代的群体,并经过反复迭代操作,最终得到优化问题的最优解。

进化策略的一般算法的基本步骤可以描述如下:

(1) 建立优化问题的数学模型。

(2) 随机生成初始群体。

(3) 根据所定义的适应度函数,计算当前群体中每个个体的适应度。

(4) 分别按照顺序实施重组、突变算子的操作,生成新的个体。

(5) 计算新生成个体的适应度,并根据选择策略挑选其中的优良个体,组成新的一代群体。

(6) 判断是否满足算法的终结条件,如果满足则选择群体中的最优个体作为算法的输出结果,否则跳转到步骤(3),进行算法的迭代过程。

5.1.3　进化策略与进化规划的异同

进化策略和进化规划这两种进化算法当初是分别独立提出的,并且随后它们又各自平行地发展,它们是模拟进化计算方法中两种常用的算法。进化策略和进化规划在模拟生物的进化过程的工作原理上既有相似之处,也存在着较大的不同。

1. 两者的相同或相似点

进化策略和进化规划都属于进化计算方法中的一种类型,它们都是模拟和借鉴生物体自然进化过程中的"优胜劣汰、适者生存"原理,通过种群的演化过程实现个体的不断进化,逐渐提高个体的适应度,对应于实际问题的优化解。

　　进化策略和进化规划都采用传统的十进制实数向量来表示优化问题,在个体的表达式中都包含有目标变量 X、反映方差的控制因子 σ,以及反映协方差的控制因子 α 或者 ρ。两种进化算法都通过个体的突变算子来生成新个体,并且都利用选择算子来确定下一代的群体中的个体。

　　概括起来讲,进化规划和进化策略都属于随机仿生优化算法,它们在搜索的方式、搜索的具体操作以及搜索和优化的过程等方面具有很大的相似性。

　　2. 两者的不同

　　在进化规划算法中没有重组算子,它只依靠突变算子来产生新个体;而进化策略算法中则采用重组和突变两种算子来生成新的个体。关于重组算子和突变算子所发挥的作用一直存在着争议,有些人强调突变算子的作用,而有些人则更为重视重组算子的作用,还有的人主张兼顾两者的功能和作用。

　　进化规划和进化策略两种算法都使用选择算子来更新群体,即从上一代群体进化为新的一代。但是两种算法的具体实施策略是不同的,进化规划算法采用随机性选择方式,而进化策略算法则是采用确定性选择方式。详细地讲,进化规划算法是采用 q-竞争选择法使得优良个体尽可能地入选,但也允许少数欠佳的个体被选入下一代群体,而进化策略算法则是采用适应度排序的方法,排名靠前的个体进入下一代群体,而排名靠后的个体则被淘汰。

　　进化规划和进化策略两种算法都包含突变算子,但是实施突变的顺序不同。在进化策略算法中,首先是对控制因子 σ 和 α 进行突变操作,然后才对目标变量 X 实施突变操作。而在进化规划算法中,则是首先对目标变量 X 实施突变操作,然后再对控制因子 σ 和 ρ 进行突变操作,即控制因子的改变所带来的效果必须要等到下一代才能体现出来。

　　在进化规划算法中,只采用突变算子属于无性别的进化(无性繁殖),因而种群的个体之间不存在性别交配。而在进化策略算法中具有重组算子,它属于有性别的进化,父代双方个体的基因被遗传到子代个体中。

5.1.4　进化策略实施中的关键问题

　　与其他模拟进化计算方法类似,进化策略的搜索和优化能力主要依靠重组算子、变异算子、选择算子等进化算子的作用。这些进化算子的设计和具体操作是进化策略实施中的关键问题,不同进化算子设计方式上的差异会影响到算法的全局和局部搜索能力、算法的计算成本以及算法的整体性能。下面分别介绍进化策略中不同进化算子常用的设计和实施方式,并指出它们的特点以及对于算法性能的影响。

1. 重组算子的设计

进化策略的重组算子相当于遗传算法的交叉算子,它以两个父代个体的基因为基础进行信息交换。进化策略的重组算子的实施方式主要有以下几种。

1) 离散重组

首先随机选择两个父代个体,表示如下:

$$\begin{cases} (X^1,\sigma^1) = ((x_1^1,x_2^1,\cdots,x_n^1),(\sigma_1^1,\sigma_2^1,\cdots,\sigma_n^1)) \\ (X^2,\sigma^2) = ((x_1^2,x_2^2,\cdots,x_n^2),(\sigma_1^2,\sigma_2^2,\cdots,\sigma_n^2)) \end{cases}$$

然后对这两个父代个体的分量进行随机交换,得到新个体的相应分量,新个体的表达方式如下所示:

$$(X,\sigma) = ((x_1^{p_1},x_2^{p_2},\cdots,x_n^{p_n}),(\sigma_1^{p_1},\sigma_2^{p_2},\cdots,\sigma_n^{p_n}))$$

其中,$p_i(i=1,2,\cdots,n)$ 取 1 或者取 2,分别表示来自父代的个体 1 还是个体 2,并且取 1 或者取 2 的概率是相同的。即新个体的每个分量是从两个父代个体的相应分量中随机地进行选取,将父代个体的基因信息直接传递到下一代。

2) 中值重组

这种重组方式也是首先随机选取父代的两个个体,表示如下:

$$\begin{cases} (X^1,\sigma^1) = ((x_1^1,x_2^1,\cdots,x_n^1),(\sigma_1^1,\sigma_2^1,\cdots,\sigma_n^1)) \\ (X^2,\sigma^2) = ((x_1^2,x_2^2,\cdots,x_n^2),(\sigma_1^2,\sigma_2^2,\cdots,\sigma_n^2)) \end{cases}$$

然后将父代两个个体的各分量的平均值作为子代新个体的分量,构成新的个体:

$$(X,\sigma) = ((x_1^1+x_1^2/2,x_2^1+x_2^2/2,\cdots,x_n^1+x_n^2/2),$$
$$(\sigma_1^1+\sigma_1^2/2,\sigma_2^1+\sigma_2^2/2,\cdots,\sigma_n^1+\sigma_n^2/2))$$

与离散重组方式相比,这种方式中新个体的各分量同时兼顾两个父代个体的信息,并且是采用中值的方法进行表示。

3) 混杂重组

这种重组方式在选择父代个体的方式上与前面两种重组方式都不相同,它首先随机选择一个固定的父代个体,然后针对子代个体的每个分量再从父代群体中随机选取另一个父代个体,即第一个父代个体是固定的,而第二个父代个体则是经常变化的。

在选择出两个父代个体后,接下来就开始重组两个父代个体的基因以生成子代个体。在混杂(panmictic)重组方式中,既可以采用离散方式,也可以采用中值方式,还可以将中值方式中的系数 1/2 改为其他 0 和 1 之间的分数。

研究表明,当进化策略算法采用重组算子后,能够明显加快算法的收敛速度。Schwefel 曾经建议,对于目标变量 X 比较适合采用离散重组方式,而对于控制因

子 σ 则可以采用中值重组或混杂重组方式。

2. 突变算子的设计

进化策略的突变是在就个体向量的基础上增加一个随机量，从而生成新的个体向量，具体计算公式如下所示：

$$
\begin{cases}
\sigma_i' = \sigma_i \cdot \exp(\tau \cdot N(0,1) + \tau' \cdot N_i(0,1)) \\
x_i' = x_i + \sigma_i' \cdot N_i(0,1)
\end{cases}
\tag{5-4}
$$

其中，系数 τ 和 τ' 可根据下面的公式进行取值：

$$
\tau = \left(\sqrt{2\sqrt{n}}\right)^{-1}
$$

$$
\tau' = \left(\sqrt{2n}\right)^{-1}
$$

其中，n 表示个体向量中的分量数目；τ 和 τ' 分别为全局步长和局部步长参数，用于对随机量进行缩放，它们有些类似于人工神经网络中的"学习率"的概念，通常情况这两个参数都取常数 1。

如果当所有分量的 σ_i 都相同时，则式(5-4)可进一步简化为

$$
\begin{cases}
\sigma' = \sigma \cdot \exp(\tau_0 \cdot N_i(0,1)) \\
x_i' = x_i + \sigma' \cdot N_i(0,1)
\end{cases}
\tag{5-5}
$$

其中，$\tau_0 = 1/\sqrt{n}$。

3. 选择算子的设计

进化策略算法中选择类似于遗传算法中的复制操作，它也体现了生物进化过程中达尔文提出的"物竞天择、适者生存"的原则。但是进化策略算法中选择策略是属于确定性选择操作，它是根据个体适应度的大小，择优选择高适应度个体进入下一代群体。而在遗传法中则是采用轮盘赌选择方法，高适应度的个体进入下一代群体的概率较大，而低适应度的个体也有可能进入下一代群体。

进化策略算法中的选择方式有两种形式：一种为 $\mu + \lambda$ 选择，另一种为 (μ, λ) 选择。其中，$\mu + \lambda$ 选择是从 μ 个父代个体和 λ 个子代新个体中，择优选取其中的 μ 个个体组成下一代群体。而 (μ, λ) 选择则是从 λ 个子代新个体中，择优选取其中的 μ 个个体组成下一代群体，这里要求参数 $\lambda > \mu$。在 (μ, λ) 选择方法中，每个个体只存活一代，就被新生成的优良个体所替代。

初看起来，好像 $\mu + \lambda$ 选择方法优于 (μ, λ) 选择方法，因为它可以保证优良的个体存活更多的代数，但是实际上 $\mu + \lambda$ 选择方法具有以下几个方面的缺点：

（1）虽然 $\mu + \lambda$ 选择方法可以保留优良个体存活更多的代数，但是这些优良个体也可能是局部最优解，它会阻碍算法搜索全局最优解。而 (μ, λ) 选择方法则全部

舍弃旧个体,使算法避免陷入局部最优解。

(2) $\mu+\lambda$ 选择方法选择保留旧个体,但是这些旧个体可能会是过时的可行解,会妨碍算法向着全局最优解的方向进化。而(μ,λ)选择方法全部舍弃旧个体,则可使算法始终在新的优化解的基础上进行全方位进化。

(3) $\mu+\lambda$ 选择方法在保留旧个体的同时,也将进化参数保留下来,这不利于进化策略算法采取自适应调整机制。而(μ,λ)选择方法则恰恰相反,它就是在进化过程中采用自适应调整策略。

在实际的应用中,(μ,λ)-ES 也优于$(\mu+\lambda)$-ES,并且也得到了更为广泛的应用,成为当前进化策略算法的主流。在(μ,λ)-ES 中,为了控制群体的多样性以及选择的力度,μ/λ 是一个较为重要的参数,它对算法的收敛速度有着很大的影响。一方面,μ 不能太小,否则群体中个体数目较少,群体显得较为单调;另一方面,μ 也不能太大,否则算法的计算工作量会很高。研究发现,μ/λ 通常取 $1/7$ 较为合适。

5.2 遗 传 编 程

遗传编程,有时也被翻译为遗传规划,它是美国斯坦福大学的 Koza 教授于 1992 年所提出的一种新的进化计算方法[12]。自从计算机问世以来,计算机科学的一个重要目标就是让计算机自动进行程序设计,即只要明确地告诉计算机所要解决的问题,而不需要告诉它如何去做,然后让计算机能够自动生成解决问题的计算机程序。遗传编程就是在这一领域的有益尝试,日本 ATR 研究中心的 H. de Garis 甚至大胆预言遗传编程不仅可以演化计算机程序,而且还可以演化任何更为复杂的系统。

遗传编程这种进化算法是在遗传算法的基础上发展起来的,它可以说是遗传算法的一个分支。遗传编程基本上是根据遗传算法的运行机制演化而来的,遗传编程也跟遗传算法一样都包含有选择、交叉、变异等基本遗传算子以及适应度函数。遗传编程不像遗传算法将问题的解编码成固定长度的二进制或十进制字符串,而是采用了一种更为灵活的方式——分层结构来表示解空间,这些分层结构中的叶节点表示问题的原始变量,而中间节点则表示组合这些原始变量的函数。遗传编程能够克服遗传算法在个体表示方式上的局限,能够对群体中表示独立程序的个体进行遗传操作,实现对解决问题的程序的自动设计。另外由于遗传编程能够根据实际问题的具体要求,采用上层描述方法,并且自动生成解决问题的方案,因而遗传编程可以说是一种不局限于某一领域的"遗传或进化搜索技术",它不仅是对遗传算法的改进,而且是对遗传算法的一次突破性的发展。

遗传编程自从被提出以来,基于遗传编程的理论和应用研究已经取得了巨大的成功,并且仍然在快速的发展。遗传编程虽然在理论研究上不如遗传算法完善和成熟,但是已经在众多的领域,如软件模块的创建和重用、机器人路径规划、图像和信号处理、数据挖掘和模式识别等取得了成功的应用。由于遗传编程算法中个体表示形式为树型结构,如果函数集和终止符集选择的合适,每个个体就可直接表示成一种分类规则,从而可直接应用于模式分类,当前基于遗传编程算法的模式分类方法主要应用于指纹分类识别、人脸表情识别等[13-15]。

5.2.1　概述

遗传算法的编码方式是采用定长的字符串形式来实现搜索和优化功能,但是工程中的许多复杂问题往往不能用简单的字符串来进行表示,因此有必要对传统的遗传算法进行改进。遗传编程就是在这种背景下产生的。如前所述,遗传编程提出的初衷是为了提供一种仿生进化方法,让计算机能够自动进行程序设计。对于计算机的自动编程问题,通常所要解决的问题往往无法用字符串来描述,此时则需要改变遗传算法的个体表达形式。遗传编程采用了层次化的结构性语言来表达问题,它类似于计算机程序分行或分段的形式,并且这种层次化的表达方式能够根据环境状态来自动改变程序的结构及大小。

归纳起来,遗传编程和遗传算法的工作原理基本上类似,都包含种群、个体以及个体适应度的概念,种群的演化过程也体现在适应度计算、个体的复制、交换、突变等遗传算子操作上。遗传编程和遗传算法的主要不同就是体现在对问题的描述和表达方式上:遗传编程是采用广义的层状结构的计算机程序来表达问题,并且在种群的迭代演化过程中个体会不断地动态调整其结构和大小。

遗传编程的任务就是实现自动生成求解实际问题的计算机程序,它是从由许多候选的计算机程序所组成的搜索空间中,通过优化寻找一个具有最佳适应度的计算机程序,作为最终解决问题的计算机程序。在遗传编程算法中,群体由不同的计算机程序所构成,种群的演化过程同样借鉴了自然界中生物优胜劣汰、适者生存的自然法则,与遗传算法类似,这一过程中同样包含复制、交换和突变等遗传算子,子代也是由父代计算机程序通过这些遗传算子来产生。

5.2.2　遗传编程的实施步骤

遗传编程算法的框架结构与遗传算法的框架基本上是一致的,两者都是通过种群的迭代过程来实现演化操作,其中都包含个体适应度的计算、个体的复制、交换、突变等遗传算子操作。遗传编程算法的基本步骤可概括如下:

(1) 随机建立初始群体。

(2) 计算当前种群中每个个体的适应度。

(3) 根据遗传概率,由复制、交换和突变操作生成新的子代个体,计算这些个体的适应度,根据父代和子代个体的适应度大小按照一定的规律产生新的种群。

(4) 反复执行步骤(3),直到满足算法的终结条件,并选择种群中的最优个体作为算法的结果输出。

在实施遗传编程算法之前,首先确定个体的表达方式,其中包括函数集 F 以及终止符集合 T。然后随机产生由一定数目个体所组成的初始群体,计算当前群体中每个个体的适应度,然后针对个体依次执行复制、交换和突变操作,每个遗传操作都包含一个概率分别称为复制概率、交换概率和突变概率。每完成一次复制、交换和突变操作,就表示遗传编程完成了一次迭代过程,然后重新开始新一次的迭代过程,直到算法得到满意的结果。

1. 个体的表示方法

在遗传编程算法中,每个个体采用广义的层次化的计算机程序进行表达,它可分为函数集 F 和终止符集 T。其中,函数集 F 包含若干个函数:
$$F = \{f_1, f_2, \cdots, f_n\}$$
函数类型可以是 $+$、$-$、$\times$、$\div$ 等算术运算符或者是 $\sin(x)$、$\cos(x)$、$\log(x)$、$\exp(x)$ 等标准数学函数。

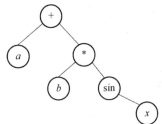

图 5-1 个体的表示形式

而终止符集则包含若干个终止符:
$$T = \{t_1, t_2, \cdots, t_m\}$$
其中,终止符可以是 x, y, z 等变量或者 a, b, c 等常量。

例如,某个个体采用如下的表达式:
$$y_1 = a + b\sin(x)$$
其层次化描述可采用如图 5-1 所示的形式。

2. 产生初始群体

遗传编程的初始群体采用随机的方法产生,具体策略是从函数集和终止符集中随机选取,并组成各种复杂的数学函数。其中,函数中所涉及常数的具体数值可在其所限定的范围内进行随机选取。

例如,初始群体可随机选取如下:

个体 1:$0.8 + 0.6\sin(x)$

个体 2:$1.2 + 0.9\cos(x)$

个体 3:$1.2 + 0.9\log(x)$

个体 4:$x + 1.2$

3. 个体适应度的计算

个体的适应度是评价每个个体优劣的重要标准,并且也是基于个体的适应度来选择个体进行复制、交换以及突变操作。

在遗传编程算法设计过程中,适应度函数的形式是根据具体问题的类型来确定的,常用的适应度函数有以下形式:

(1) 在图像模式识别问题中,适应度函数可采用匹配的像素点的数目来衡量,数目越大说明匹配的程度越高。

(2) 在移动机器人的控制问题中,适应度函数可采用机器人碰撞障碍物的次数来进行度量,碰撞的次数越少越好。

(3) 在模式分类问题中,适应度函数可采用分类的精度来进行评价,精度越高则个体的适应度就越高。

(4) 在预测问题中,适应度函数可采用预测值和实际值之间的误差来进行度量,误差越小则个体的适应度就越高。

(5) 在博弈问题中,适应度函数可采用资产的收益情况来进行度量,收益越高则个体的适应度就越高。

4. 复制操作

遗传编程的复制操作类似于遗传算法的复制操作,同样采用达尔文的"优胜劣汰,适者生存"的自然法则,那些适应度高的个体有更大的概率被复制进入下一代群体,而适应度低的个体进入下一代群体的概率则较小。这样的实施策略能够保证群体中个体的平均适应度得到显著的改善。

在遗传编程的复制操作中,选择个体进行复制的选择方法用得最多的还是比例选择法,在遗传算法中有时也被称为轮盘赌选择方法,其主要思想就是个体的适应度越高,则该个体被选中的概率也就越高。其计算公式如下:

$$p_i = \frac{f_i}{\sum_{j=1}^{N} f_j} \tag{5-6}$$

其中,p_i 表示个体被选中的概率;f_i 表示第 i 个个体的适应度;N 表示群体中的个体数目。

5. 交换操作

遗传编程算法的交换操作也与遗传算法类似,它是将进行复制操作的两个个体的某一部分组成部分进行交叉互换,得到两个新的个体。具体操作方法是首先从两个进行交叉操作的个体中各随机选取一个交换点,然后将这两个个体交换点之后的部分进行交叉互换,并用新的个体替代原来的个体加入到群体中。

例如,以下是两个个体进行交换操作的结果:

个体 1:$0.8 + 0.6\sin(x)$

　　　个体 2:1.2+0.9cos(x)

　　对个体 1 和个体 2 进行交换,交换之后的结果如下:

　　　个体 3:0.8+0.6cos(x)

　　　个体 4:1.2+0.9sin(x)

　　上述交换过程可用图 5-2 表示。

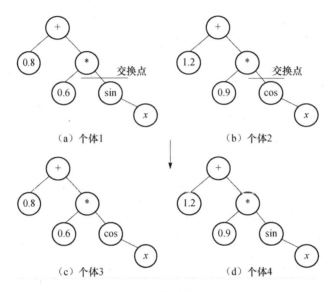

(a) 个体1　　　　　　　　(b) 个体2

(c) 个体3　　　　　　　　(d) 个体4

图 5-2　个体的交换操作

　　在实施个体的交换的交换操作时,如果两个父代个体的交换段恰好为一个终止符(即树的叶节点),则两个子代个体的结构和节点的数目都不发生改变。需要强调的是,由于进行交换操作的两个个体的结构和长度可能互不相同,因而新生成的个体的结构和长度也可能与父代个体具有较大的差异。为了防止在遗传编程算法的个体交换过程中出现特别巨大的个体,可在交换操作的实施过程中采用树的最大允许深度进行控制,如果新生成的个体有个体的算法树的深度超过所设定的最大值,则可以不保留该个体,并用原来的父代个体进行替代;或者重新选择交换点,重新进行一个个体的交换操作,直到个体的算法树的深度不超过所设定的最大值。

　　6. 突变操作

　　突变操作是在一个个体上实施的,具体操作方法是首先选定一个节点,它可以是树的内节点(即函数),也可以是树的叶子(即终止符),然后删除该节点及以下的子树,并用随机的方式产生一个新的子树。

　　实际上,在遗传编程算法中,突变算子的作用并不是作为主要遗传算子,其在算法中所起到的作用也不如遗传算法中那么重要,这点与遗传算法不同。但是突变算子仍然起到改善个体的适应度,保持群体中个体多样性的作用。

在遗传编程算法中,群体中的个体经过不断地实施上述复制、交换和突变等操作,使得群体个体的适应度不断得到改善,最终可得到满足要求的优化解。

5.2.3　遗传编程算法的特点

遗传编程算法在解决实际问题时,相对于其他几种进化计算方法,具有以下较为显著的特征。

(1) 算法产生的结果具有层次化的特点,并且个体的结构变化是主动的,它们并不是对问题答案的被动式编码,这一点完全和遗传算法不同。

(2) 随着种群的演化过程的进行,个体会不断接近所要解决问题的答案,即逐步产生更为合适的解决问题的答案。

(3) 对于所要解决问题的答案,其结构和大小事先是不知道的,它是随着算法的迭代过程根据实际情况进行动态地确定的。

(4) 算法的输入、中间运行结果和输出都是问题的自然描述,基本上不需要对输入数据进行预处理以及对输出结果进行后处理。输出的计算机程序由问题自然描述的函数所组成。

5.3　粒子群优化算法

粒子群优化算法是一种新型的模拟进化计算技术,源于对鸟群捕食行为的研究。同其他进化计算方法一样,粒子群优化算法也是通过种群的迭代过程来实现搜索和优化,是一种基于迭代的优化工具和算法。但是粒子群优化算法中没有常见的交叉和变异等遗传操作,取而代之的是与当前种群中最优解的比较。同其他进化计算方法相比,粒子群优化算法的优势在于其实现简单并且没有很多参数需要确定和调整。目前粒子群优化算法已经广泛应用于函数优化、人工神经网络训练、智能控制等众多领域。

5.3.1　概述

粒子群优化算法,有时也被称为微粒群算法,它是由 Kennedy 和 Eberhart 于 1995 年所提出的一种进化计算技术。Kennedy 和 Eberhart 在 1995 年举办的 IEEE 国际神经网络学术会议上发表了题为 *Particle swarm optimization* 的论文,标志着粒子群优化算法的诞生[16]。粒子群优化是对一个简化的社会模型的模拟,其中“群(swarm)”的概念来源于微粒群,它符合 Millonas 在开发应用于人工生命的模型时所提出的群体智能的五个基本原则;而“粒子(particle)”的概念则是一个折中的选择,因为既需要将群体中的成员描述为没有质量、没有体积的,同时也需要描述它的速度和加速状态。

粒子群优化算法是受人工生命研究结果的启发,它是通过模拟鸟群觅食过程中的迁徙和群聚行为而提出的一种基于群体智能的全局随机搜索算法。粒子群优化算法是源于对鸟群捕食等生物群体行为的研究,其基本思想是通过群体中个体之间的协作和信息共享来寻找最优解。粒子群优化算法是群体智能的一种典型实现模式。

Millonas 在用人工生命理论来研究群居动物的行为时,提出了群体智能的概念并提出五点原则。

(1) 接近性原则:群体应能够实现简单的时空计算。

(2) 优质性原则:群体能够响应环境要素。

(3) 变化相应原则:群体不应把自己的活动限制在一狭小范围。

(4) 稳定性原则:群体不应每次随环境改变自己的模式。

(5) 适应性原则:群体的模式应在计算代价值的时候改变。

群体智能的概念源于对蜜蜂、蚂蚁、鱼类、大雁等群居生物群体行为的观察和研究。生物学家的研究表明:在这些群居生物中,虽然每个个体的智能不高,行为较为简单,并且也不存在集中的指挥,但由这些单个个体所组成的群体,似乎在某种内在规律的作用下,却能表现出异常复杂而有序的群体智能行为。例如,鱼聚集成群可以有效地逃避捕食者,因为任何一只鱼发现异常都可带动整个鱼群逃避;蚂蚁组合成群体则有利于寻找食物,因为任一只蚂蚁发现食物都可带领蚁群来共同搬运和进食。可以看出,单个蚂蚁或鱼的行为能力非常有限,而组成群体后则具有非常强的生存能力,并且这种能力并不是通过多个个体之间能力的简单叠加。在蜜蜂、蚂蚁等群居性动物中,每个个体不仅依靠自身感官从外界获得信息,而且个体之间更是通过各自独特的方式进行信息共享、交换和融合,从而从整体上体现出强大的群体智能行为。这种社会性群体动物所拥有的特性能够帮助每个个体以及整个群体很好地适应环境和生存。

群体智能是通过模拟自然界生物的群体行为来实现人工智能的一种方法。群体智能是一种在自然界生物群体所表现出的智能现象启发下提出的人工智能实现模式,是对简单生物群体的智能现象的具体模式研究[16],即“简单智能的主体通过合作表现出复杂智能行为的特性”。这种智能模式需要相当多数目的智能个体来实现对某类问题的求解功能。

蚁群算法是群体智能领域第一个取得成功的实例,并且曾经一度成为群体智能的代名词。蚁群算法是由 Dorigo 等于 1991 年提出,它是通过模拟自然界中蚂蚁社会寻找食物的方式而得出的一种仿生优化算法[17,18]。自然界中,蚁群在寻找食物时会派出一些蚂蚁分头在四周游荡,如果有某只蚂蚁寻找到食物,它就返回巢中通知同伴并在沿途分泌一些"信息素"（pheromone），以此作为指引蚁群前往食物所在地的标记。这种信息素会随着时间而逐渐挥发，如果两只蚂蚁同时找到同一食物，但是是采取不同路线回到巢中，那么比较绕弯的一条路上信息素的气味会比较淡，蚁群将倾向于沿另一条更近的路线前往食物所在地。蚁群算法当前已经在图着色问题、车间作业流调度问题、机器人路径规划、路由算法设计等领域均取得了成功应用。

群体智能方法本质上是模拟和借鉴生物群体的智能行为，针对给定的目标进行搜索和优化的启发式方式。群体智能方法具有分布式、自组织、自适应以及较强鲁棒性等特征。由于群体智能方法中群体中的个体是采用分布式组成方式，并且能够自适应地确定其工作状态以及与其他个体的合作方式，因而能够更好地适应当前的外部环境。在群体智能方法中没有中央控制和信息处理单元，每个个体独立地进行工作，因而所组成的系统具有更强的鲁棒性。另外，在群体智能方法中个体之间是通过非直接通信的方式进行信息交流和合作，系统还具有较好的可扩展性，同时还可实现利用简单的个体行为体现出复杂的系统智能行为。

群体智能中的典型方法如蚁群算法、粒子群优化算法等自从诞生以来，受到了学术界和工程界的广泛关注，并引起其产生浓厚兴趣，当前已经在众多领域得到了成功和有效的应用。这些领域包括移动机器人路径规划、车间作业调度、电力系统的负荷分配以及最优潮流计算、模式分类以及专家系统的设计等[19-25]。

粒子群优化算法是群体智能方法中一种典型的基于种群的随机优化技术。粒子群算法模仿鸟群和鱼群等的群体行为，算法的基本思想是通过群体中个体之间的协作和信息共享来寻找最优解。这些群体按照一种合作的方式寻找食物，群体中的每个成员通过学习它自身的经验和其他成员的经验来不断改变其搜索模式。

粒子群优化算法属于进化算法的一种类型，也存在"种群"、"个体"以及"进化"的概念，该算法是通过种群中个体间的协作与竞争关系，最终实现在复杂空间中搜索最优解。但是粒子群优化算法与其他进化算法也存在着较大的不同，它不存在对个体进行交叉、变异、选择等进化算子操作，而是将群体中的个体看做是在搜索空间中没有质量和体积的粒子，每个粒子以一定的速度在搜索空间中移动，并向自身的历史最佳位置和邻域中历史的最佳位置聚集，从而实现对候选解的优化和搜索过程。

粒子群优化算法的优势在于算法简单、易于实现，并且没有过多参数的调节。粒子群优化算法的基本思想具有很好的生物和社会背景，对非线性、多峰值问题均具有较强的全局搜索能力，因而在科学研究与工程实践中都受到了广泛关注以及成功应用。目前，粒子群优化算法已被广泛应用于多目标函数优化、神经网络训练、模糊控制系统以及其他进化计算方法所涉及的应用领域[19-21]。

5.3.2　粒子群优化算法的基本原理

　　Reynolds、Heppner 和 Grenader 等曾经对鸟群行为进行过模拟研究。他们发现,鸟群在行进中会突然同步的改变方向、散开或者聚集等。那么一定有某种潜在的能力或规则保证了这些同步的行为。这些科学家都认为上述行为是基于不可预知的鸟类社会行为中的群体动态学。在这些早期的模型的运行机制中仅仅依赖了个体间距的操作,也就是说,其中的同步行为是鸟群中个体之间努力保持最优的距离的结果。

　　粒子群优化算法的思想源于对鸟群、鱼群等群体行为的模仿和借鉴,其基本思想就是通过群体中个体之间的协作和信息共享来寻找最优解。生物社会学家 Wilson 对鱼群进行了研究,并提出:"至少在理论上,鱼群的个体成员能够受益于群体中其他个体在寻找食物的过程中的发现和以前的经验,这种受益超过了个体之间的竞争所带来的利益消耗,不管任何时候食物资源不可预知的分散。"这说明,同种生物之间信息的社会共享能够带来好处。

　　在粒子群优化算法中,鸟或鱼被抽象为没有质量和体积的点,称为微粒或粒子,假定空间的维数为 n,则每个粒子在 n 维空间的位置可表示为矢量 $X_i=(x_1,x_2,\cdots,x_n)$,而其飞行速度则表示为矢量 $V_i=(v_1,v_2,\cdots,v_n)$,另外每个粒子还有一个由目标函数决定的适应值。每个粒子根据自己的飞行经验可知道自己到目前为止发现的最好位置(p_{best})和现在的位置 X_i,另外每个粒子还知道到目前为止整个群体中所有粒子发现的最好位置(g_{best}),这里 g_{best} 是指当前所有粒子的 p_{best} 中的最优值,它可看做是该粒子同伴的经验。粒子就是根据自己的经验 p_{best} 和自己同伴中最好的经验 g_{best} 来决定其下一步的运动方向,实现在解空间中的优化和搜索操作。

　　粒子群优化算法初始化为一群随机粒子(初始随机解),然后通过迭代找到最优解。在每一次的迭代过程中,粒子通过跟踪两个极值来调整自己的运动方向,第一个极值就是粒子本身所找到的最优解,这个解称为个体极值,另一个极值是整个种群目前所找到的最优解,这个极值是全局极值。另外也可以不用整个种群而只是用其中一部分作为粒子的邻居,那么在所有邻居中的极值就是局部极值。

　　假定第 i 个粒子迄今为止搜索到的最优位置,即个体极值,记为

$$p_{best}(i)=(p_{i1},p_{i2},\cdots,p_{in})$$

而整个粒子群迄今为止搜索到的最优位置则,即全局极值,记为

$$g_{best}=(g_1,g_2,\cdots,g_n)$$

　　根据所得到的这两个极值值,每个粒子可采用式(5-7)和式(5-8)来更新自己的速度和位置:

$$V_i = \omega * V_i + c_1 \times r_1 \times (p_{\text{best}}(i) - X_i) + c_2 \times r_2 \times (g_{\text{best}} - X_i) \quad (5\text{-}7)$$

$$X_i = X_i + V_i \quad (5\text{-}8)$$

其中,c_1 和 c_2 被称为学习因子,也称加速常数(acceleration constant),而 r_1 和 r_2 则分别表示两个取值在[0,1]范围内的均匀随机数。式(5-7)的右边由三部分组成,其中第一部分被称为"惯性(inertia)"或"动量(momentum)"项,它反映粒子原先的运动规律,表示粒子有维持自己先前运动速度的趋势;第二部分被称为"认知(cognition)"部分,它反映每个粒子对自身历史经验的记忆(memory)或回忆(remembrance),表示该粒子有向自身历史最佳位置逼近的趋势;第三部分被称为"社会(social)"部分,它反映粒子间协同合作与知识共享的群体历史经验,表示每个粒子有向着群体或邻域历史最佳位置逼近的趋势。可以看出,粒子就是通过自己的经验以及周围同伴中最好的经验来决定其下一步的运动趋势。式(5-7)和式(5-8)也构成了粒子群算法的基本运算规律。

根据经验,通常选择 $c_1 = c_2 = 2$,而粒子的速度在每一维上都有速度限制,如果超过设定的阈值,则直接采用上下边界值:$v_i \in [-v_{i\max}, v_{i\max}]$,$i = 1, 2, \cdots, n$。式(5-7)中的 ω 被称为惯性因子,通常取非负值,当 ω 值较大时,则算法的全局寻优能力就较强,而其局部寻优能力则较弱;当 ω 值较小时,情况则反之。研究发现,ω 随着算法的迭代采用一个动态变化的值比采用一个固定值,能够得到更好的优化效果,目前采用较多的一种策略是线性递减(linearly decreasing weight,LDW)策略。

5.3.3 粒子群优化算法的步骤

与模拟进化计算方法类似,粒子群优化算法同样也是采用群体的迭代方式来实现搜索和优化操作,并且也有变异、适应度的概念。接下来我们具体介绍粒子群优化算法的实施步骤和实施细节问题。

(1) 初始化粒子群,设定粒子群的群体规模 N、每个粒子的初始位置 X_i 和初始速度 V_i。

(2) 计算群体中每个粒子的适应度值 $\text{fit}(i)$。

(3) 对每个粒子,将它的适应度值 $\text{fit}(i)$ 与其经过的最好位置 $p_{\text{best}}(i)$ 进行比较,如果适应度值 $\text{fit}(i)$ 大于 $p_{\text{best}}(i)$,则用当前的适应度值替换掉 $p_{\text{best}}(i)$。

(4) 对每个粒子,用它的适应度值 $\text{fit}(i)$ 和全局极值进行比较,如果适应度值 $\text{fit}(i)$ 大于 g_{best},则用当前的适应度值替换掉 g_{best}。

(5) 根据式(5-7)和式(5-8)更新粒子的速度 V_i 和位置 X_i。

(6) 如果满足算法的结束条件(误差满足阈值要求或者算法的迭代次数达到最大的循环次数)退出,否则返回步骤(2)。

上述算法步骤(3)和步骤(4)中的 p_{best} 和 g_{best} 分别表示当前粒子群的局部和全局最优位置,对于式(5-7),当 $c_1 = 0$ 时,则粒子群中的每个粒子就失去了认知能

力,变成了一种只有社会的模型(social-only):

$$V_i = \omega * V_i + c_2 \times \text{rand}() \times (g_{\text{best}} - X_i) \qquad (5\text{-}9)$$

此时粒子群优化算法被称为全局粒子群优化算法。算法具有较快的收敛速度,但由于缺少局部搜索能力,因而对于较为复杂的优化问题回避比标准粒子群优化算法更易陷入局部最优解。

而当式(5-7)中的 $c_2 = 0$ 时,则粒子群中的粒子之间就失去了社会信息,原来模型就变成了一种只有认知的模型(cognition-only):

$$V_i = \omega * V_i + c_1 \times \text{rand}() \times (p_{\text{best}}(i) - X_i) \qquad (5\text{-}10)$$

此时,粒子群优化算法被称为局部粒子群优化算法。由于粒子群的个体之间没有信息的交换,因而整个群体相当于多个粒子各自盲目地进行随机搜索,收敛速度较慢,同时算法得到最优解的可能性也大大降低。

粒子群优化算法中的主要参数包括最大速度 v_{max}、两个学习因子 c_1 和 c_2、惯性因子 ω。

1) 最大速度 v_{max} 的选择

当 v_{max} 增大时,会有利于全局探索(global exploration),但是 v_{max} 过高,粒子的运动轨迹可能失去规律性,甚至越过最优解所在区域,因而导致算法无法收敛到最优解而陷入停滞状态;当 v_{max} 减小时,则会有利于局部开发(local exploitation),但是同样,如果 v_{max} 太小,则粒子的运动步长就太短,算法有可能陷入局部极值。v_{max} 的选择通常是依据经验来确定,也有一些研究人员提出了 v_{max} 的动态和自适应调节方法,目的是改善算法性能。

2) 两个学习因子 c_1 和 c_2 的选择

学习因子 c_1 和 c_2 分别用于控制粒子向着自身和邻域最佳位置的运动。根据经验,研究人员建议 $c_1 + c_2 \leqslant 4$,并且一般取 $c_1 = c_2 = 2$。也有的文献提出对学习因子 c_1 和 c_2 的自适应时变调整策略,其中 c_1 随着种群演化过程的进行从 2.5 线性递减至 0.5,而 c_2 则随着从 0.5 线性递增至 2.5。这种调整策略的目的是根据当前优化过程的进行状况,来自适应地调整两个学习因子 c_1 和 c_2,期望得到更好的收敛性能。

3) 惯性因子 ω 的选择

如前所述,惯性因子 ω 为一个非负值,并且其取值不能太大同时也不能太小。当 ω 值较大时,则算法的全局寻优能力就较强,而其局部寻优能力则较弱;当 ω 值较小时,情况则相反。研究发现,ω 随着算法的迭代采用一个动态变化的值比采用一个固定值,能够得到更好的优化效果,目前采用较多的一种策略是线性递减策略。

5.3.4　粒子群优化算法的特点

粒子群优化算法是通过粒子间的相互作用来实现对复杂解空间的搜索和优化,它和遗传算法等进化算法一样属于是随机优化技术,也是进化算法的一种类型。但粒子群优化算法在通过种群中个体间的协作与竞争关系,最终实现在复杂空间中搜索最优解的过程中,也与遗传算法存在较大的不同。

粒子群优化算法与遗传算法的相同或类似之处如下所述。

(1) 两者都属于借鉴生物机制的仿生优化算法。

(2) 两者都属于随机全局优化方法,不受待优化的目标函数类型限制,如连续性和可导性等。

(3) 两者都通过种群的演化过程来实现优化和搜索,也都采用适应度函数来评价种群中每个个体的优劣。

(4) 两者在种群的演化过程都隐含了并行性。

(5) 同样两者也面临在处理高维复杂问题时,会遇到未成熟收敛以及收敛性能差的缺点,即无法确保一定能够收敛到全局最优解。

介绍粒子群优化算法与遗传算法的不同之处有:

(1) 粒子群优化算法具有记忆机制,在优化过程中搜索得到的优良解会被粒子记忆和保存,而对于遗传算法来讲,由于没有记忆机制因而以前的某些优良个体的信息会随着种群的演化过程而被改变。

(2) 在粒子群优化算法中,粒子仅仅通过当前搜索到最优点进行信息共享,所以在很大程度上这是一种单向信息共享机制,而对于遗传算法来讲,不同个体之间通过交叉和变异操作,可以实现个体的染色体之间的相互共享信息,所以使得整个种群都向着最优区域移动。

(3) 在粒子群优化算法中,没有交叉和变异操作,在种群的演化过程中只是对粒子的速度和位置不断进行更新,因此其原理更为简单,参数也更少,实现更加容易些。

5.4　总　　结

美国密歇根大学的 Holland 教授提出的遗传算法模拟和借鉴了自然界中生物进化过程中"优胜劣汰"的自然选择机制以及基因突变的机制,成为第一个进化计算方法,后来又出现了遗传编程、进化策略和进化规划,以及其他的诸如 DNA 计算、粒子群优化、蚁群算法、人工免疫等方法。"进化计算"这一概念首先是在 20 世纪 90 年代初被提出的,当时是指遗传算法、遗传编程、进化策略和进化规划四个主要的分支。这四个分支在进化算法的概念被提出之前基本上是各自独立发展,每种算法都有自己独特的优点和缺点,并且也各自应用于不同的领域中。当提出进化计算的概念后,进化计算中的不同分支才开始进行相互交流和探讨,这不仅推进了每种不同方法的发展,也促进不同方法之间的取长补短、相互融合,并且还不断促成新的进化算法的诞生和发展。当前所有模拟生物的遗传和进化规律来解决实际工程和其他实际问题的技术和方法都可称为进化计算方法,进化计算已经成为一门较为独立的计算技术学科,并且也是计算智能中的关键、核心的技术和方法。

各种进化计算方法自从诞生以来,与其相关的研究与实际应用都得到了迅速的发展,并且随着进化计算方法逐渐成熟,已经得到了国际学术界的广泛认可,从事进化计算研究和开发人员的队伍在不断壮大,在相关期刊和会议上发表的论文数量的规模在迅速地增长。1994 年,IEEE 神经网络委员会主持召开了第一届进化计算国际会议,并成立了 IEEE 进化计算委员会。此后,IEEE 进化计算国际会议都会与 IEEE 神经网络国际会议、IEEE 模糊系统国际会议在同一地点先后连续举行,并且共同称为 IEEE 计算智能(CI)国际会议。IEEE 进化计算委员会出版了与已有的期刊 *IEEE Transactions on Neural Networks* 和 *IEEE Transactions on Fuzzy Sets* 并列的学术期刊 *IEEE Transactions on Evolutionary Computation*。另外,进化计算专门的国际期刊 *Evolutionary Computation* 也于 1993 年诞生,与进化计算相关的研究内容还分别出现在 *Machine Learning*、*Artificial Intelligence* 等高水平的国际期刊上。

在最近几十年中,进化计算已经在人工智能、知识发现、数据挖掘、模式识别、图像处理、决策分析和支持、多目标和非线性优化、车间作业调度、移动机器人路径规划、股市和经济指标分析和预测等众多领域得到了成功应用,并且应用领域仍然在不断地增加和深入。

进化计算是计算智能的关键技术之一,它通过模拟自然界中生物的进化过程,具有强大的搜索和优化能力。进化计算与其他传统优化技术相比,具有许多较为显著的优势:它不要求目标函数满足连续性、可导性的要求;当优化问题越复杂时,进化计算在优化时间以及收敛性方面的优势将越明显。进化计算方法的优势之一就在于其全局优化性,但是进化计算的局部搜索性能往往效率不高,因而当前有些研究人员就将进化计算方法与其他局部优化方法相结合,提高算法的收敛性能。进化计算方法往往需要设置许多运行参数,目前还没有统一的方法来确定这些参数,而只能依靠算法的设计人员或者用户通过经验和试凑的方法来确定和修正这些参数,因而未来需要设计出一种通用的方法,解决进化计算方法运行参数的设置问题。

进化计算方法虽然已经在理论与实际应用方面都取得了较为显著的成就,但不可否认,各种进化计算方法仍然存在着许多不足与缺陷,需要进一步进行深入研究;另外,各种进化计算方法之间以及进化计算方法与其他计算智能方法之间,也需要取长补短、优势互补,不断提出算法的性能和效率都更为出众的新的技术和方法;同时,基于进化计算方法所具有的优势,开辟进化计算新的应用领域也十分迫切和必要。

展望未来,进化计算方法到目前已经取得的成就并不能决定未来的辉煌,因而也必须意识到进化计算方法所存在的缺点和不足,并对进化计算方法在未来可能的发展方向做出新的规划。在生物技术与计算机和信息技术飞速发展的 21 世纪,进化计算方法有可能在以下几个方面获得新的进展或者突破。

1) 进化计算在硬件设计方面的应用

进化计算方法不仅可作为仿生优化算法,还可以和计算机的硬件相结合。研究人员已经于 20 世纪 90 年代初提出了可进化的硬件(evolvable hardware,EHW)技术,这是一种可以像生物一样能够根据环境的变化而自适应改变自身结构的硬件。EHW 技术实现了将进化计算的思想和可编程集成电路技术的有机结合,能够在可重构的硬件平台上模拟自然进化的过程。在传统的硬件设计技术中,一旦硬件设计好并制造完毕,就不可能再改变硬件的结构和功能。但是对于许多实际应用,往往需要硬件能够随着环境的变化也随之做出调整,这就对硬件设计技术提出了更高的要求,进化硬件技术就是在这种背景下应运而生,EHW 技术为硬件设计自动化开辟了一条新途径,并且还开创了一门新的学科——进化电子学。

目前“萤火虫机(firefly machine)”和“八细胞生物钟(8-cell biowatch)”就是其中两个成功的实例。EHW 技术独特的机制和工作原理表明,EHW 技术在电路设计、自动控制、容错系统、模式识别和人工智能等领域将有着极其广泛的应用前景。

2) 进化计算进一步在人工智能方面的应用

制造和使用一种能够代替人脑从事复杂智力活动的机器,是人类长期以来的愿望。由于 20 世纪数理逻辑、电子科学技术等学科的迅速发展,终于在 1945 年研制成功了人类第一台电子计算机。它揭开了人类用机器替代人脑从事脑力劳动的序幕,尽管开始时计算机只能替人们做一些很肤浅的加减乘除。然而,计算机在本质上就是要模拟人脑的思维和功能,使计算机能够成为人脑的延伸。而对于人脑的行为和功能的模拟,主要就是模拟人的思维和认知过程,目标就是实现人工智能。

人工智能自从问世以来,虽然走过一段崎岖的发展道路,但是到如今也取得了令人瞩目的成就。人工智能在专家系统、智能决策、智能机器人、自然语言理解,以及机器学习、机器发现、机器证明等方面的成就均显示了人工智能的巨大力量。

随着人们对实际人工系统智能性能要求的不断提高,人工智能的研究在未来必然会得到迅速的发展。而人工智能中存在着大量的复杂优化问题,这些问题仅仅依靠传统的优化技术,如梯度法,共轭方向法等往往是无能为力或者力不从心的。进化计算方法作为一种新型的智能仿生优化技术,必将在未来的人工智能技术和方法中起到核心和关键的作用,例如机器学习中的规则优化,分类器系统中知识的自动获取、筛选以及进化计算与其他计算智能方法的融合和补充等。

3) 进化计算在人工生命研究方面的应用

当前,研究人员已经不满足仅仅模仿生物的进化行为,而是希望能够建立具有自然生命特征的人造生命和人造生命系统。人工生命是人工智能和计算智能的一个新的研究热点问题。人工生命是研究用人工的方法模拟自然生命的特有行为,而基于进化计算的模型是研究人工生命的主要基础理论之一。这里,特有行为是指自组织行为、学习行为等。人工生命的研究内容大致可以分为两类:①研究构成生物体的内部系统,其中包括脑、神经系统、内分泌系统、免疫系统、遗传系统、新陈代谢系统等;②研究生物体以及生物群体与外界环境之间的相互关系,其中又包括环境适应系统和遗传进化系统等。

人工生命是自然生命的模拟、延伸与扩展,其研究开发具有重大的科学意义和实际应用价值。人工生命研究的意义从科学的角度讲,通过对生命现象基本动力学的抽象,可以研究生命的起源,并再现生命的原始进化过程,揭示生命遗传信息的存储与处理原理和规律,可以延伸人类寿命、延缓衰老和防治疾病;而从工程的角度讲,可以利用生命计算原理来研究进化系统和自适应系统的构造,并应用在实际工程问题中。因此,进化计算的进展必然也会促进人工生命的研究。

参 考 文 献

[1]　Fogel D B. An introduction to simulated evolutionary optimization. IEEE Transactions on Neural Networks,1994,5(1):3-14.

[2]　Whitley L D. An overview of evolutionary algorithms:Practical issues and common pitfalls. Information & Software Technology,2001,43(14):817-831.

[3]　Abbass H A. An evolutionary artificial neural networks approach for breast cancer diagnosis. Artificial Intelligence in Medicine,2002,25(3):265-281.

[4]　Tsang C H,Kwong S,Wang H. Genetic-fuzzy rule mining approach and evaluation of feature selection techniques for anomaly intrusion detection. Pattern Recognition,2007,40(9):2373-2391.

[5]　王小平,曹立明. 遗传算法:理论、应用及软件实现. 西安:西安交通大学出版社,2002.

[6]　Martínez M,Senent J S,Blasco X. Generalized predictive control using genetic algorithms. Engineering Applications of Artificial Intelligence,1998,11(3):355-367.

[7]　McGookin E W,Murray-Smith D J,Li Y,et al. Ship steering control system optimisation using genetic algorithms. Control Engineering Practice,2000,8(4):429-443.

[8]　Scheunders P. A genetic c-Means clustering algorithm applied to color image quantization. Pattern Recognition,1997,30(6):859-866.

[9]　徐宗本. 计算智能:模拟进化计算. 北京:高等教育出版社,2004.

[10]　Beyer II G. The Theory of Evolution Strategies. Berlin:Springer,2001.

[11]　Cao Y J,Jiang L,Wu Q H. An evolutionary programming approach to mixed-variable optimization problems. Applied Mathematical Modeling,2000,24(12):931-942.

[12]　Koza J R. Genetic Programming:On the Programming of Computers by Means of Natural Selection. Cambridge:MIT Press,1992.

[13]　Koza J R. Genetic Programming II:Automatic Discovery of Reusable Programs. Cambridge:MIT Press,1994.

[14]　Koza J R,Andre D,Bennett F H,et al. Genetic Programming 3:Darwinian Invention and Problem Solving. Waltham:Morgan Kaufman,1999.

[15]　Koza J R,Keane M A,Streeter M J,et al. Genetic Programming IV:Routine Human-Competitive Machine Intelligence. Norwell:Kluwer Academic Publishers,2003.

[16]　Kennedy J,Eberhart R C. Particle swarm optimization. Proceedings of IEEE International Conference on Neural Networks,Piscataway:IEEE,1995:1942-1948.

[17]　Dorigo M,Caro G D,Gambardella L M. Ant algorithms for discrete optimization. Artificial Life,1999,5(2):137-172.

[18]　Dorigo M,Maniezzo V,Colorni A. Ant system:Optimization by a colony of cooperating agents. IEEE Transactions on Systems,Man,and Cybernetics-Part B,1996,26(1):29-41.

[19]　Du W L,Li B. Multi-strategy ensemble particle swarm optimization for dynamic optimization. Information Sciences,2008,178(15):3096-3109.

[20]　Liu Y,Qin Z,Shi Z W,et al. Center particle swarm optimization. Neurocomputing,2007,70(6):672-679.

[21]　Malviya R,Pratihar D K. Tuning of neural networks using particle swarm optimization to model MIG welding process. Swarm and Evolutionary Computation,2011,1(4):223-235.

[22]　Blum C. Ant colony optimization:Introduction and recent trends. Physics of Life Reviews,2005,2(4):353-373.

[23]　Tavares R F,Godinho M. An ant colony optimization approach to a permutational flow-shop scheduling problem with outsourcing allowed. Computers & Operations Research,2011,38(9):1286-1293.

[24]　Navalertporn T,Afzulpurkar N V. Optimization of tile manufacturing process using particle swarm optimization. Swarm and Evolutionary Computation,2011,1(2):97-109.

[25]　Zhao Y X,Zu W,Zeng H T. A modified particle swarm optimization via particle visual modeling analysis. Computers & Mathematics with Applications,2009,57(11-12):2022-2029.

第6章 人工免疫系统及算法

生物系统包括我们人类自身具有强大的信息处理能力,研究人员希望能够从中找到规律,获得灵感和启示,从而获得解决许多复杂问题的技术和方法。正如模拟和借鉴自然界中生物进化过程中的自然选择以及基因突变机制,进而提出的仿生进化计算算法。人工免疫系统则是推广研究、借鉴、利用生物免疫系统的原理、机制而发展起来的各种信息处理技术、计算技术及其在工程和科学中的应用而产生的多种智能系统的统称。

1996 年 12 月,在日本首次举行了基于免疫性系统的国际专题讨论会,首次提出了"人工免疫系统"的概念[1]。1997 年和 1998 年,IEEE Systems,Man and Cybernetics 国际会议还组织了相关专题讨论,并成立了"人工免疫系统及应用分会"。从生物信息处理的角度看,人工免疫系统可归为信息科学范畴,是与人工神经网络、进化计算等计算智能技术和方法并列的一个分支。受生物免疫系统启发而产生的人工免疫系统和算法已经获得了长足的发展,并且已经成为计算智能研究的新领域,它提供了一种强大的信息处理技术和方法[2]。

20 世纪 70 年代,免疫学家 Jerne 提出了免疫系统的网络学说,开创了独特型网络理论,并且给出了免疫网络结构及其数学模型。Jerne 的网络学说奠定了用整体的、联系的观点来解释免疫调节和免疫现象的基本思想。在此之后,Farmer、Perelson、Bersini、Varela 等学者分别在免疫系统的实际工程应用方面作出了突出贡献,他们的研究工作为建立有效的基于免疫原理的计算系统和智能系统开辟了道路。1990 年,Bersini 首次使用免疫算法来解决问题。20 世纪末,Forrest 等开始将免疫算法应用于计算机安全领域。近年来,免疫理论和算法已经引起了许多研究人员的极大关注,相关的研究成果和应用实例不断地出现,人工免疫系统进入了快速发展阶段[3-5]。

从系统的角度看,生物免疫系统是一个自组织、自适应和高度并行处理的强鲁棒性系统;而从信息处理的角度看,生物免疫系统又是一个具有多样性识别能力、强化学习机制和分布式联想记忆的强大信息处理系统。迄今为止,借鉴或受生物免疫系统启发而提出的各种人工免疫系统和算法广泛地应用于科学研究和工程实践中,其研究和应用领域涉及控制、数据分析和处理、优化学习、异常检测和故障诊断、信息安全等。人工免疫系统已经成为继神经网络、模糊逻辑和进化计算后人工智能的又一研究热点。

但是尽管人工免疫系统和算法在许多实际应用领域的研究取得了一定的成

果,但是相对来讲大多还处于初始阶段,如所借鉴的生物免疫机理大多还是低层次的,还有许多免疫机理和机制还需要深入研究和挖掘。实际上人们对生物免疫系统的认识和研究还不是十分充分,就现有的免疫理论和学说而言为学术界所接受,同时也被在工程实践中广泛应用的主要是 Burnet 的克隆选择学说以及 Jerne 的免疫网络学说。当前所提出的多数免疫算法或者计算模型只是模拟和借鉴了免疫系统的部分功能,并且这些模拟也多为形式上的,还有不少研究成果是体现在将免疫原理嵌入到已有的算法中,实现算法的改进和提高性能的目的。同时当前所提出的许多人工免疫系统的技术和方法也可以和其他计算智能方法进行集成和融合,它们可以取长补短、相互促进、补充和完善,目前已经有许多新的混合方法如免疫进化计算、免疫神经网络等在实际中得到成功的应用。另外还有许多领域人工免疫系统和算法还未涉及,因而可以拓宽人工免疫系统的实际应用范围,人工免疫系统、模型和算法在众多实际领域的应用还具有十分广阔的发展前景。

6.1　生物免疫系统简介

　　人工免疫系统和算法所借鉴的生物免疫系统原型一般是人类等高等脊椎动物的免疫系统,这种类型的免疫系统具有分层的体系结构,能够组成人体的多道生物防线,阻挡各种类型的病原体侵入人体,避免对人体造成伤害。人类免疫系统的多层次的防御结构示意图如图 6-1 所示[6]。

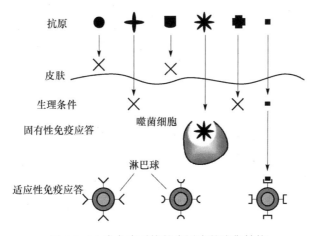

图 6-1　人类免疫系统的多层次的防御结构

　　其中,第一道防线是由皮肤和黏膜构成的,他们不仅能够阻挡病原体侵入人体,而且它们的分泌物(如乳酸、脂肪酸、胃酸和酶等)还有杀菌的作用。第二道防线则包含体液中的杀菌物质和巨噬细胞。这两道防线是人类在进化过程中逐渐建立起来的天然防御功能,特点是人人生来就有,不针对某一种特定的病原体,对多种病原体都有防御作用,因此称作非特异性免疫(又称为先天性免疫)。而第三道防线则主要由各种免疫器官(胸腺、淋巴结、骨髓和脾脏等)和免疫细胞(淋巴细胞)所组成。第三道防线是人体在出生以后逐渐建立起来的后天防御功能,其特点是只有在出生后才会产生,并且只针对某一特定的病原体或异物起作用,因而又被称为特异性免疫(或者后天性免疫)。

免疫系统分为固有免疫和适应免疫,其中适应免疫又分为体液免疫和细胞免疫。免疫系统是机体防卫病原体入侵最有效的武器,但其功能的亢进会对自身器官或组织产生伤害。

6.1.1　生物免疫系统的组成

免疫系统是由免疫器官、免疫细胞和免疫分子所组成的一个有机联合体。当病原微生物侵入后,机体的免疫活动由免疫器官、免疫细胞和免疫分子之间互相协作、相互制约,进行密切配合来共同完成。

免疫器官是指实现免疫功能的器官和组织,因为这些器官的主要成分是淋巴组织,故也称为淋巴器官。免疫器官按功能的不同分为两类:一类是中枢淋巴器官,由骨髓及胸腺组成,主要是淋巴细胞生成、分化和成熟的场所,并具有调控免疫应答的功能;一类是周围淋巴器官,由淋巴结、脾脏及扁桃腺等组成,成熟的免疫细胞在这些部位执行应答功能。

免疫细胞是泛指所有参与免疫应答的细胞及其前身,包括造血干细胞、淋巴细胞、单核巨噬细胞、树突状细胞和粒细胞等。免疫细胞可分为以下几类:

(1) 淋巴细胞,包括 T 细胞、B 细胞、NK 细胞(自然杀伤细胞)等。

(2) 辅佐细胞,包括巨噬细胞、树突状细胞(抗原呈递细胞)等。

(3) 其他细胞,包括肥大细胞、有粒白细胞等。

免疫分子可分为膜型和分泌型两类,膜型包括 B 细胞受体、T 细胞受体、MHC分子(主要组织相容性基因复合体)和 CD 分子(白细胞分化抗原)等,分泌型则包括抗体、补体和细胞因子等。

6.1.2　生物免疫系统的主要功能

根据形成和特点的不同,免疫可分为非特异性免疫与特异性免疫,它们相互影响,各司其职[7]。非特异性免疫只要发现入侵病菌,便会立刻加以消除;而特异性免疫则要首先识别入侵的抗原,再加以攻击。非特异性免疫包括身体表面的反应机制、受伤后的发炎反应以及抗病毒蛋白。身体表面的皮肤是对抗微生物的第一道防线,也是身体内部组织和外界隔绝的屏障,只有极少的微生物能够穿过皮肤,这是因为汁水、皮脂及泪腺中均具有杀死微生物的物质;而伤口发炎则是引发吞噬细胞的作用,以达到杀菌的目的;至于抗病毒蛋白则可抑制病毒在细胞内的复制行为。特异性免疫又称获得性免疫,它是机体在接受抗原刺激后主动产生或接受免疫效应分子后被动获得,并通过免疫应答来防御病菌。特异性免疫分为体液免疫和细胞免疫,非特异性免疫发生之后,能够显著增强非特异性免疫的功能。

免疫系统的功能包括对“自己”和“非己”抗原的识别以及免疫应答。免疫系统在免疫功能正常的条件下,对“非己”抗原产生排异效应,发挥免疫保护作用,如抗感染免疫和抗肿瘤免疫。但在免疫功能失调的情况下,免疫应答可造成机体组织损伤,产生过敏性疾病。如打破对自身抗原的耐受,则可对自身抗原产生免疫应答,出现自身免疫现象,或造成组织损伤,就发生了自身免疫疾病。因此,免疫系统以它识别和区分“自己”和“非己”抗原分子的能力,起着排异和维持自身耐受的作用。免疫系统的功能可概括为免疫防御(immunological defence)、免疫自稳(immunological homeostasis)与免疫监视(immunological survillance)三个方面。

(1) 免疫防御是机体排斥外来抗原性异物的一种免疫保护功能,在正常时可产生抗感染免疫的作用,但防御功能过强时会产生超敏反应,过弱时则产生免疫缺陷(后两种情况均属异常反应)。

(2) 免疫自稳是免疫系统维持内环境相对稳定的一种生理功能。正常时机体可及时清除体内损伤的、衰老、变性的血细胞以及抗原-抗体复合物,而对自身成分保持免疫耐受;异常时则出现生理功能紊乱、自身免疫疾病等现象。

(3) 免疫监视是免疫系统及时识别、清除体内突变、畸变和病毒干扰细胞的一种生理保护作用。如丧失免疫监视功能,机体突变细胞会失控,有可能导致肿瘤发生,或出现病毒的持续感染。

6.2 免疫系统可被借鉴的相关理论

生物免疫系统具有众多优良的特性和强大的功能,是一种高度进化的生物系统。这不断地吸引着研究人员试图从免疫系统的运行机制获取灵感,模拟和借鉴其中有用的隐喻机制,开发面向具体应用的人工免疫系统模型和算法。本节简要地概括和阐述生物免疫系统中可供借鉴的一些较为典型的机理。

6.2.1 生物免疫系统的主要原理和机制

1. 免疫识别

免疫识别是免疫系统的主要功能,它能识别入侵肌体的病原体以及生物体自身的病变组织。识别的本质是区分“自己”和“非己”,其中“非己”就是指病原体以及自身的病变组织,除此之外就都视为"自己"。事实上,所有免疫细胞(包括吞噬细胞,淋巴细胞,效应细胞,记忆细胞)均具有识别的功能。但一般来讲,免疫识别是指特异性免疫细胞(如 T 淋巴细胞和 B 淋巴细胞)的识别功能,T 淋巴细胞和 B 淋巴细胞的表面具有抗原受体,能识别抗原并与之相结合,抗原受体和抗原之间结合的强度被称为亲和度。其中,未成熟的 T 细胞要经历一个审查环节,只有那些不能与"自己"发生应答的才能离开胸腺,从而防止免疫细胞对机体造成错误的攻击,该过程也被称为负选择过程。免疫系统的免疫识别机理在图像识别[1]、网络入侵检测[8]和异常检测[2]中得到了广泛应用。

2. 免疫学习

免疫应答过程同时也是一个学习的过程,它使得免疫细胞的亲和度提高、群体规模扩大,并且以免疫记忆的形式保留最优个体。免疫学习可分为两种:一种发生在初次应答阶段,即免疫系统首次识别一种新的抗原时,其应答时间相对较长;另一种是在再次应答时,即机体重复遇到同一种抗原时,由于免疫记忆的作用,系统的应答速度大大提高,该过程是一个强化学习过程。免疫学习机理在构造人工免疫系统的模型和算法中得到了广泛的应用[9-12]。

3. 免疫记忆

当免疫系统初次遇到一种抗原时,会通过免疫学习机理产生高亲和度的抗体,来更好地识别和消灭抗原,并在免疫应答结束后以最优抗体的形式保留对该抗原的记忆信息。免疫记忆属于联想式记忆,当免疫系统再次遇到相同或者结构相似的抗原时,其应答速度会大大提高。免疫记忆机制目前在智能优化和强化学习方面得到了具体应用,它能加快优化搜索的过程,并提高搜索的质量。

4. 克隆选择

克隆选择是指免疫细胞在抗原刺激下进行克隆增殖,随后通过遗传变异,分化为效应细胞和记忆细胞。克隆选择对应着一个抗体的亲和度成熟(affinity maturation)过程,即对抗原亲和度较低的抗体,在经历克隆增殖和变异操作后,其亲和度逐步提高而"成熟"的过程。该过程本质上是一个达尔文式的选择和变异的过程。根据克隆选择原理已经提出了多种算法和模型,它在模式识别、组合优化、多峰值函数优化以及网络入侵检测中得到了广泛应用。

5. 免疫网络理论

免疫网络理论对免疫细胞行为、抗体生成、免疫耐受、自我与非我识别、免疫记忆和免疫系统的进化过程等做出了系统的假设,并且将免疫系统视为由免疫细胞和免疫分子所组成的调节网络。受到免疫网络理论的启发,研究人员提出了多种人工免疫网络模型,如互联耦合网络[13]、多值免疫网络[14]、抗体网络[15]等。

6. 个体的多样性

根据免疫学知识,免疫系统大约含有 10^6 种不同的蛋白质,但外部潜在的抗原种类有 10^{16} 种之多。能够实现对数量级远大于自身的抗原识别,免疫系统具有有效的多样性抗体产生机制。该机制主要包括抗原受体库的基因重组、体细胞的高突变和基因变异等。个体的多样性机理可以应用于优化搜索过程,另外它可为需要多样性数据集合的研究与应用提供借鉴,如神经网络的集成等。

7. 分布式和自适应

免疫系统由分布在机体各个部分的免疫细胞、分子和器官所组成。分散于机体各部分的淋巴细胞采用学习的方式来实现对特定抗原的识别,免疫应答过程实际上是一个适应性的过程。由于免疫应答是通过局部细胞的交互起作用而不存在集中控制,所以系统的分布式进一步强化了其自适应特性。免疫系统的分布式特性首先取决于病原的分布式特征,即病原是分散在机体内部的;其次免疫系统的分布式特性有利于加强系统的鲁棒性,使得系统不会因为局部组织损伤而使整体功能受到很大影响。分布式和自适应特性有助于提升系统的工作效率和故障容错能力。

6.2.2　生物免疫系统的信息处理特性

从信息处理的角度看,免疫系统是一个具有自适应、自学习、自组织、并行处理和分布协调特性的复杂系统,将上述免疫原理和机制引入到工程应用领域具有重要的现实意义。由于人工免疫系统是模拟和借鉴生物免疫系统的运行原理和机制,因而生物免疫系统的众多优良特性也自然而然称为人工免疫系统的特性。

生物免疫系统是个自适应系统,它能够根据入侵抗原的不同,不断地产生新的抗体,最终生成适合的抗体来消灭抗原,实现动态地适应外界环境的变化。该特性可用于实际中自适应系统的设计。

免疫系统还具有学习和记忆功能。当外界有新的抗原入侵时,免疫系统在开始可能没有有效的抗体,但随着免疫应答过程的进行,会通过自动地学习产生新的抗体,最终可实现有效识别和清除抗原。同时免疫系统还通过对抗原的学习而产生了记忆细胞,当相同类型的抗原再次入侵时,二次免疫应答被触发,能比初次免疫应答更快地产生更大量的抗体来消灭抗原。免疫自学习特性可广泛用于实际中智能系统的设计。

6.3　人工免疫系统的模型及算法

关于人工免疫系统,目前较为普遍接受的定义是:所有那些借鉴生物免疫系统的结构特征和工作机理,用于解决实际技术问题的系统或者算法,都可统称为人工免疫系统。另外还有几个人工免疫系统的同义词,如免疫学计算(immunological computation)、免疫计算(immunocomputing)、计算免疫学(computational immunology)以及基于免疫的系统(immune-based systems)等,但使用最多的还是"人工免疫系统"。

从系统和计算的角度看,生物免疫系统是一个高度并行、分布、自适应和自组织的系统,具有很强的学习、识别、记忆和特征提取能力。人们自然希望从生物免疫系统的运行机制中获取灵感,开发面向应用的免疫系统计算模型——人工免疫系统,用于解决工程实际问题。目前,人工免疫系统已发展成为计算智能研究的一个重要分支[16,17]。

人工免疫系统的设计方法和步骤可借鉴其他计算智能方法,如人工神经网络和进化计算方法,因为它们都属于仿生计算方法。人工免疫系统的模型中包括建立免疫细胞和免疫分子的抽象模型,定义度量这些免疫细胞和分子之间相互作用的函数,最后利用各种免疫算法来描述系统的动态行为和具体实施步骤。De Castro 等给出了一种人工免疫系统实现的基本步骤,如图 6-2 所示。他指出了设计一个人工免疫系统,至少应考虑以下问题。

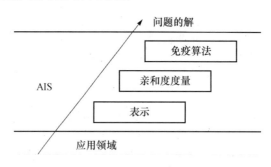

图 6-2　人工免疫系统实现的基本步骤

(1) 人工免疫系统中组成元素的表示。即采用合适的形式对人工免疫系统中的组成元素,如免疫细胞和免疫分子等进行描述和表示。在实际应用中,免疫细胞和抗体分子的简化模型常采用实数矢量、二进制码串或者包含数值和符号的混合形式。

(2) 定义亲和度和其他评价函数。它们用于度量人工免疫系统中抗体和抗原、抗体和抗体之间的相互作用。其中,亲和度函数用于度量抗体和抗原之间匹配程度的强弱。

（3）设计免疫算法。免疫算法用于描述人工免疫系统的组成元素以及整个系统的动态和自适应行为。它既可以采用已有的典型算法,如克隆选择算法和负选择算法等,也可以根据所要解决问题的特性基于免疫机理重新设计新的算法。

6.3.1　人工免疫网络

根据 Jerne 所提出的免疫网络学说和独特型网络模型,免疫应答是由各个淋巴细胞克隆之间的相互激发和相互制约所构成的统一体,而不是彼此孤立的。简单地讲,该学说主要描述了抗体之间、抗体与抗原之间的相互作用,抗体分子在识别抗原的同时,也能够被其他抗体分子所识别。实际提出的人工免疫网络模型是对生物学中免疫网络模型一定程度的简化,并且大多只是在功能上的模拟。

到目前为止,相对比较有影响的人工免疫网络模型是 Timmis 等提出的资源有限的人工免疫系统(resource limited artificial immune system,RLAIS)[18]和 Leandro 等提出的演化人工免疫网络(an evolutionary immune network, aiNet)[19,20]。在 RLAIS 模型中,提出了人工识别球(artificial recognition ball,ARB)的概念。Timmis 认为 ARB 的作用类似于 B 细胞的功能,ARB 所受到的激励包括抗原的激励、邻近抗体的激励以及邻近抗体的抑制,并根据激励的强度来确定抗体的克隆数目。该模型认为系统范围内 B 细胞的数目是有限的,并以此来控制种群的增长和算法的终止。Leandro 等所提出的 aiNet,则是模拟免疫网络针对抗原刺激的应答过程,其中主要包括抗体-抗原识别、免疫克隆增殖、亲和度成熟以及网络抑制等免疫原理和机制。aiNet 的主要特色是能够动态地调整种群的规模、保持种群中个体的多样性以及抑制冗余的个体。aiNet 在数据压缩、聚类分析以及函数优化等领域得到了成功的应用。aiNet 算法的主要步骤如下所述。

（1）随机产生初始免疫细胞种群。

（2）计算种群中每个细胞的适应度,并将其表示为标准向量的形式,即标准化后新向量的长度为1。

（3）对于每个细胞进行克隆增殖操作,克隆的数目与其适应度成正比。

（4）对每个新生成的个体实施变异操作,变异概率与每个个体的适应度成反比。

（5）从变异后的克隆个体中重新选择一定数目的高适应度个体,并将其加入到记忆种群。计算记忆种群中各元素的相互作用(抗体之间的亲和度),移除那些亲和度低于设定阈值的克隆个体。同时,也移除那些适应度低于设定阈值的克隆个体。

（6）将剩余的克隆个体加入到免疫网络中,同样计算新的网络中个体之间的亲和度,并移除那些亲和度低于设定阈值的细胞。

（7）算法终结条件的判断：如果不满足终结条件，则转到步骤（2），否则算法结束。

其他的人工免疫网络模型还包括 Ishiguro 等所提出的互联耦合免疫网络模型[14]，用于六足步行机器人步法的协调控制。Tang 等提出了一种与免疫系统中 B 细胞和 T 细胞之间的相互作用相类似的多值免疫网络模型[15]，并应用于字符的辨识问题。Herzenberg 等提出了一种更适合于分布式问题的松耦合网络结构[20]。Tarakanov 等则在形式蛋白（formal protein）模型的基础上，建立了一种较为系统的人工免疫系统模型，称为形式免疫系统（formal immune system）模型[21]。

6.3.2　负选择算法

在 T 细胞的负选择过程中，那些能够识别自身抗原的 T 细胞被移除，即只有那些仅识别非己抗原的 T 细胞能够存活下来。这种负选择机制特别适合于设计监视系统，实时发现系统中异常的行为。

Forrest 等根据免疫系统中 T 细胞的负选择机制，提出了一种用于异常检测的负选择算法[22]。该算法与 T 细胞成熟过程中经历的"负选择"过程有着相似的原理：随机产生检测器，并删除那些和"自己"相匹配的检测器，然后就可利用剩余的检测器进行异常检测。负选择算法为人工免疫系统在网络安全领域的应用奠定了基础。

负选择算法的工作原理较为简单，其工作流程为：根据给出的自我模式集合 S，产生一个模式识别器的集合 A，被称为检测器，然后利用得到的检测器 A 对未知模式进行检测。其中，迭代产生检测器集合的基本步骤如下所述。

（1）随机产生模式识别器，通常表示为字符串的形式，并用集合 P 表示当前生成的模式识别器集合。

（2）计算集合 P 中每个识别器与自我模式集合 S 中所有模式之间的亲和度，表示它们之间匹配的程度。

（3）如果集合 P 中某个识别器与集合 S 中至少一个模式的亲和度高于设定阈值，则表示能够识别自我模式，将该识别器从 P 中删除；否则将识别器放入检测器集合 A 中。

负选择算法目前被广泛应用于模式识别、计算机病毒检测、网络入侵检测、系统异常检测等领域。该算法由于并没有直接利用自我信息，而是由自我集合通过阴性选择生成检测子集，因而具备了并行性、鲁棒性以及分布式检测等特点。

6.3.3　克隆选择算法

de Castro 等基于自适应免疫响应中的克隆选择原理和抗体亲和度成熟过程，提出了一种称为 clonalg 的克隆选择算法，用来解决机器学习、优化以及模式识别等问题[16]。clonalg 算法中所借鉴的免疫原理包括：基于亲和度比例选择激励程度最高的一部分个体进行克隆操作，未激励个体的自然死亡以及保持种群中个体的多样性。clonalg 算法的步骤如下所述。

（1）随机产生一个包含 N 个免疫细胞（候选解）的初始种群，其中，对应的搜索空间被称为形状空间（shape-space）是由待求解的问题进行定义。

（2）计算种群中每个个体针对抗原的亲和度，并选择其中亲和度最高的 n_1 个个体。

（3）针对这 n_1 个被选中的个体进行克隆操作，即对自身进行复制操作，其中每个个体进行复制的数目与其亲和度成正比：个体的亲和度越高，则其进行克隆的数目（产生后代个体的数目）也越高。

（4）对克隆生成的个体实施变异操作，由于变异的概率较高因而称为超变异。每个个体实施变异概率与该个体的亲和度成反比：个体的亲和度越高，则其进行变异的概率则越低。

（5）实施完变异操作，就生成一个包含新的抗体的群体，从中重现选取 n_2 个亲和度最高的个体。

（6）将种群中低适应度的个体用新生成的个体进行替换，得到下一代种群。

（7）如果算法的终结条件不满足，则转到步骤（2），否则算法结束。

de Castro 指出，clonalg 算法类似于进化算法，因为它具有进化算法的一些特征，也是基于种群的搜索算法，其中包含个体增殖、遗传变异和个体的选择操作。但是需要强调的是，虽然 clonalg 算法是一种广义的进化算法，但是其借鉴的原理不是进化原理而是生物免疫原理。

clonalg 算法与遗传算法存在相似的地方，如两者都对个体进行编码，都采用比例选择方式。但是它们之间也存在着较大的不同，clonalg 算法不仅采用基于亲和度的比例选择方法，也采用了基于亲和度的比例变异方式；另外 clonalg 算法中没有交叉算子。

clonalg 算法和进化策略的不同之处在于：clonalg 算法采用二进制编码，而进化策略则采用实数编码；另外进化策略采用高斯变异方式，而 clonalg 算法中变异操作与高斯变异无关。总之，clonalg 算法虽然实施步骤与进化计算方法存在着相似的地方，但却是一种基于生物免疫原理的一种广义的进化算法。

6.3.4　总结

人工免疫系统是模仿自然免疫系统功能的一种智能计算方法，当前所有那些借鉴生物免疫系统的结构特征和工作机理，用于解决实际技术问题的系统或者算法，都可统称为人工免疫系统或者人工免疫算法。目前，人工免疫系统已发展成为计算智能技术和方法中的一个重要研究分支。人工免疫系统具有噪声忍耐、无教师学习、自组织、记忆等进化学习机理,并且结合了分类器、神经网络和机器推理等系统的一些优点。下面对人工免疫系统和算法的优势和典型特点进行归纳和总结。

（1）人工免疫算法同样是一种基于随机搜索机制的全局优化算法,这点与其他随机优化方法,特别是进化计算方法,具有很多相似之处,如都是基于群体搜索策略,都是通过种群的迭代循环来不断搜索更优的解,迭代搜索的过程基本上都包含计算种群中个体的适应度、个体之间的信息交换、个体的变异机制以及新旧种群的更替操作。在满足一定的前提条件下,人工免疫算法能够以较大的概率获得全局最优解。

（2）人工免疫算法主要算子是变异操作,但是也有一些免疫算法中采用了与进化计算方法类似的交叉算子,除此之外研究人员还提出了新的个体产生机制,如借助克隆选择、免疫记忆以及疫苗接种等产生新个体。人工免疫算法设置有记忆单元,它能够保证种群的演化操作在记忆单元的基础上进行,确保了能够快速收敛于全局最优解。

（3）虽然在人工免疫算法的实施过程中,个体的克隆和超变异操作是依次进行的,但是人工免疫算法在本质上仍然是并行的,即人工免疫算法和其他进化计算方法一样都是固有的并行算法。这种特点能够确保算法在搜索的过程中不容易陷入局部最优解,避免出现未成熟收敛。人工免疫算法采用亲和度的概念来计算抗体和抗原之间的匹配程度,以及抗体与抗体之间的相似程度,这在一定程度上反映了生物免疫系统中的多样性保持机制,相对于进化计算方法能够更好地保证种群中个体的多样性。

（4）人工免疫系统具有自适应的特性,这种特性涉及学习和演化等机制。在基于种群演化的人工免疫系统中,自适应性体现在种群的演化过程中,如算法的克隆数目、变异概率和选择操作等,都是随着个体适应度的变化而自适应地选择相应的参数。而在基于免疫网络模型的人工免疫系统中,自适应性则体现在系统的演化过程以及免疫算法的无监督（或有监督）学习过程中。

6.4　人工免疫系统的应用

目前,人工免疫系统所涉及的应用领域主要包括控制、优化、数据库中的知识发现、机器人、图像处理、模式识别、故障诊断以及计算机和网络安全等。本节首先总结人工免疫系统在控制、优化、计算机和网络安全领域的一些研究成果,然后针对基于免疫原理的聚类算法设计和模糊分类器的设计进行详细介绍,并且与其他相关算法进行性能比较和分析,总结它们的优点和不足之处。

1) 控制

人工免疫系统具有强大的信息处理能力,以及自学习、自适应和较强的鲁棒性等特点,其众多优良特性可用于解决工程领域的复杂问题。其中,智能控制就是一个具有较好发展前景的应用领域,它为当前的智能控制方法提供了一种新的思路和选择。生物免疫系统中可被借鉴用于智能控制的机理主要包括免疫反馈机理以及自适应、自组织的非线性免疫网络理论,相对于传统的智能控制方法,基于免疫原理和机制的控制方法的主要特点有抗干扰能力强、动态性能好、不要求控制对象严格的数学模型等。

KrishnaKumar 等结合免疫系统的自适应特性和所处理问题领域的先验知识,提出了一种免疫化的计算系统(immunized computational system),用于复杂系统的自适应控制[23]。Sasaki 等基于免疫系统的反馈机理,提出了一种具有自适应学习功能的神经网络控制器。该算法能够自适应地调整神经网络的学习率并保持学习的稳定性,避免了典型的学习算法在极值附近的摆动[24]。丁永生等同样基于免疫系统的反馈机理,提出了一种新颖的通用控制器结构[25]。

李海峰等模拟细胞免疫应答机制,提出了一种用于电力系统电压调节的细胞免疫型电压控制器[26],并应用于多机电力系统的电压控制。王海风等又模拟体液免疫应答过程,提出了一种体液免疫电压控制器[27]。

Takahashi 等设计了一种 PID 型免疫反馈控制器[28],并用于控制带有非线性干扰的直流伺服马达系统。任涛等将模糊和免疫的思想引入到 PID 控制算法中,设计了一种模糊免疫 PID 控制器,用于高速通信网络中的流量控制[29]。

2) 优化

人工免疫优化算法本质上就是一种新型的基于免疫机制的随机优化算法和全局优化方法,一般都是通过抗体种群的演化过程来实施群体搜索策略,在本质上具有优化的并行性和搜索变化的随机性,并且在搜索的过程中相对于其他随机优化方法不易陷入局部最优解。

基于免疫系统中的克隆选择原理,de Castro 等提出了克隆选择算法[30]。该算法被成功地应用于机器学习、模式识别和优化问题,其中包括多模态函数优化和组合优化等问题。Walker 等针对动态函数的优化问题,将克隆选择算法和进化策略进行了性能比较和分析[31]。实验结果表明,对于维数较低的动态函数优化,克隆选择算法在性能上明显优于进化策略。

Chun 等借鉴免疫系统中自调整机制、多样性个体的生成机制和免疫网络理论,提出了一种免疫算法[32],用于电磁设备的形状优化。Fukuda 等提出了一种具有个体多样性保持机制和学习能力的免疫算法[33],用于多模态函数优化。刘克胜等借鉴免疫系统中的抗原学习和记忆机制、浓度调节机制以及多样性抗体保持策略,提出了一种免疫算法[34],并应用于旅行商问题这类组合优化问题的求解。罗小平等则将免疫遗传学的基本思想引入到多峰值函数优化中,提出了融合免疫记忆、基因重组、浓度控制和小生境思想的一种免疫遗传算法[35]。

3）计算机和网络安全

如前所述,生物免疫系统的主要功能就是免疫防御、免疫稳定和免疫监视,它能够有效保护肌体抵抗病原体、有害的异物以及癌细胞等各种致病因子的侵害。人工免疫系统的功能与计算机和网络安全问题有着很多的相似性,两者都需要在不断变化的环境中保证系统的安全性,因而自然而然就想到利用人工免疫机制来设计计算机和网络监测系统,当前这也是人工免疫系统一个主要的研究和应用领域。

人工免疫系统在计算机和网络安全领域中的应用主要包括病毒检测和网络入侵检测。最早是 Kephart 等受免疫原理的启发,提出了一种病毒检测系统[36],用于计算机的病毒检测和消除。Forrest 及其研究小组基于 T 细胞成熟过程中的负选择机理,提出了一种负选择算法,该算法将计算机的病毒检测视为自己和非己的区分问题[4]。Haeseleer 针对负选择算法中的检测器的生成算法进行了改进,提出了两种与输入规模成线性比例关系的检测器生成算法[37]。Somayaji 等则列举了免疫系统可应用于计算机安全要求的机理和特性,其中主要包括分布性、多层系统、自治性、多样性等,并基于这些机理给出了计算机安全系统的一些实施框架[38]。

除了负选择机制和危险理论外,其他研究者还通过借鉴其他免疫原理和功能,提出了不同的网络入侵检测和病毒检测算法。Okamoto 等提出了一种通过自治异类智能体来检测和消除计算机病毒的分布式方法[39]。Lamont 等提出了一种分布式的自适应结构,用于计算机病毒免疫[40]。Aickelin 等还对当前基于免疫原理来实现入侵检测的算法和系统进行了总结,给出了主要的研究结果及其分析,并且对未来的研究方向提出了若干建议[41]。

6.4.1　聚类分析

聚类分析是研究数据间逻辑或物理的相互关系的技术,它通过一定的规则将数据间划分为在性质上相似的数据点构成的若干个类。聚类分析原来是作为统计学中的一个重要研究内容,然而基于统计学的聚类分析方法大多是局限于理论上的分析并依赖于对数据分布特征的概率假设,较少考虑具体应用中的实际数据特征与差异。随着数据挖掘技术的迅速崛起,聚类分析在数据库技术领域获得了长足的发展。作为数据挖掘的一个重要功能模块,聚类分析可以作为一个获得数据分布情况、观察每个类的特征和对特定类进一步分析的独立工具。聚类分析作为一种无监督的学习方法,也是一种强有力的信息处理技术,当前在数据挖掘、图像分割、模式识别、空间遥感技术、特征提取和信号压缩等诸多领域都得到了广泛应用。

传统的聚类分析是一种硬划分,它将每个待识别的对象严格地划分到某个类别中,这种类别划分的界限是分明的,即具有非此即彼的性质。而在许多实际应用中,数据集中的聚类之间并没有完全严格的界限,某些对象具有亦此亦彼的性质,在这样的情况下适合进行软划分。模糊集合理论为这种软划分提供了有力的分析工具,人们开始采用模糊的方法来处理聚类问题,并称之为模糊聚类分析。由于模糊聚类得到了样本对象属于各个类别的不确定性程度,即建立了对象对于不同类别的不确定性描述,因而更能客观地反映现实世界。

在一定的条件下,某些聚类问题可以被视为是一种具有约束的优化问题。这种情况下聚类的目标是寻找样本集的最优划分,使得基于类间误差或者类内误差的聚类准则函数为最优。其中,C-均值聚类算法(CMA)就是用于解决这类聚类问题的一种最为常用的方法,它包括硬 C-均值聚类算法(HCM)和模糊 C-均值聚类算法(FCM)。C-均值聚类算法具有算法简单且收敛速度快的特点,同时具有较强的局部搜索能力,是数据挖掘和知识发现领域中的一种重要方法,并且得到了广泛应用。然而,传统的 C-均值聚类算法对初始条件比较敏感,不同的初值可能会导致不同的聚类结果,甚至出现退化解和无解的情况。C-均值聚类算法是基于目标函数的算法,并且是采用梯度法来求解极值,由于梯度法的搜索方向总是沿着能量减小的方向进行,因而算法常常会陷入目标函数的局部极值。

本节所提出的人工免疫 C-均值聚类算法所借鉴的生物免疫机制主要包括克隆选择原理和免疫记忆机制,同时还利用了 C-均值聚类算法所具有的简单、运算量小和局部收敛速度快的特点,将其作为算法中的一个搜索算子——C-均值算子。这可克服传统 C-均值聚类算法易陷入局部极小值的缺点,同时也拥有较快的聚类速度。针对模糊聚类和硬聚类,在所提出的聚类算法的步骤中分别集成了 HCM 或 FCM 算子,相应的算法分别称为人工免疫 HCM 算法和人工免疫 FCM 算法。

1. C-均值聚类算法

C-均值聚类算法属于聚类分析中的划分式聚类方法。给定一个包含 n 个对象的数据集和要得到的划分数目 $C(C \leqslant n)$,划分式聚类方法就是要得到数据集的 C 个划分。其中,每个划分表示一个聚类,即将数据划分为 C 个组,并满足如下要求:每个组至少包括一个对象;每个对象必须属于且只属于一个组。这种聚类方法实际上可视为一个优化问题。

C-均值聚类算法的基本思想是:给定聚类的数目 C,将所有对象划分到 C 个类中,使得类内对象之间的相似性最大,而类之间的相似性最小。该算法的主要目标是将数据集中的 n 个模式划分到不同的组中,使得所定义的目标函数取得最小值。C-中心点聚类算法类似于 C-均值聚类算法,不同的是在该算法中每个聚类用一个接近聚类中心的对象来表示,而 C-均值聚类算法则是用聚类中对象的平均值来进行表示。

　　C-均值聚类算法具有算法简单、收敛速度快的特点,同时具有较强的局部搜索能力。在本节人工免疫 C-均值聚类算法中,利用了 C-均值聚类算法局部搜索能力强的特点将其作为算法中的一个搜索算子,我们将在下面对其进行详细介绍。但 C-均值聚类算法对初始值较为敏感,不同的初值会得到不同的聚类结果,甚至会出现无解的情况;另外由于该算法是基于目标函数的聚类算法,它是采用梯度法来求解极值,因而使得算法很容易陷入局部极值点。下面首先给出一个数据集的划分的数学描述,然后分别介绍硬 C-均值聚类算法和模糊 C-均值聚类算法,它们将传统的聚类过程对应于数学中的非线性规划问题。

　　1) 数据集的划分

　　假定所给定的数据集 $X = \{x_1, x_2, \cdots, x_n\} \subset \mathbf{R}_d$ 为模式空间中包含 n 个模式的一组观测样本集,d 为数据的维数,其中,$x_i = (x_{i1}, x_{i2}, \cdots, x_{id})$ 为第 i 个观测样本,对应于特征空间中的一个点,x_{ij} 是 x_i 在第 j 维属性上的赋值。

　　数据集 X 的 k 个子集 $X_1, X_2, \cdots, X_k$,如果满足下面的条件,则称它们为 X 的一个硬划分:

$$X_1 \bigcup X_2 \bigcup \cdots \bigcup X_k = X$$
$$X_i \bigcap X_j = \varnothing, \quad 1 \leqslant i \neq j \leqslant k$$
$$X_i \neq \varnothing, \quad X_i \neq X, \quad 1 \leqslant i \leqslant k \tag{6-1}$$

　　假设采用隶属函数 $w_{ij} = w_{X_i}(x_j)$ 来表示样本 $x_j (1 \leqslant j \leqslant n)$ 与子集 $X_i (1 \leqslant i \leqslant k)$ 之间的隶属关系,则 X 的硬 k-划分可用划分矩阵 $W = [w_{ij}]_{k \times n}$ 来表示。

$$w_{ij} = \begin{cases} 1, & \text{如果第 } j \text{ 个模式属于第 } i \text{ 个聚类} \\ 0, & \text{其他} \end{cases} \tag{6-2}$$

　　X 的硬 k-划分空间可以用下式进行表示:

$$M_h = \{W \in \mathbf{R}^{kn} \mid w_{ij} \in \{0,1\}, \forall i,j; \sum_{i=1}^{k} w_{ij} = 1, \forall j; 0 < \sum_{j=1}^{n} w_{ij} < n, \forall i\}$$
$$\tag{6-3}$$

　　Ruspini 利用模糊集合理论把隶属函数 w_{ij} 从 $\{0,1\}$ 扩展到 $[0,1]$ 区间,即某个数据可以同时属于多个聚类,并采用隶属度进行表示,从而可以把硬 k-划分的概念推广到模糊 k-划分。X 的模糊 k-划分空间可以相应地表示为

$$M_f = \{W \in \mathbf{R}^{kn} \mid w_{ij} \in [0,1], \forall i,j; \sum_{i=1}^{k} w_{ij} = 1, \forall j; 0 < \sum_{j=1}^{n} w_{ij} < n, \forall i\}$$
$$\tag{6-4}$$

　　2) 硬 C-均值聚类算法

　　硬 C-均值聚类算法是实现数据集 X 的硬 k-划分的一种典型算法,它能将数据

集 X 划分为 k 个超椭球形状的聚类。该算法把传统的聚类问题归结为如下的非线性规划问题：

$$\min J_1(W, P) = \sum_{i=1}^{k} \sum_{j=1}^{n} w_{ij} \cdot d^2(x_j, p_i) \tag{6-5}$$
$$\text{s. t.} \quad W \in M_h$$

其中，$W = [w_{ij}]_{k \times n}$ 为硬 k-划分矩阵；$P = (p_1, p_2, \cdots, p_k)^{\mathrm{T}} \in \mathbf{R}^{kd}$ 为 k 个聚类的原型模式（聚类中心）；$d^2(x_j, p_i) = (x_j - p_i)A(x_j - p_i)^{\mathrm{T}}$ 为样本 x_j 到原型模式 p_i 之间的距离，当 A 为单位矩阵时，该定义即为样本到聚类中心的欧式距离。

算法开始时首先给出一个初始聚类中心，然后将每个数据划分到与其距离最近的聚类中心所在的聚类，得到划分矩阵 W，然后根据式(6-6)得到每个聚类的新的聚类中心，假定第 i 个聚类中心表示为

$$p_i = (p_{i1}, p_{i2}, \cdots, p_{id})$$

$$p_{ij} = \frac{\displaystyle\sum_{k=1}^{n} w_{ik} x_{kj}}{\displaystyle\sum_{k=1}^{n} w_{ik}} \tag{6-6}$$

硬 C-均值聚类算法通过划分矩阵和聚类原型模式之间交替优化，来求解如式(6-5)所示的非线性规划问题。在所提出的人工免疫算法中，引入了一步硬 C-均值聚类算法，用于数据集的硬聚类。

3) 模糊 C-均值聚类算法

Dunn 根据 Ruspini 定义的模糊划分的概念，把硬 C-均值聚类算法推广到了模糊的形式，即模糊 C-均值聚类算法[42]。硬 C-均值聚类算法属于模糊 C-均值聚类算法的一种特例。Dunn 同时对目标函数进行了相应的改动，它将基于类内误差平方和的目标函数扩展为类内加权误差平方和的目标函数 $J_2(W, P)$，对应的非线性规划问题也变为如下的形式：

$$\min J_2(W, P) = \sum_{i=1}^{k} \sum_{j=1}^{n} (w_{ij})^2 \cdot d^2(x_j, p_i)$$
$$\text{s. t.} \quad W \in M_f \tag{6-7}$$

后来，Bezdek 又将 Dunn 的目标函数推广为更普遍的形式，给出了基于目标函数的模糊聚类的更一般的描述形式[43]：

$$\min J_m(W, P) = \sum_{i=1}^{k} \sum_{j=1}^{n} (w_{ij})^m \cdot d^2(x_j, p_i)$$
$$\text{s. t.} \quad W \in M_f \tag{6-8}$$

其中，$m \in [1, \infty)$ 被称为加权指数，又称为平滑指数。

硬 C-均值聚类算法和模糊 C-均值聚类算法相似,它们均采用交替优化策略。硬 C-均值聚类算法中相应的聚类中心的计算公式如式(6-9)所示,其中第 i 个聚类中心表示为

$$p_i = (p_{i1}, p_{i2}, \cdots, p_{id})$$

$$p_{ij} = \frac{\sum_{k=1}^{n} w_{ik}^m x_{kj}}{\sum_{k=1}^{n} w_{ik}^m} \tag{6-9}$$

在聚类中心已知的情况下,隶属函数 w_{ij} 的计算公式如式(6-10)所示:

$$w_{ij} = \frac{1}{\sum_{l=1}^{k} (d_{ij}/d_{lj})^{\frac{2}{m-1}}} \tag{6-10}$$

其中,d_{ij} 表示第 j 数据与第 i 个聚类中心之间的距离;m 为加权指数。

同样在下面所介绍的人工免疫聚类算法中,引入了一步模糊 C-均值聚类算法,用于数据集的模糊聚类。实质上,模糊 C-均值聚类算法和硬 C-均值聚类算法的整个计算过程就是反复修改聚类中心和划分矩阵的过程,因此又常称这种方法为动态聚类法或者逐步聚类法。

2. 人工免疫 C-均值聚类算法

人工免疫 C-均值聚类算法(ICM),是一种基于免疫机制的随机优化算法,它通过抗体种群来实施群体搜索策略,在本质上具有优化的并行性和搜索变化的随机性,在搜索的过程中不易陷入局部最优解。

在该算法中,抗原对应于聚类问题的目标函数,而抗体对应于目标函数的优化解。通过应用免疫机制对抗体种群进行演化操作,其主要操作包括根据抗体的适应值,对解进行评价和选择;通过记忆细胞保留局部最优解以保持解的多样性;通过类似于抗体的亲和度逐步得到改善的优化过程,来搜索问题的全局最优解。这里所提出这一算法的目标是对于指定的聚类数目,确定给定数据集的全局最优划分,保持种群中个体的多样性是该算法的一个重要特征。下面首先给出人工免疫 C-均值聚类算法的基本概念和定义,然后详细介绍该算法的具体步骤。

1) 个体编码

假定数据集中的样本数目为 n,样本的维数为 d,聚类的数目为 C。对于基于目标函数的聚类问题,常用的个体编码方式有两种:基于聚类中心的编码和基于聚类划分的编码。由于数据集中的样本数目一般都远大于聚类的数目,因而采用聚类中心的编码方式更为有效。本书个体的编码方式采用基于聚类中心的浮点数编码方式,每个抗体 S 由 C 个聚类中心组成,它可表示成长度为 $C \times d$ 的浮点码串。

这种编码方式的物理意义明确、直观,同时可避免二进制编码方式在运算时需要反复进行的编码和译码操作。

2) 个体的适应度

个体的适应度函数定义如式(6-11)所示,式中的 MSE 表示所得到聚类的类内误差和类间误差。对于硬聚类,MSE 对应于式(6-5)所表示的 J_1;而对于模糊聚类,MSE 则对应于式(6-8)所表示的 J_m。MSE 越小时,聚类的类内误差的平方和就越小,该个体相应的适应值就越大。基于每个个体所确定的聚类中心,我们可以同时得到相应的聚类划分和该个体的适应值。

$$f = \frac{1}{1 + \mathrm{MSE}} \tag{6-11}$$

3) 个体的浓度

个体的浓度定义如式(6-12)所示,它反映了种群中与该个体相类似的个体数目,它和个体的适应值一起用于控制种群中个体克隆增殖的规模。

$$C(i) = \frac{\text{个体 } x_i \text{ 的邻域中个体数目}}{\text{种群规模}} \tag{6-12}$$

4) 邻域

个体的邻域定义为

$$\delta(i) = \{x_j \mid d(x_i, x_j) <= T_d\}$$

其中,d 为距离度量函数;T_d 为相似度阈值,它表示数据空间中所有与该个体的距离小于设定阈值的个体。

5) 选择策略

人工免疫 C-均值聚类算法提出了一种新的免疫选择策略,用于对种群实施更新操作。该策略同时考虑了每个个体的适应值以及其浓度,其实施过程是首先根据种群中个体的适应值,对它们进行降序排列,然后基于每个抗体的浓度确定其被选择的概率:当浓度高于设定阈值时,被选择的概率小于 1;否则,概率设定为 1。这种选择策略的优点是:个体的适应值越大,则其被选择的概率就越大,这能保证种群演化过程中保留适应值大的个体;个体的浓度越高,则被选择的概率就越小,这能够保证种群中个体的多样性,避免出现"早熟"现象。仿真实验表明,这种策略能有效保持种群中个体的多样性。

6) 克隆

每个进行克隆操作的个体,其克隆增殖的规模由该抗体的适应值和浓度来确定,如式(6-13)所示。个体的适应值越高,则其进行克隆的数目就越多;同时若浓度低于设定的阈值,增殖的规模较大,否则,取较低的增殖规模。

$$N_c = \begin{cases} F(k_1 \bullet f(i)), & C(i) > T_s \\ F(k_2 \bullet f(i)), & \text{其他} \end{cases} \tag{6-13}$$

其中，$k_1 = 0.2 \cdot k_2$；F 表示取整函数；$f(i)$ 为个体的适应值；$C(i)$ 表示个体的浓度。

7) 超变异

超变异操作按照个体的基因位进行，以一定的变异概率发生随机变异，其具体的实施过程如下：对于每个克隆增殖产生的新个体，其每一个基因位以较大的变异概率产生随机变异，采用变异范围内的均匀分布的随机数代替原值，其中变异的幅度与该个体的适应值成反比。

8) C-均值算子

若人工免疫 C-均值聚类算法仅用选择和变异算子来对种群实施演化操作，其收敛时间会较长。因为初始种群是通过随机的方式来产生的，随后通过选择和变异操作对个体进行的改变也是基于概率和随机的。为了改善这种状况，在算法中引入了一步 C-均值算法，称为 C-均值算子。该算子对每个个体 K_a 所实施的操作包括以下两个步骤：①将数据集中每个数据划分到与其最近的聚类中心，即基于该个体所表示的聚类中心来确定划分矩阵；②然后根据所得到的划分矩阵，由式 (6-6) 或式 (6-9) 计算得到新的聚类中心，表示新的个体 K_a'。

人工免疫 C-均值聚类算法的步骤如下：

步骤 1：初始化。选择聚类方法（模糊/硬 C-均值聚类算法）、样本之间的距离度量公式以及模糊隶属度的加权指数及其他算法参数；指定聚类数目 C，并通过随机的方式产生初始种群 P；设定算法的终止条件。

步骤 2：对于种群 P 中的每一个体，实施一步 C-均值算子操作，得到新的种群 P_1。

步骤 3：克隆增殖。从种群 P_1 中选择一定比例高适应值的个体，基于式 (6-13) 进行克隆增殖，产生一定数目新个体，得到新种群，记为 P_2。

步骤 4：超变异。对种群 P_2 中的每一个体，实施超变异操作，即高变异率的基本位变异操作，得到种群 P_3。

步骤 5：记忆种群 M 的更新。计算 P_3 中每一个体的适应值和浓度，采用上述的免疫选择策略，得到更新的记忆细胞种群 M。具体的实施策略是将种群 P_3 和记忆种群 M 组成混合种群，然后根据该种群中个体的适应值和浓度，选取一定数目的个体作为新的记忆细胞种群 M。

步骤 6：种群的更新。类似于遗传算法中的精英保留策略，将更新的记忆种群 M 和一定数目随机产生的新个体，淘汰原种群中一定比例（淘汰率）低适应值的个体，生成新一代的种群 P。

步骤 7：判断终止条件：若满足条件则结束算法；否则转到步骤 2 进行迭代循环。

3. 算法收敛性分析

下面针对人工免疫 C-均值聚类算法的收敛性进行探讨和分析，并对其收敛性

能进行理论证明。在人工免疫 C-均值聚类算法中,抗体种群的演化过程可以描述为如下形式:

$$A(k) \xrightarrow{T_c^C} A_1(k) \xrightarrow{T_k^C} A_2(k) \xrightarrow{T_m^C} A_3(k) \xrightarrow{T_g^C} A(k+1)$$

其中,$A(k)$ 表示第 k 代的抗体种群;T_c^C、T_k^C、T_m^C、T_g^C 则分别代表算法中的 C-均值算子、克隆、超变异和种群的更新操作。根据上述各个算子的性质,可知 $A(k+1)$ 时的状态只与 $A(k)$ 有关,因而算法中抗体种群的状态转移过程可用马尔可夫链来进行描述。

定义 6-1(全局最优解集)　记 $f:\mathbf{R}^m \rightarrow \mathbf{R}$ 为问题被优化的目标函数,不失一般性,这里考虑最大化问题。问题的全局最优解集可定义为

$$B^* = \{a \in I : f(a) = f^* = \max(f(a')), a' \in I\}$$

其中,I 是抗体空间;$a \in I$ 记为抗体。

定义 6-2(最优抗体种群)　对于抗体种群 A,如果其中至少含有一个最优解,则称它为最优抗体种群。而 $A^* = \{A | N(A) \geqslant 1\}$ 则称为最优抗体种群集,其中,$N(A) = |A \bigcap B^*|$ 表示种群 A 中包含最优解的个数。

定义 6-3　如果对于任意初始种群 A_0,都有

$$\lim_{k \rightarrow \infty} P\{A(k) \bigcap B^* \neq \varnothing\} = \lim_{k \rightarrow \infty} P\{A(k) \in P^*\} = 1$$

则称抗体种群 $A(k)$ 以概率 1 收敛到最优抗体种群集。

定理 6-1　人工免疫 C-均值聚类算法以概率 1 收敛到最优抗体种群集。

证明　记 $G(k) = P\{N(A(k)) = 0\} = P\{A(k) \bigcap B^* = \varnothing\}$,由贝叶斯条件概率公式有

$$\begin{aligned}
G(k+1) &= P\{N(P(k+1)) = 0\} \\
&= P\{N(A(k+1)) = 0 \mid N(A(k)) \neq 0\} \times P\{N(A(k)) \neq 0\} \\
&\quad + P\{N(A(k+1)) = 0 \mid N(A(k)) = 0\} \times P\{N(A(k)) = 0\}
\end{aligned}$$

由算法的性质可知

$$P\{N(A(k+1)) = 0 \mid N(A(k)) \neq 0\} = 0$$

所以

$$\begin{aligned}
G(k+1) &= P\{N(A(k+1)) = 0 \mid N(A(k)) = 0\} \times P\{N(A(k)) = 0\} \\
&= P\{N(A(k+1)) = 0 \mid N(A(k)) = 0\} \times G(k)
\end{aligned}$$

抗体种群获得最优解的概率是由两部分组成,一部分是通过已有抗体本身的演化获得最优解,另一部分是在随机新生成的抗体中包含最优解。一般来讲,第一部分的概率要大于第二部分,并且两部分的概率都大于 0,即

$$P\{N(A(k+1)) \geqslant 1 \mid N(A(k)) = 0\} = P_e + P_n > 0$$

其中，P_e 和 P_n 分别表示获得最优解的第一部分和第二部分概率。
$$P_e = P_m^{d(A(k+1)_i, A(k)_i)} (1 - P_m)^{l - d(A(k+1)_i, A(k)_i)}$$
其中，P_m 表示抗体进行变异的概率；$A(k)_i$、$A(k+1)_i$ 分别表示第 k 代和第 $k+1$ 代种群中的第 i 个抗体；$d(A(k+1)_i, A(k)_i)$ 表示它们之间的汉明距离。

记
$$\zeta = \min_k P\{N(A(k+1)) \geqslant 1 \mid N(A(k)) = 0\}, \quad 0 < \zeta < 1$$
由于
$$P\{N(A(k+1)) = 0 \mid N(A(k)) = 0\} = 1 - P\{N(A(k+1)) \neq 0 \mid N(A(k)) = 0\}$$
$$= 1 - P\{N(A(k+1)) \geqslant 1 \mid N(A(k)) = 0\} = 1 - \zeta < 1$$
故
$$0 \leqslant G(k+1) \leqslant (1-\zeta) \times G(k) \leqslant (1-\zeta)^2 \times G(k-1) \times \cdots \leqslant (1-\zeta)^{k+1} \times G(0)$$
又因为
$$\lim_{k \to \infty}(1-\zeta)^{k+1} = 0, \quad 1 \geqslant G(0) \geqslant 0$$
所以
$$0 \leqslant \lim_{k \to \infty} G(k) \leqslant \lim_{k \to \infty}(1-\zeta)^{k+1} G(0) = 0$$
故
$$\lim_{k \to \infty} G(k) = 0$$
因而
$$\lim_{k \to \infty} p\{A(k) \bigcap B^* \neq \varnothing \mid A(0) = A_0\} = 1 - \lim_{k \to \infty} G(k) = 1$$

定理得证，所提出的人工免疫 C-均值聚类算法以概率 1 收敛到最优抗体种群集。

4. 仿真实验结果及分析

1) 实验设置

仿真数据集包括两个合成数据集和三个实际数据集。第一个合成数据集（synthetic1）为二维分布数据集，分为 5 类，每类 20 个数据，分别采用 5 组正态分布参数随机独立产生；第二个合成数据集是一个单属性数据集[44]，包含 50 个数据，分为 6 类。它来自下面的非线性函数的输出：
$$y = (1 + x_1^{-2} + x_2^{-1.5})^2$$
其中，$1 \leqslant x_1, x_2 \leqslant 5$。

三个实际数据集分别是常用的 multiple sclerosis（MS）、iris（蝴蝶花）以及 glass 数据集。MS 为医学中病人的多发性硬化诊断数据，包含 98 个数据，分为两类，即判断是否属于多发性硬化，每个数据包括五个属性值，分别是病人的五种指标的度量。iris 数据集包含 150 个数据，分为 3 类，每类 50 个数据，每个数据包含

4 个属性。glass 为坡璃类别的辨别数据集,包含 214 个数据,分成 6 类,每个数据包含 9 个属性。

Hall 等在文献[45]中提出了一种基于遗传算法的聚类方法 GGA(genetically guided approach),该方法利用遗传算法来优化模糊和硬均值聚类的目标函数,通过优化机制来实施聚类分析。本节针对上述 5 个数据集和 GGA 进行了聚类性能比较。

本节所提出算法的参数设置如下:$k_1=1$,$k_2=5$,$T_s=0.1$,$T_d=0.5$,变异概率 $P_m=0.4$,选择概率 $P_s=0.3$,记忆种群在种群中所占的比例为 40%,种群的淘汰率为 50%。GGA 的参数设置如下:规模为 2 联赛选择算子,交叉率取为 0.9,变异率取为 0.005,数目为 2 的精英保留策略。

由于进行性能比较的两种算法均是随机算法,因而对所用的仿真数据集都进行 30 次实验,并取算法性能评价指标的平均值来评价和比较算法的性能。实验结果中所给出算法的运行时间表示执行算法的 CPU 运行时间,微机系统的配置为 P4 2.0GHz、256MB 内存,采用 Windows2000 操作系统。下面实验结果中关于算法 GGA 的性能数据来自于文献[45]。

2) 实验结果

A. 模糊聚类

在仿真实验中,我们发现模糊聚类相对于硬聚类,其对应的局部极值点较少,并且聚类的结果没有退化解的情形,因而首先针对算法实施模糊聚类的性能进行检验。在模糊聚类实验中,目标函数中的加权指数取为 2。针对 5 个典型数据集,本节算法 ICM 和 GGA 进行了聚类时间和聚类结果的比较。为了比较的合理性,ICM 与 GGA 算法的结束条件均取:连续两代所对应的划分矩阵中元素的最大平方差小于设定阈值,实验中该阈值取为 0.001。

我们通过 ICM 与 GGA 算法对目标函数进行优化所得到的最优值、均值以及标准差来比较两种算法所得到聚类结果的质量;而通过平均的收敛时间来比较这两种算法的聚类速度。表 6-1 给出了 ICM 和 GGA 对于 5 个典型数据集的模糊聚类的实验结果,包括这两个算法 30 次运行中所得到的目标函数 J_2 的最优值、平均值、标准偏差,以及它们的平均收敛时间。

表 6-1　GGA 和 ICM 模糊聚类的收敛速度和精度比较

数据集	聚类算法	种群规模	平均收敛时间/s	目标函数均值及标准偏差		目标函数的最优值
				J_2	标准差	
synthetic1	GGA	20	122.27	127.186	1.6×10^{-4}	127.186
	ICM	20	21.43	127.186	1.28×10^{-4}	127.186
single feat	GGA	20	29.23	0.758	6×10^{-2}	0.731
	ICM	20	4.64	0.731	1.69×10^{-4}	0.731

续表

数据集	聚类算法	种群规模	平均收敛时间/s	目标函数均值及标准偏差		目标函数的最优值
				J_2	标准差	
MS	GGA	20	118.26	65766.535	1.108×10^{-2}	65766.523
	ICM	20	12.89	65766.453	3.10×10^{-4}	65766.453
iris	GGA	20	126.65	60.582	2×10^{-3}	60.576
	ICM	20	13.73	60.576	1.29×10^{-4}	60.576
glass	GCM	20	217.26	154.146	1.77×10^{-4}	154.146
	ICM	20	225.79	154.146	108.08×10^{-5}	154.146

对于 glass 数据集,由于其规模较大并且属性的数目较多,因而 GGA 的收敛时间会很长。为了增加可比性,类似于 ICM,我们也将 GGA 和 C-均值聚类算法相结合,组成一个混合算法(GCM),它同样将 C-均值聚类算法也视为算法中的一个搜索算子,然后再将这种混合算法与本节算法进行聚类时间的比较。

从表 6-1 可以看到,在种群规模相同的情况下,本节算法 ICM 的精度要明显优于 GGA,对于所有仿真数据集,它都得到了目标函数 J_2 的全局最优解。而 GGA 有时会陷入到目标函数的局部最优解,例如对于 MS 数据集它在 30 次运行中都没有收敛到全局最优解。

同样在聚类的速度上,本节算法也具有比较明显的优势,对于所有 5 个数据集,它的平均收敛的速度都快于 GGA,并且对于 synthetic1 之外的其他几个数据集的优势还很大。对于 glass 这种规模较大的数据集,由其复杂性可以看到 GCM 和 ICM 的收敛时间都比较长,两者的平均收敛时间接近,但本节算法 ICM 的收敛精度要高于 GCM。

B. 硬聚类

硬聚类算法相对于模糊聚类算法,评价聚类质量的目标函数较为简单。但是这种聚类方法会得到退化解的情况,即在指定聚类数目情况下,会出现划分到某个聚类中的模式数目为 0 的情况。本节算法采用文献[45]中的策略,即对于退化解所对应的个体,在计算其适应值时通过增加一个惩罚项来减少其适应值,进而可通过选择操作避免这类退化解保留在种群中。

表 6-2 给出了本节算法 ICM 和 GGA 对于 5 个数据集的硬聚类的性能比较。由表 6-2 可以看出,对于前 4 个数据集,本节算法的聚类速度都明显优于 GGA,而对于 glass 数据集其平均收敛时间略长于 GGA,但两者比较接近。在聚类的质量上,对于前 4 个数据集,本节算法能够每次运行都收敛到全局最优解(标准差为 0),而 GGA 存在收敛到局部最优解的情形,而对于第 5 个数据集,虽然 GCM 的收敛速度稍快于本节算法 ICM,但其精度较低。产生这一现象的主要原因是遗传算法存在未成熟收敛现象,算法没有收敛到全局最优解。

表 6-2 GGA 和 ICM 的硬聚类的收敛速度和精度比较

数据集	聚类算法	种群规模	平均收敛时间/s	目标函数均值及标准偏差		目标函数的最优值
				J_1	标准差	
synthetic1	GGA	30	172.87	206.96	0.482	206.459
	ICM	30	11.46	206.465	0.018	206.459
single feat	GGA	30	19.31	0.9521	0.066	0.9348
	ICM	30	2.07	0.9405	0.026	0.9348
MS	GGA	30	126.92	82502.999	15.09	82494.655
	ICM	30	3.23	82495.212	0.98	82494.574
iris	GGA	30	194.38	78.943	0.002	78.941
	ICM	30	7.36	78.941	0.001	78.941
glass	GCM	30	68.25	340.28	108.79	336.061
	ICM	30	72.27	336.968	0.026	336.061

C. 实验分析

通过上述实验可以看到,GGA 算法不能保证每次运行都能收敛到目标函数的全局最优解,存在着未成熟收敛现象,同时算法的收敛速度也比本节算法要慢。而本节算法不管是对于模糊聚类还是硬聚类,其得到聚类目标函数的全局最优解的概率要远高于 GGA,同时算法的平均收敛时间也比 GGA 要短。

究其原因,主要是本节算法是一种结合了 C-均值聚类算法和免疫优化算法的混合算法,它拥有两种算法的优点:一方面,将 C-均值聚类算法作为算法的一个搜索算子,利用了其局部搜索能力强和运算量小的特点,因而能够加快算法的局部寻优速度;另一方面,免疫优化算法中的个体多样性保持机制和浓度抑制机制能够保证种群中个体的多样性,它可避免所有个体聚集在某一局部最优解的区域。这两个方面从算法的整体性能上看,可以提高算法的寻优速度,同时避免或改善遗传算法的未成熟收敛现象。

而通过对于 GGA 的分析,发现由于 GGA 采用二进制 gray 码的形式,相应的编码和解码的时间要占去算法运行时间的很大比例,同时为了提高算法的精度,必须要增加模式中每个属性所占用的二进制位,而这又必然增加了算法的时间复杂度。另外,遗传算法存在着容易陷入局部最优解的缺陷,因而算法不是每次运行都能得到全局最优解。

5. 总结

聚类分析中,在指定聚类数目和目标函数的情况下,寻找一个数据集的全局最优划分可视为一个优化问题。这种优化问题所对应的聚类目标函数一般是非线性和多模态函数,若采用常规的数学方法如梯度下降法进行求解,往往会收敛到目标函数的局部最优。而已有的一些基于遗传算法的方法,也存在着聚类时间长、未成熟收敛等问题。

　　本节提出了一种人工免疫 C-均值聚类算法,它结合了 C-均值聚类算法局部搜索能力强和免疫优化方法寻优均衡的特点。本节算法中将一步 C-均值聚类算法作为一种 C-均值算子,它和选择、超变异算子一起用于种群的演化和优良个体的搜索。该算法具有收敛速度快的特点,同时它还具有个体的多样性保持机制,能够有效地避免收敛于局部最优解。同时本节还从理论上证明了所提出的免疫算法能够以概率 1 收敛到最优解。

　　事实上,只要初始值合适 C-均值聚类算法同样能够收敛到全局最优解,但它对于初始值较为敏感,不同的初始条件对解的质量影响较大,甚至会出现退化解的情形。本节算法则提供了一种有效的方法,用于解决 FCM/HCM 对初值敏感和易陷入局部最优解的缺点,但同时又具有 C-均值聚类算法的收敛速度快的优点。本节算法可以扩展到性能评价指标可表示为聚类中心函数的其他聚类问题。

6.4.2　其他应用领域

　　本节着重介绍人工免疫算法在数据挖掘和优化方面的应用,即聚类分析问题。近年来,各种基于免疫原理和机制的人工免疫系统和算法被广泛地应用于科学研究和工程实践中,取得了许多成果,其研究成果涉及多个学科,已经成为继神经网络、模糊逻辑和进化计算之后计算智能领域的又一个新的重要的研究分支。下面对人工免疫系统和算法在其他一些典型的应用领域的应用进行简要的介绍和分析。

　　当前的人工免疫系统和算法的研究主要集中于两个方面,一方面模拟和借鉴生物免疫系统自身的运行规律构建相应的简化型的人工免疫系统模型,另一方面则是基于生物免疫系统的某些运行原理和机制,提出人工免疫算法或者将它们嵌入或者融合到现有的算法中。由于生物免疫系统本身十分复杂,人类对其认识也较为肤浅,因而构建的人工免疫系统模型往往都较为简单,这方面的突破和发展需要在对生物免疫系统的运行规律的认识上获得新的突破。由于人工免疫算法同样是基于种群的演化操作来实现搜索和优化,并且也包含有选择算子和变异算子,与进化计算算法具有很强的相似性,因而从理论上讲只要进化计算能够适用的领域同样也可以作为人工免疫算法的应用领域。另外,人工免疫系统和算法还有其自身的优势和特点,因而也可作为解决当前复杂和困难问题的新的工具和方法。

　　人工免疫系统和算法其他方面的应用领域还包括网络和系统安全问题、智能优化、机器人控制、故障诊断、智能控制、决策支持系统等。这些应用领域虽然千差万别,但是从中我们可以看到各种人工免疫系统和算法相似的运行框架和实施步骤,同时也可以看到人工免疫系统和算法所体现出的优势,这也正是它们获得快速发展的原动力。

对于网络和系统安全问题,各种安全策略的核心任务就是检测到种种非法入侵和异常行为,这与免疫系统中的自我和非我识别问题类似,因而可借鉴免疫原理和机制开发入侵检测系统和异常检测系统。由于免疫系统强大的学习和自适应能力,各种基于免疫原理的人工免疫模型和算法在信息安全和网络安全领域得到了广泛和成功地应用。Forrest 及其研究团队最早提出了人工免疫系统在信息安全领域的研究,提出了计算机免疫学的概念,并致力于研制计算机和网络免疫系统,提高和增强当前计算机和网络系统的安全性。目前人工免疫系统和相关免疫算法已经成为解决计算机网络和信息安全领域的一个研究方向,它提供了一种针对信息安全和异常检测的新途径和新方法。

人工免疫算法在优化领域也得到了广泛的应用。作为一种智能和随机优化搜索策略,人工免疫系统在函数优化、组合优化以及调度问题等领域得到了广泛的应用,并且取得了很好的应用效果。组合优化问题属于运筹学的一个重要分支,它主要通过数学方法来寻找离散事件的最优编排、分组、排序以及筛选等问题。在实际工程应用中,有不少问题具有组合优化的特性,如旅行商问题等。组合优化常见的问题是随着问题规模的扩大,相应的问题空间会呈现组合爆炸特性,因而难以利用常规的优化方法进行求解,而基于免疫原理的人工免疫算法却表现出强大的优化能力。在多数情况下,人工免疫算法能够获得比常规优化方法更好的性能,如收敛性、搜索时间等,显示出人工免疫算法在各种科学优化问题以及工程优化设计领域广阔的应用前景。

6.5　人工免疫系统的发展展望

人工免疫系统的模型和相应算法在实际中得到了广泛的应用,目前已经成为计算智能方法中的一个重要分支和研究方向。但是相对于其他计算智能技术,如进化计算、人工神经网络、模糊逻辑和系统等,其发展的历史还相对较短,还存在需要解决的问题。从人工免疫系统的发展历史和目前的研究现状看,人工免疫系统进一步发展和完善的主要研究方向包括以下几个方面。

1) 深入研究免疫机理,开发新的人工免疫系统

人工免疫系统的模型和算法都是基于生物免疫原理和机制而提出的,因而只有对各种免疫机理有更为全面的认识,才能更好地开发和完善人工免疫系统。目前,克隆选择原理和免疫网络理论等是人工免疫系统所借鉴的主要免疫原理,但是对于这些免疫原理的模拟和借鉴还处于比较肤浅的层次,还有很多细节问题有待进一步研究。新的免疫原理的提出或者免疫系统功能新的发现,必将推动和促进人工免疫系统的发展,这需要免疫学家和其他学科研究人员的共同努力来实现。

2) 人工免疫算法的理论分析

针对遗传算法的理论分析问题,迄今已经进行了大量的研究,并且也取得了十分丰富的理论成果。而对于人工免疫系统和算法而言,这样的研究工作则刚刚开始,其重要性不言而喻,它是算法进一步发展和完善的重要理论基础。对人工免疫算法进行理论分析,其主要内容包括算法的搜索机理的研究、算法的收敛性分析以及算法的复杂性分析。针对人工免疫算法进行数学理论分析,首先要研究和确定人工免疫算法的一般数学框架,提出一种通用的算法范式,然后对其性能进行深入的理论分析,这包括算法的参数分析、收敛性分析、稳定性分析等方面。更重要的是挖掘出人工免疫算法众多优良特性的本质和理论基础,为进一步提高算法信息处理能力提供理论依据和支持。

3) 各种计算智能方法的融合

各种计算智能方法的相互融合是计算智能技术发展的一个重要方向,毕竟不同的方法具有自己独特的优点和优势,也存在自身的各种不足和缺点。计算智能方法的相互融合旨在融合不同技术和方法的优点,提出更为有效的解决问题的方法。如何进行有效的融合是问题的关键也是核心,这是一个富有前途的方向,但同时也存在不少难题,因为不同方法之间本质上是互不相同的。当前所提出的基于免疫原理的混合方法的设计思想是,针对特定的实际问题抽取不同的方法,将它们有目的地融合在一起,各取所长,进行问题的求解。例如,当前将人工免疫系统与模糊系统相结合,可以显著改善模糊系统的功能;优化模糊神经网络的拓扑结构和参数等。另外,将人工免疫系统模糊化,也可改善人工免疫系统对模糊和不确定性问题的求解能力。

4) 面向进化设计的人工免疫系统的研究和设计

面向进化设计的人工免疫系统的研究和设计,是人工免疫系统一个较为新颖的研究方向。这是由于进化设计本身就是一个崭新的研究领域,它是计算机科学和工程设计学科的交叉点,研究人员预示进化设计将代表着下一代计算机辅助设计系统的发展方向。由于人工免疫系统是一种强大的计算智能方法,具有众多优良的特性,因而可为解决进化设计中的关键问题,如设计方案编码、特征表示、设计优化、方案创新等诸多方面,提供强有力的支持。

5) 开辟新的应用领域

人工免疫系统虽然已经在众多领域得到成功的应用,但是与其他计算智能方法相比,还存在许多未曾涉足的领域。人工免疫系统具有众多优良的特性,如自学习、自组织和自适应等,这些都可用于实际系统的设计和应用。一种技术在实际中应用得越广泛,会更好地体现这种技术的价值,反过来也会更好地促进它进行改进和发展。在实际工程应用中,人工免疫系统还远没有取得和其他计算智能方法(如模糊逻辑、人工神经网络)一样的地位。

参 考 文 献

[1] McCoy D F, Devarajan V. Artificial immune systems and aerial image segmentation. Proceeding of IEEE International Conference on Systems, Man and Cybernetics, Orlando: IEEE, 1997:867-872.

[2] Dasgupta D, Forrest S. Artificial immune system s in industrial applications. Proceedings of 2nd International Conference on Intelligent Processing and Manufacturing of Materials. Honolulu: IEEE, 1999:257-267.

[3] Bersini H, Varela F. Hints for adaptive problem solving gleaned from immune networks. Proceedings of the First Conference on Parallel Problem Solving from Nature, Dortmund: Springer, 1990.

[4] Forrest S, Perelson A, Allen L. Self-nonself discrimination in a computer. Proceeding of the IEEE Symposium on Research in Security and Privacy, Oakland: IEEE, 1994:202-212.

[5] de Castro L N, Timmis J. Artificial immune systems as a novel soft computing paradigm. Journal of Soft Computing, 2003, 7(8):526-544.

[6] 于善谦, 王洪海, 朱乃硕, 等. 免疫学导论. 北京: 高等教育出版社, 1999:1-189.

[7] 王重庆. 分子免疫学基础. 北京: 北京大学出版社, 1999:1-200.

[8] Kim J, Bentley P J. Towards an artificial immune system for network intrusion detection: An investigation of dynamic clonal selection. Congress on Evolutionary Computation(CEC-2002), Honolulu: IEEE, 2002:1015-1020.

[9] 王磊, 潘进, 焦李成. 免疫算法. 电子学报, 2000, 28(7):747-748.

[10] 张军, 刘克胜, 王熙法. 一种基于免疫调节算法的 BP 网络设计. 安徽大学学报(自然科学版), 1999, 23(1):63-66.

[11] Chun J S, Jung H K, Hahn S Y. A study on comparison of optimization performance between immune algorithm and other heuristic algorithms. IEEE Transactions on Magnetics, 1998, 34(5):2972-2975.

[12] Endih S, Toma N, Yamada K. Immune algorithm for n-TSP. IEEE International Conference on Systems, Man, and Cybernetics, San Diego: IEEE, 1998:3844-3849.

[13] Xiao R B, Wang L, Fan Z. An artificial immune system based isomorphism identification method for mechanism kinematics chains. Proceedings of 2002 ASME Design Engineering Technical Conferences, Montreal: ASME, 2002:1-6.

[14] Ishiguro A, Shirai Y, Kondo T. Immunoid: An architecture for behavior arbitration based on the immune networks. IEEE International Conference on Intelligent Robo ts and Systems, Osaka: IEEE, 1996:1730-1738.

[15] Tang Z, Yamaguchi T, Tashima K. Multiple-valued immune network model and its simulations. Proceedings of 27th International Symposium on Multiple-Valued Logic, Antigonish: IEEE, 1997:519-524.

[16] de Castro L N, Von Zuben F J. Artificial immune system. Part I: Basic theory and applica-

tion. Campinas: School of Electrical and Computer Engineering, State University of Campinas, 1999.

[17]　De Castro L N, von Zuben F J. Clonal selection algorithm with engineering applications. Proceedings of the Genetic Evolutionary Computation Conference, Las Vegas: Springer, 2000: 36-37.

[18]　Timmis J, Neal M. A resource limited artificial immune system for data analysis. Knowledge Based Systems, 2001, 14(3-4): 121-130.

[19]　Ishiguro A, Watanabe Y, Kondo T. Decentralized consensus making mechanisms based on immune system: Application to behavior arbitration of an autonomous mobile robot. Proceedings of IEEE International Conference on Evolutionary Computation, Nagoya: IEEE, 1996: 82-87.

[20]　Leandro N, Fernando J. Immune and neural network models: Theoretical and empirical comparisons. International Journal of Computational Intelligence and Applications, 2001, 1(3): 239-257.

[21]　Tarakanov A O. Immunocomputing: Principles and Applications. New York: Springer, 2003.

[22]　Forrest S, Perelson A, Allen L. Self-nonself discrimination in a computer. Procceding of the IEEE Symposium on Research in Security and Privacy, Oakland: IEEE, 1994: 202-212.

[23]　KrishnaKumar K, Neidhoefer J. Immunized adaptive critics for level 2 intelligent control. IEEE International Conference on Computational Cybernetics and Simulation, Orlando: IEEE, 1997: 856-861.

[24]　Sasaki M, Kawafuku M, Takahashi K. An immune feedback mechanism based adaptive learning of neural network controller. International Conference on Neural Information Processing, Perth: IEEE, 1999: 502-507.

[25]　丁永生, 任立红. 一种新颖的模糊自调整免疫反馈控制系统. 控制与决策, 2000, 15(4): 443-446.

[26]　李海峰, 王海风, 陈珩. 免疫系统建模及其在电力系统电压调节中的应用. 电力系统自动化, 2001, 23(12): 17-23.

[27]　王海风, 李海峰, 陈珩. 电路系统电压的体液免疫学习控制. 中国电机工程学报, 2003, 23(2): 31-36.

[28]　Takahashi K, Yamada T. Application of an immune feedback mechanism to control systems. JSME International Journal, Series C, 1998, 41(2): 184-191.

[29]　任涛, 井元伟. ABR 流量的模糊免疫 PID 控制. 系统仿真学报, 2007, 19(2): 312-316.

[30]　de Castro L N, Von Zuben F J. Learning and optimization using the clonal selection principle. IEEE Transaction on Evolutionary Computation, 2002, 6(3): 239-251.

[31]　Walker J H, Garrett S M. Dynamic function optimization: Comparing the performance of clonal selection and evolution strategies. Artificial Immune Systems-Proceedings of ICARIS 2003, Berlin: Springer, 2003: 273-284.

[32] Chun J S, Kim M K, Jung H K, et al. Shape optimization of electromagnetic devices using immune algorithm. IEEE Transaction on Magnetics, 1997, 33(2): 1876-1879.

[33] Fukuda T, Mori K, Tsukiamz M. Parallel search for multi-modal function optimization with diversity and learning of immune algorithm. Artificial Immune and Their Applications, Berlin: Springer, 1999: 210-220.

[34] 刘克胜, 曹先彬, 郑浩然. 基于免疫算法的 TSP 问题求解. 计算机工程, 2000, 26(1): 1-2.

[35] 罗小平, 韦巍. 一种基于生物免疫遗传学的新优化方法. 电子学报, 2003, 31(1): 59-62.

[36] Kephart J O, Sorkon G B, Swimmer M. An immune system for cyberspace. Proceeding of the IEEE System, Man, and Cybernetics Conference, Orlando: IEEE, 1997: 879-884.

[37] Haeseleer P D, Forrest S, Helman P. An immunological approach to change detection: Algorithms, analysis, and applications. IEEE Symposium on Research in Security Privacy, New York: IEEE Computer Society Press, 1996: 110-119.

[38] Somayaji A, Hofmeyr S, Forrest S. Principles of a computer immune system. New Security Paradigms Workshop Langdale, New York: ACM Press, 1997: 75-82.

[39] Okamoto T, Ishida Y. A distributed approach to computer virus detection and neutralization by autonomous and heterogeneous agent. Proceeding of 4th International Symposium on Autonomous Decentralized Systems, New York: IEEE, 1997: 328-331.

[40] Lamont G B, Marmelstein R E, Veldhuizen V. A distributed architecture for a self-adaptive computer virus immune system. New Ideas in Optimization Archive, London: McGraw Hill, 1999: 167-183.

[41] Aickelin U, Greemsmith J, Twycross J. Immune system approaches to intrusion detection-a review. Artificial Immune Systems-Proceeding of ICARIS 2004, Berlin: Springer, 2004: 316-329.

[42] Dunn J C. Some recent investigations of a new fuzzy partition algorithm and its application to pattern classification problems. Journal of Cybernetics, 1974, 4(1): 1-15.

[43] Bezdek J C. Clustering validity with fuzzy sets. Journal of Mathematical Biology, 1974, 22(1): 57-71.

[44] Sugeno M, Yasukawa T. A fuzzy logic based approach to qualitative modeling. IEEE Transaction Fuzzy Systems, 1993, 1(2): 7-31.

[45] Hall L O, Ozyurt I B, Bezdek J C. Clustering with a genetically optimized approach. IEEE Transactions on Evolutionary Computation, 1999, 3(2): 103-112.

第7章　人工神经网络

人工神经网络,也简称为神经网络(NN)或连接模型(connectionist model),它是一种通过模拟动物神经网络行为特征,并进行分布式并行信息处理的一种数学模型[1]。人工神经网络根据系统的复杂程度,通过调整内部大量节点之间相互连接的关系,从而达到处理信息的目的。人工神经网络是一个高度复杂的非线性动力学系统,除了具有一般非线性系统的共性之外,它还具有自身独特的特点,如系统的高维性、神经元的互联性、自适应性以及自组织性等。

人工神经网络的研究迄今已有60多年的历史。1943年,心理学家McCulloch和数理逻辑学家Pitts在分析、总结神经元基本特性的基础上首先提出了神经元的数学模型[2]。这也是第一种神经元的数学模型,它是两位科学家在对计算元素认识的基础上,第一次对大脑的工作进行原理性的描述。同时该模型也证明了人工神经网络可以计算任何数学和逻辑函数。这种神经元模型一直沿用全今,并且直接影响着这一领域的发展过程。他们两人被称为人工神经网络研究的先驱。

1945年20世纪最杰出的数学家之一冯·诺依曼领导的设计小组试制成功存储程序式电子计算机,它标志着电子计算机时代的开始。鉴于冯·诺依曼在发明电子计算机中所起到的关键性作用,他被西方人誉为"计算机之父"。1948年,他在研究工作中比较了人脑结构与存储程序式计算机的根本区别,提出了以简单神经元构成的再生自动机网络结构。但是,由于指令存储式计算机技术的发展非常迅速,迫使他放弃了神经网络研究的新途径,继续投身于指令存储式计算机技术的研究,并在此领域做出了巨大贡献。虽然,冯·诺依曼的名字是与电子计算机联系在一起的,但他同时也是人工神经网络研究的先驱之一。

在20世纪50年代末,Rosenblatt首先提出了"感知器(perceptron)"的概念和模型。它是一种多层的神经网络,神经元之间的连接权值是可变的,因而保证了这种神经网络模型具有自学习能力。当时感知器被广泛应用于文字识别、声音识别、声呐信号识别以及学习记忆问题的研究[3]。但是,Minsky等在1969年出版了一部名为 *Perceptron* 的著作,书中指出,线性感知器的功能是有限的,它不能解决如异或问题等许多最基本的问题,而且对于多层网络还不能找到有效的计算方法[4]。这些论点使得许多研究人员对于人工神经网络的发展前景失去了信心。

在20世纪60年代末期,人工神经网络的研究进入了低潮阶段。但在这一困难时期仍然有不少研究人员在为神经网络的研究和发展做出贡献。在20世纪60年代初期,Widrow等首先提出了自适应线性元件(adaptive linear element, adaline),它是一种连续取值的线性加权求和阈值网络模型[5]。该神经网络模型与感知器的主要区别在于其神经元有一个线性激活函数,函数的输出可以为任意值,而不仅只能取 0 或 1。随后在此基础上又发展了非线性多层自适应网络。Carpenter 等提出了自适应共振理论 ART(adaptive resonance theory)网络[6]。该网络模型是一种自组织神经网络结构,其能够自组织地产生对环境认识编码的神经网络理论模型。Kohen 提出了一种自组织映射神经网络模型 SOM(self-organization mapping net),它是基于无监督学习方法的一种重要类型的神经网络[7]。虽然当时有些研究工作并未标出神经网络的名称,但是实际上它们就是一种人工神经网络模型。

随着人们对感知器兴趣的衰退,神经网络的研究沉寂了一段相当长的时间。直到 20 世纪 80 年代以后,神经网络的研究和应用又重新进入了兴盛时期。美国物理学家 Hopfield 分别于 1982 年和 1984 年发表了两篇关于人工神经网络研究的论文,在其研究中引入了"能量函数"的概念用于解决优化类的问题,引起了巨大的反响以及工程界的兴趣[8]。Hopfield 网络也是当前在控制领域应用最为广泛的神经网络之一。人们也重新认识到神经网络的巨大作用以及付诸实际应用的现实意义。1985 年,Hinton 等借用统计物理学中的概念和方法,提出了 Boltzman 机模型,在其学习过程中采用了模拟退火技术[9]。此后 Kosko 提出了双向联想存储器(BAM)以及自适应双向联想存储器[10]。双向联想存储器是一种单状态互联网络,具有在噪声环境中学习的能力,但是其缺点是存储密度较低,且易于振荡。正是由于这些众多研究人员的卓越工作,使得神经网络的研究和应用进入了兴盛阶段。

当前人工神经网络技术的应用已经渗透到日常生产和生活中的多个领域,并在智能控制、智能机器人、模式识别、计算机视觉、故障检测和诊断、自适应滤波、企业管理、市场建模和分析以及非线性优化等诸多研究方向上取得了许多令人鼓舞的成果,同时也促使更多的研究人员和工程技术人员加入到人工神经网络技术的研发队伍中来。随着人们对于神经网络研究的逐步深入,人工神经网络的研究领域必将不断扩大,应用的层次和水平也会越来越高,最终会实现更高级的机器智能,这也是人工神经网络技术发展的初衷和最终目标。

7.1 神经网络概述

人类的脑神经系统是一个高度复杂的信息处理系统,其中的基本组成单元就是神经元细胞,它们组成一个相互连接、相互作用的生物神经网络。生物神经网络(biological neural networks)是由数个至数十亿个被称为神经元的细胞所组成,它们以不同方式连接而形成网络结构。揭示生物神经网络的工作原理和作用机制将是人类所面临的最大挑战之一，但是如果取得突破也会对相关领域的研究和技术发展产生革命性的影响。人工神经网络就是尝试模拟这种生物学上的体系结构及其操作而提出的一种数学模型，它具有分布式信息存储、并行处理以及自学习、自适应等众多优良特性。

7.1.1　生物神经元和生物神经网络

生物神经网络是指由生物神经元、细胞和触点等所组成的网络，用于产生生物体的意识，并帮助生物体进行思维和行动。根据神经生物学家统计，人类的大脑有 $10^{10} \sim 10^{11}$ 个数量级的神经元细胞，这些数量巨大的神经元细胞之间高度组织并且通过相互作用来完成各种复杂的功能[4]。生物学家的长期研究表明，生物神经网络的功能并不是单个神经元生理和信息处理功能的简单叠加，而是表现为一个多层次的动态信息处理系统。因此，虽然单个神经元的结构和功能都比较简单，但是大量神经元之间通过相互联系和作用却可以表现出丰富多彩的功能及特征。另外，生物神经网络具有自组织性和可塑性。人类大脑皮层的区域性结构是由人的遗传特性所决定的，属于先天性的，但是各区域所具有的功能中有大部分是在人的后天学习过程中获得的，这包括对周围环境的适应过程以及学习过程。

生物神经元是大脑处理信息的基本单元，它是以细胞体为主体，由许多向周围延伸的不规则树枝状纤维所构成的神经细胞，其形状类似于一棵枯树的枝干。生物神经元主要由细胞体、树突、轴突和突触（synapse，又称神经键）所组成，生物神经元的示意图如图 7-1 所示。细胞体既是神经元代谢中心，同时神经元的信息处理中心，类似于计算机中 CPU。细胞体向外伸出许多分支，长度在 1mm 左右，作为细胞体接收其他神经元信号的输入端。细胞体向外伸出的分支中有一条最长的分支，长度为 1cm～1m，就是通常所讲的神经纤维，它是作为细胞体对其他神经元

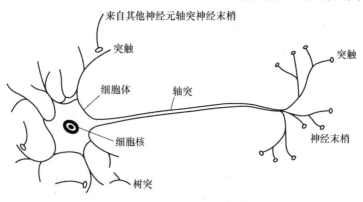

图 7-1　生物神经元示意图

传递信号的输出端。而神经元之间轴突和树突之间的接口则被称为突触,它是神经末梢与树突相接触的交界面。

突触一词首先由英国神经生理学家谢灵顿与 1897 年在研究脊髓反射时提出,后来又被研究人员推广用于表示神经与效应器细胞间的功能关系部位[2]。"synapse"这一词汇则来自于希腊语,其原先的意义为接触或接点。从神经元各组成部分的功能来看,信息的处理与传递主要发生在突触附近。当神经元细胞体通过轴突传到突触前膜的脉冲幅度达到一定强度时,即超过其阈值电位后,突触前膜将向突触间隙释放神经传递的化学物质。

突触可分为化学突触和电化学突触,其中突触前细胞借助化学信号将信息传递到突触后细胞者称为化学突触,而借助电信号进行信息传递的则称为电突触。在哺乳类动物中突触几乎都为化学突触,而电突触则主要见于鱼类和两栖类。另外根据突触前细胞传来的信号是使突触后细胞产生兴奋或者其兴奋性上升,还是使其兴奋性下降或不易产生兴奋,化学突触和电突触又都可分为兴奋性突触和抑制性突触。其中,使下一个神经元产生兴奋的为兴奋性突触,而对下一个神经元产生抑制效应的为抑制性突触。

人类的脑神经系统是一个高度复杂、非线性并且具有并行信息处理能力的生物神经网络,它调节和控制其他人体系统的活动和功能,负责人类的语言、思维、感觉、情绪以及运动等一系列高级活动,使得机体成为一个完整协调的统一体[1]。在人类的长期进化发展过程中,神经系统特别是大脑皮质得到了高度的发展,产生了语言和思维,使得我们不仅能够被动地适应外界环境的变化,而且还能够主动地认识客观世界,进而改造客观世界,这也是人类神经系统区别于其他生物神经系统最重要的特点。

完全揭示人类大脑的奥秘仍然是今天人类所面临的最大挑战之一,其中掌握单个神经元或神经网络的生理活动、它们之间的连接关系以及如何实现信息的传递在理论研究和实验探索中都是一个很重要的研究方向。在人类神经系统中,神经元是处理人体内各部分之间相互信息传递的基本单元,这些神经元细胞之间高度组织并且通过相互作用来完成各种复杂的功能。一个神经元的主要任务就是接收来自于其他神经元的信号,在完成一定的信息处理功能之后,向其他的神经元细胞发送相应的信号,多个神经元就以突触连接的形式形成神经网络。

这里需要特别强调的是,人类神经系统具有很强的可塑性和自组织性。大脑皮层的区域性结构,是由人的遗传特性所决定的,因而是先天性的,但是这些区域性结构所具有的复杂功能中的大部分则是人在后天对环境的适应和学习过程中得来的。神经网络的这种特性称为自组织(self-organization)特性,也就是说,人类神经系统中神经元的学习过程完全是一种自我学习的过程。神经网络的这种自组织特性则是来自于神经网络结构的可塑性,即神经元之间相互连接的突触会随着动作电位脉冲激励方式与强度的变化,其相应的传递电位的作用可随之增强或减弱,即神经元之间的突触连接是可塑的。人类神经网络的学习机制就是基于这种可塑性现象,并通过修正突触的连接强度来逐步实现的。

7.1.2　人工神经网络的发展过程

人工神经网络也简称为神经网络或者连接模型,迄今已有半个多世纪的发展历史。人工神经网络是人们对于人脑或自然神经网络(natural neural network)的若干基本特性的抽象和模拟。国际著名的神经网络研究专家,同时也是第一家神经计算机公司的创立者与领导者 Hecht-Nielsen 对于人工神经网络所给出的定义是:“人工神经网络是由人工建立的以有向图为拓扑结构的动态系统,它通过对连续或断续的输入做出状态响应而进行相应的信息处理[11]。”

人工神经网络的研究和发展是以关于大脑的生理研究成果为基础的,其目的在于模拟大脑的某些运行原理与机制,实现相应的人造智能系统。人工神经网络的研究几乎与人工智能的研究同时起步,但在初始发展阶段却并未取得像人工智能那样巨大的成功,中间还经历了一段较长时间的萧条和停滞期。直到 20 世纪 80 年代,研究人员获得了许多关于人工神经网络的切实可行的算法,才重新对人工神经网络的研究产生了浓厚兴趣,这也引起了人工神经网络的复兴。目前在人工神经网络的研究方法上已经形成了多个流派,其中最具代表性的研究成果包括多层网络 BP 算法、Hopfield 网络模型、自适应共振理论和自组织特征映射理论等。虽然人工神经网络是在现代神经科学的基础上提出来的,并且它也反映了人脑功能的基本特征,但人工神经网络还实现不了自然神经网络的复杂功能,而只是对于自然神经网络某种程度的抽象和模拟。

人工神经网络对生物神经网络的模拟和实现可以分为全硬件实现和虚拟实现两个方面。其中,全硬件实现技术研究的核心问题是神经器件的构造,其中主要的研究方向包括电子神经芯片的研究、光学神经芯片的研究以及分子/生物芯片的研究等几个分支。而神经网络的虚拟实现则主要分为以下方面:传统计算机上的软件仿真、神经计算的多机并行实现以及神经网络加速器等。

人工神经网络的特点和优越性,主要表现在以下三个方面。

1. 自学习功能

人工神经网络具有自学习功能。例如,在进行图像识别时,首先将许多不同的图像样板和对应的应识别的结果输入人工神经网络,网络就会通过自学习功能,慢慢学会识别类似的图像。自学习功能对于系统的预测则有特别重要的意义。

2. 联想记忆功能

人工神经网络具有联想存储和记忆功能,如人工神经网络中的反馈型网络就可以实现这种联想和记忆功能。

3. 高速运算和优化功能

人工神经网络具有高速寻找优化解的能力。对于一个复杂问题的优化问题，往往花费很大的计算成本，而此时利用针对某个具体问题而设计的反馈型人工神经网络，就可发挥计算机的高速运算能力，快速得到问题的优化解。

人工神经网络的基本处理单元为人工神经元，它是生物神经元的简化和功能模拟。如图 7-2 所示为一种简化的人工神经元的结构，它是一种多输入、单输出的非线性处理元件，其输入与输出之间的数学关系可以描述为

$$\begin{cases} I = \displaystyle\sum_{j=1}^{n} w_j x_j - \theta \\ y = f(I) \end{cases} \tag{7-1}$$

其中，$x_j (j=1,2,\cdots,n)$ 表示来自其他神经元的输入信号；θ 表示阈值；而权系数 w_j 表示连接的强度。$f(x)$ 称为激发函数或作用函数，常用的函数类型有阈值型函数、饱和性函数、双曲型函数、高斯函数等。

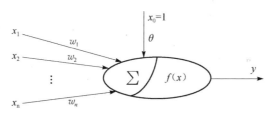

图 7-2　人工神经元的结构

在人工神经网络的发展过程中，人们从不同的角度对生物神经系统进行了不同层次的模拟和借鉴，提出了众多的人工神经网络模型，其中具有代表性的网络模型有感知器、线性神经网络（radial basis function neural network，RBF 神经网络）、BP 神经网络、径向基函数神经网络、自组织神经网络以及反馈神经网络等。人工神经网络有多种分类方法，可以按照神经网络的实现功能进行分类，也可以按照网络的拓扑结构或者神经元连接方式进行分类，还有的是按照神经元的功能以及学习方法来进行分类，其中最为常用的分类方式是按照神经网络的拓扑结构进行分类。

按照神经网络进行训练和学习的方式进行划分，神经网络可以分为有监督学习神经网络和无监督神经网络，研究人员在有监督神经网络中又划分出一种强化学习方式，从本质上讲强化学习方式仍然属于有监督学习方式，只是教师信号所起的作用不同。

根据神经网络的拓扑结构或者神经元连接方式的不同，神经网络可以分为三

大类,分别是前向神经网络、相互连接型神经网络以及自组织神经网络。前向神经网络有时也被称作前馈网络,前馈的含义是由于神经网络信息处理的方向是从输入层到隐层再到输出层,信息是逐层进行传递的,前一层的输出就是下一层的输入。在相互连接型神经网络的结构中任意两个神经元节点之间都可能存在着连接关系,这其中又可根据相互连接的程度分为全连接型、局部互联型和稀疏连接型。在相互连接型神经网络中,信号将在神经元之间进行反复往返传递,网络由某一初态开始经过若干状态的变化,最后趋于某一稳定的状态。只要神经网络的结构中存在反馈信号,则其就可称为反馈网络,其中既包含同层之间的反馈,也包括从输出节点到输入节点的反馈。

7.1.3　人工神经网络的学习方法

正如人类需要一个学习过程,才能掌握相应的知识以及判断和推理能力,人工神经网络同样需要通过训练或者学习过程才能具备不同的能力。人工神经网络最具有吸引力的特点也在于它的学习能力,人工神经网络的学习方法及其对于系统性能的影响是人工神经网络研究中的核心问题。1962 年,Rosenblatt 给出了人工神经网络学习中著名的学习定理:人工神经网络可以学会它可以表达的任何东西[3]。

神经网络的学习方法从总体上可以分为有教师学习、无教师学习和强化学习三种类型。

(1) 有教师学习。有教师学习也被称为有监督学习,其中的"教师"是指在神经网络的学习过程中所提供的指导信息。在实际应用中,教师信号是指对于一组输入信号提供相应的输出结果,这里的输入-输出数据集合被称为训练样本集合。有教师学习方法的目的是逐渐减少网络的实际输出向量与期望输出向量之间的误差,这一目标是通过逐步调整网络的连接权值来实现的。

(2) 无教师学习。无教师学习也被称为无监督学习,相对于有教师学习方式,这种方式没有教师信号或者指导信息。神经网络是根据输入信号自动地发现其中隐含的规律,并且自适应地调整网络的连接权值。

(3) 强化学习。强化学习也被称为再励学习,这种学习方式是利用了某一表示"奖惩"的信息来指导神经网络的训练和学习过程。这种学习方式介于上述两种学习方式之间,有一定意义上的指导信息,但是并不给出具体的答案。

对于人工神经网络来讲,无论采用哪种学习方式,其学习过程都包含一定的规则,神经网络就是基于这样的规则来调整神经元之间的连接权值。下面分别介绍几种典型的神经网络的学习方法。

1. Hebb 学习规则

基于对生理学和心理学的长期研究,加拿大著名的生理心理学家 Hebb 在其

1949 年所出版的《行为的组织》一书中[12]，提出了 Hebb 学习的基本思想：“当细胞 A 的轴突到细胞 B 的距离近到足够激励它时，并且反复地或持续地刺激细胞 B，那么在这两个细胞或者一个细胞中将会发生某种增长过程或者代谢反应，增加细胞 A 对细胞 B 的刺激效果。”这一思想可用下面的公式进行表示，即 Hebb 学习规则：

$$w_{ij}(k+1) = w_{ij}(k) + \eta I_i I_j \tag{7-2}$$

其中，$w_{ij}(k)$ 为连接神经元 i 和神经元 j 之间的权值；I_i 和 I_j 则分别为神经元 i 和神经元 j 的激活水平；而 η 则表示学习速率或者学习因子。

　　Hebb 学习规则属于一种无监督学习规则，由于它只根据神经元连接之间激活水平来调整和改变网络的连接权值，因此该学习规则又被称为相关规则。这种学习方法的结果是使神经网络能够提取训练集中的统计特性，从而将输入信息按照它们的相似性程度划分为若干类。这一点与人类观察和认识世界的过程非常吻合，人类观察和认识世界在相当程度上就是根据事物的统计特征进行分类。

　　2. 梯度下降法

　　这种学习方法属于有教师的学习方法，考虑下面的准则函数

$$J(W) = \frac{1}{2}\varepsilon(W,k)^2 = \frac{1}{2}\big[Y(k) - \hat{Y}(W,k)\big]^2 \tag{7-3}$$

其中，$Y(k)$ 代表希望的输出；$\hat{Y}(W,k)$ 表示期望的实际输出；W 为所有权值组成的向量；$\varepsilon(W,k)$ 为 $\hat{Y}(W,k)$ 对 $Y(k)$ 的偏差。问题是如何调整 W 使准则函数取得最小值。梯度下降法可用来求解该问题，其基本思想是沿着 $J(W)$ 的负梯度方向不断修正权值 W，直至使得 $J(W)$ 取得最小值，可表示成如下的数学表达式：

$$W(k+1) = W(k) + \mu(k)\left(-\frac{\partial J(W)}{\partial W}\right)\bigg|_{W=W(k)} \tag{7-4}$$

其中，$\mu(k)$ 用来控制权值修正的速度；$J(W)$ 的负梯度就是

$$\left(-\frac{\partial J(W)}{\partial W}\right)\bigg|_{W=W(k)} = \varepsilon(W,k)\frac{\partial \hat{Y}(W,k)}{\partial W}\bigg|_{W=W(k)} \tag{7-5}$$

　　梯度下降法的主要思想就是根据网络的期望输出和实际输出之间的误差平方最小原则来不断修正网络的权值。

　　3. BP 算法

　　1986 年，Rumelhart 和 McCelland 等领导的研究小组在 *Parallel Distributed Processing* 一书中，对具有非线性连续转移函数的多层前馈网络的误差反向传播

(error back propagation,BP)算法进行了详尽的分析,实现了 Minsky 关于多层网络的设想[13]。

　　BP 算法的提出成功地解决了求解非线性连续函数的多层前馈神经网络的权值调整问题。BP 算法属于有教师的学习方式,其基本思想是网络在外界输入样本的刺激下不断改变网络的连接权值,最终使得网络的输出不断地接近期望输出。BP 算法的学习过程由信号的正向传播与误差的反向传播两个过程组成。在信号的正向传播时,输入样本从输入层传入,经过各隐层逐层处理后,最后传递到输出层。若输出层的实际输出与期望输出(教师信号)不符,则转入误差的反向传播阶段。误差反传是将输出误差以某种形式通过隐层向输入层逐层反传,将误差分摊给各层的所有单元,从而获得各层单元的误差信号,并根据此误差信号来修正各神经单元的权值。

　　假定某三层 BP 神经网络模型,其输出层包含 l 个神经元:

$$O_k = f(\text{net}_k), \quad \text{net}_k = \sum_{j=0}^{m} w_{jk} y_j, \quad k=1,2,\cdots,l$$

其隐层包含 m 个神经元:

$$y_j = f(\text{net}_j), \quad \text{net}_j = \sum_{i=0}^{n} v_{ij} x_i, \quad j=1,2,\cdots,m$$

输入层包含 n 个神经元,变换函数为连续、可导的单极性 Sigmoid 函数。当网络的实际输出与期望值不相等时,则存在输出误差向量 E 如下所示:

$$E = \frac{1}{2}(D-O)^2 = \frac{1}{2}\sum_{k=1}^{l}(d_k-o_k)^2 \tag{7-6}$$

　　将上述误差定义式展开至隐层,有

$$E = \frac{1}{2}\sum_{k=1}^{l}(d_k-f(\text{net}_k))^2 = \frac{1}{2}\sum_{k=1}^{l}\left(d_k-f\left(\sum_{j=0}^{m}w_{jk}y_j\right)\right)^2 \tag{7-7}$$

并可进一步展开至输入层,得到

$$E = \frac{1}{2}\sum_{k=1}^{l}\left(d_k-f\left(\sum_{j=0}^{m}w_{jk}f(\text{net}_j)\right)\right)^2 = \frac{1}{2}\sum_{k=1}^{l}\left(d_k-f\left(\sum_{j=0}^{m}w_{jk}f\left(\sum_{i=0}^{n}v_{ij}x_i\right)\right)\right)^2 \tag{7-8}$$

　　BP 算法调整权值的原则使得误差不断地减少,因此采用权值的调整量与误差的梯度下降成正比,即

$$\Delta w_{jk} = -\eta \frac{\partial E}{\partial w_{jk}}, \quad j=0,1,\cdots,m;k=0,1,\cdots,l \tag{7-9}$$

而隐层和输入层权值的调整公式为

$$\Delta v_{ij} = -\eta \frac{\partial E}{\partial v_{ij}}, \quad i = 0,1,\cdots,n; j = 0,1,\cdots,m \qquad (7\text{-}10)$$

其中,$\eta \in (0,1)$表示学习因子,也称为学习方法中的学习速率。从 BP 算法权值的调整公式可以看出,BP 算法同样是利用负梯度来调整权值,因而 BP 算法也属于是误差的梯度下降算法。

4. 竞争式学习

在实际的生物神经网络中,如在人的视网膜中就存在着一种"侧抑制"现象,即一个神经细胞兴奋后,通过它的分支会对周围其他神经细胞产生抑制。这种侧抑制现象会使得神经细胞之间出现竞争,虽然在开始阶段各个神经细胞都处于程度不同的兴奋状态,但是由于侧抑制的作用,最终各神经细胞之间相互竞争的结果是:兴奋作用最强的神经细胞所产生的抑制作用战胜了它周围所有其他细胞的抑制作用而成为"获胜"神经元,其周围的其他神经细胞则成为"失败"神经元。

竞争式学习网络在经过竞争而求得获胜节点后,则对与获胜节点相连的权值进行相应的调整,其目的是为了使权值与其输入矢量之间的差别逐渐减小,从而使训练后的竞争网络的权值能够代表对应输入向量的特征,这样可以将相似的输入向量分成同一类,并且由网络的输出来指示其所代表的类别。

竞争式学习网络网络修正权值的公式如下所示:

$$\Delta w_{ij} = \text{lr} \cdot (p_j - w_{ij}) \qquad (7\text{-}11)$$

其中,lr 表示学习速率,其取值范围为$(0,1)$,且一般设定的取值范围为 $\text{lr} \in (0.01, 0.3)$;$p_j$ 为经过归一化处理后的输入向量。

7.2 感知器和前向神经网络

在 20 世纪 50 年代,美国的心理学家 Rosenblatt 提出了一种具有单层计算单元的神经网络,即感知器[3]。在这种神经网络模型中,首次提出了自组织、自学习的思想,并且能从数学上严格证明具有收敛学习算法,它对于前向神经网络的研究和发展起了非常重要的推动作用。

前向神经网络也被称为前馈神经网络,是一种最为常用的人工神经网络模型。常见的前向神经网络包括感知器、BP 神经网络以及 RBF 网络等。前向网络在模式识别和分类方面应用最为广泛,并且也成功地应用于非线性函数逼近、时间序列预测和分析、图像处理、系统建模以及控制和故障诊断等众多领域,在工程上也取得了许多重要的成果并有着良好的应用前景。

7.2.1　感知器

当美国的心理学家 Rosenblatt 于 1958 年提出感知器神经网络模型时,它只是一种最基本的具有学习功能的层状神经网络,最初的感知器模型由三层神经网络所组成,即感知(sensory)层、关联(association)层以及响应(response)层,如图7-3 所示。其中,感知层和关联层之间的耦合是固定的,只有关联层和响应层之间的耦合程度是可以通过训练过程进行改变的。如果在关联层和响应层之间加上一层或多层隐单元,则感知器的功能会大大增强。

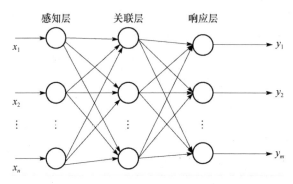

图 7-3　三层感知器模型

1. 感知器的概念

感知器的概念和模型是美国的心理学家 Rosenblatt 在 1958 年所提出的一种神经网络模型。简单感知器模型的结构实质上与 McCulloch 和 Pitts 所提出的 M-P 模型是一样的,但是它能够通过采用有监督学习来逐步增强模式划分的能力,达到学习的目的。由于在感知器中第一次引入了学习的概念,使得人脑所具有的学习功能在基于符号处理的数学模型中得到了一定程度的模拟,因而引起了广泛的关注。后来的改进型的感知器发展到的具有感知层、关联层和响应层的多层网络,其在字符识别、语音识别等领域得到了广泛应用。

感知器处理单元对 n 个输入进行加权和操作,即

$$y = f\left(\sum_{i=1}^{n} w_i \cdot x_i - \theta\right) \tag{7-12}$$

作为分类器,感知器的输出函数 $y = f(\cdot)$ 通常采用阶跃函数:

$$y = \begin{cases} 1, & \sum_{i=1}^{n} w_i x_i - \theta > 0 \\ 0, & \sum_{i=1}^{n} w_i x_i - \theta \leqslant 0 \end{cases} \tag{7-13}$$

单层感知器实际上可将外部输入分为两类。当感知器的输出为 1 时,输入属于一类,当感知器的输出为 0 时,输入属于另一类,从而实现两类目标的识别。在多维空间中,单层感知器进行模式识别的判决超平面是由下式决定的:

$$\sum_{i=1}^{n} w_i x_i - \theta = 0 \tag{7-14}$$

2. 感知器的学习算法

感知器的学习方法属于有监督学习方法,该方法的基本原理来源于著名的 Hebb 学习方法,其基本思想是:逐步地将样本提供给感知器网络,然后根据网络的实际输出与理想输出(即教师信号)来调整网络中的权系数矩阵[12]。

设 $W = [w_1, w_2, \cdots, w_n]$ 为网络的权向量,$X = [x_1, x_2, \cdots, x_n]$ 为输入向量,$f(\cdot)$ 为网络激发函数,$y_d(k)$ 为期望输出,即教师信号,$y(k)$ 为网络的实际输出,k 为迭代的次数。

(1) 初始化。给权向量 $W(0)$ 赋初值,每个分量赋一个较小的随机非零值,置 $k = 0$。

(2) 输入一组样本 $X(k) = [x_1(k), x_2(k), \cdots, x_n(k)]$,并给出其期望输出 $y_d(k)$。

(3) 计算网络的实际输出:

$$y(k) = f\left(\sum_{i=1}^{n} w_i(k) \cdot x_i(k) \right)$$

(4) 计算期望输出和实际输出之差,如果满足结束条件则算法结束,否则按照下式来调整网络权值,并转到步骤(2)进行迭代运算:

$$w(k+1) = w(k) + \eta [y(k) - y(k)] \cdot X(k)$$

其中,η 为用于控制权值修正速度的常数,$0 < \eta \leqslant 1$。

3. 感知器的应用

图 7-4 是一单层感知器神经网络的结构图,其输入向量为 $X = [x_1, x_2, \cdots, x_n]$,输出向量为 y,权值向量为 $W = [w, w_2, \cdots, w_n]$,感知器的输出函数 $f()$ 通常

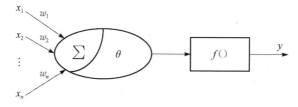

图 7-4　单层感知器神经网络的结构图

采用阶跃函数的形式。感知器是一个由线性阈值单元所组成的网络,能够对输入样本进行分类。

由于感知器的输出状态只有两种,或者为 1 或者为 0(或-1),因而对包含两类模式的数据集进行分类操作。如果两类样本可以用直线、平面或超平面分开,则称为线性可分,否则称其为线性不可分。Minsky 和 Papert 曾经对感知器的分类能力做过严格的评价,指出其所存在的局限性,即不能对线性不可分问题进行分类,其中包括最常用的异或逻辑运算。而异或运算是电子计算机最基本的运算之一,Minsky 等的结论意味着人工神经网络无法解决电子计算机所能解决的大量问题。

对于线性可分的样本,感知器可以实现对其分类;而对于线性不可分的样本,感知器则不能对其进行分类。由于异或逻辑属于线性不可分问题,因而感知器不能实现异或逻辑运算。但逻辑与、逻辑或运算都属于线性可分的分类问题,感知器可以实现这类分类操作。下面通过一个简单的两类样本的分类问题来说明感知器的实施步骤,并给出了 MATLAB 源程序和仿真结果。

例 7-1　采用单神经元结构的感知器解决一个简单的两类样本的分类问题:将 4 个两维的输入向量分为两类,其中两个向量对应的目标值为 1,而另两个向量所对应的目标值为 0。输入样本和目标向量如下所示:

输入样本:$X=[-0.5,-0.5,0.3,0.0;-0.5,0.5,-0.5,1.0]$

目标分类向量:$T=[1,1,0,0]$

解　首先根据输入样本和目标向量的维数确定权值向量 W 的维数为 1×2,然后设定 W 的初值(可随机产生)。

利用计算公式计算感知器的输出 $Y=W\cdot X+C$,其中,C 为网络激发函数的阈值。

下面进行循环学习:

(1) 如果 Y 向量的分量大于 0,则其输出分量为 1,否则其输出分量为 0,得到输出向量 F。

(2) 如果 $F\neq T$,则按照下面的计算公式修改网络权值,否则学习过程结束。

$$dW = (T-F)\cdot X^{\mathrm{T}}$$
$$W = W+dW$$

计算感知器在新的权值下的输出 $Y=W\cdot X+C$,并转到步骤(1)进行迭代学习。

根据上述循环学习过程,编写 MATLAB 的源程序如下所示:

```
clear all;                    % 清除所有变量
X=[-0.5,-0.5,0.3,0.0;-0.5,0.5,-0.5,1.0];
T=[1,1,0,0];                  % 目标分类向量
[M,N]=size(X);                %  计算输入向量的行列数目
[P,Q]=size(T);
```

```
W=rands(P,M);              %  随机产生网络权值向量
C=rands(P,Q);              %  随机产生网络的阈值向量
Y=W*X+C;
for i=1:100
for j=1:4
if Y(1,j)>0
F(1,j)=1;
else
F(1,j)=0;
end
end

if all(F==T)
break
end
dW=(T-F)*X';               %  网络权值的修正过程
W=W+dW;
Y=W*X+C;
end
plotpv(X,T);
plotpc(W,C);
grid on;
xlabel('x1'),ylabel('x2')   %  绘图的横轴和纵轴
```

运行以上 MATLAB 源程序, 得到感知器的分类结果如图 7-5 所示。

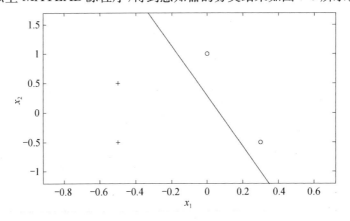

图 7-5　感知器的分类结果

在程序中权值向量 W 和阈值向量 C 的初始值都采用随机方式产生，并且都利用了随机数生成函数 rand() 来设置初值。在有些应用中，在感知器的循环学习过程中还包括对阈值向量 C 的修正，本例中则只针对网络的权值向量 W 进行修正。一般来讲，如果在网络的学习过程中，阈值向量 C 和权值向量 W 两者都进行修正，则网络的学习效果更好，并且对于具体问题的针对性也更强。

plotpv() 函数的功能是绘制样本点。利用 plotpv() 函数可在坐标图中绘出给定的样本点及其类别，不同的类别使用不同的符号。如果 T 只含一元矢量，则目标为 0 的输入矢量在坐标图中用符号"o"表示，而目标为 1 的输入矢量在坐标图中用符号"＋"表示。plotpc() 函数的功能则是绘制分类线。

在图 7-5 中，"o"表示目标向量中的"0"，而"＋"则表示目标向量中的"1"，横轴表示样本的第一个坐标，而纵轴则表示样本的第二个坐标。

权值矩阵 W 和阈值初值 C 分别如下所示：
$$W = [-4.6156, -1.0810]$$
$$C = [0.3115, -0.9286, 0.6983, 0.8680]$$

本例中所给出的样本恰好属于线性可分的，如果遇到线性不可分的样本，则单神经元感知器无法进行正确分类。这是因为单层感知器的缺点是只能解决线性可分的分类模式问题，而采用多层感知器就可以显著增强和改善神经网络的分类能力。

7.2.2　BP 神经网络

BP 神经网络是误差反向传播神经网络的简称。BP 神经网络是于 1986 年由 Rumelhart 和 McCelland 为首的科学家小组所提出的，它是一种利用误差反向传播算法进行训练的多层前馈网络，是目前应用最广泛也是最为成功的神经网络模型之一[14,15]。

1. BP 神经网络的结构

BP 神经网络的网络拓扑结构一般由一个输入层、一个或多个隐含层以及一个输出层构成。图 7-6 为一个三层 BP 神经网络的结构图，其中只有一个隐层。该三层 BP 神经网络的输入层有 n 个节点，隐含层有 l 个节点，输出层有 m 个节点，一般情况下 $n > l > m$。网络的输出向量为 $Y = [y_1, y_2, \cdots, y_m]$，期望输出向量为 $D = [d_1, d_2, \cdots, d_m]$，它们之间的误差向量为 $E = [e_1, e_2, \cdots, e_m]$，BP 神经网络就是利用该误差向量来调整网络的权值。

BP 神经网络的学习规则是采用最速下降法，通过误差的反向传播来不断调整网络的权值和阈值，最终使得网络的误差平方和最小。由于多层前馈网络的训练

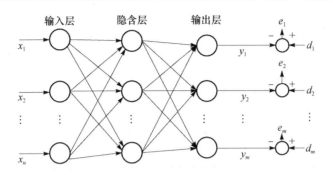

图 7-6　三层 BP 神经网络的结构图

经常采用误差反向传播算法,因而人们也将多层前馈神经网络直接称为 BP 神经网络。

2. BP 神经网络的权值调整规则

1986 年,Rumelhart 等在 *Parallel Distributed Processing* 一书中,对具有非线性连续转移函数的多层前馈网络的 BP 算法进行了详尽的分析[15]。BP 算法的提出成功地解决了求解非线性连续函数的多层前馈神经网络的权值调整问题,并且也实现了 Minsky 关于多层网络的设想。

下面针对图 7-6 所示的三层 BP 神经网络来推导网络权值的调整规则。假定网络有 n 个输入 $x_i(i=1,2,\cdots,n)$,而网络的输出节点数目为 m 个: $y_i(i=1,2,\cdots,m)$,网络的隐层节点数目为 l 个。

隐层的第 j 个节点的输入为

$$\text{net}_j = \sum_{i=1}^{n} w_{ij} x_i + \theta_j \tag{7-15}$$

该节点的输出为

$$a_j = f(\text{net}_j) = \frac{1}{1+\exp(-\text{net}_j)} = \frac{1}{1+\exp\left(-\sum\limits_{i=1}^{n} w_{ij} x_i - \theta_j\right)} \tag{7-16}$$

输出层的第 k 个节点的输入为

$$\text{net}_k = \sum_{i=1}^{l} w_{ik} a_i + \theta_k \tag{7-17}$$

其中, w_{ik} 和 θ_k 分别为输出层的权值以及第 k 个节点的阈值,该节点的输出为

$$y_k = f(\text{net}_k) = \frac{1}{1+\exp(-\text{net}_k)} = \frac{1}{1+\exp\left(-\sum\limits_{i=1}^{l} w_{ik} a_i - \theta_k\right)} \tag{7-18}$$

假定每一个样本所对应的二次型误差函数为

$$E = \frac{1}{2} \sum_{k=1}^{m} (d_k - y_k)$$

其中,d_k 为网络第 k 个节点的期望输出;而 y_k 为网络的实际输出。

1) 输出层的权值调整规则

针对每个样本基于梯度下降法来修正权值,具体计算公式如下:

$$\Delta w_{jk} = -\eta \frac{\partial E}{\partial w_{jk}} \tag{7-19}$$

其中,η 为按梯度搜索的步长,$0 < \eta < 1$,则

$$\frac{\partial E}{\partial w_{jk}} = \frac{\partial E}{\partial \text{net}_k} \frac{\partial \text{net}_k}{\partial w_{jk}} = \frac{\partial E}{\partial \text{net}_k} a_j \tag{7-20}$$

输出层的反传误差信号为

$$\delta_k = -\frac{\partial E}{\partial \text{net}_k} = -\frac{\partial E}{\partial y_k} \frac{\partial y_k}{\partial \text{net}_k} = (d_k - y_k) \frac{\partial f(\text{net}_k)}{\partial \text{net}_k} = (d_k - y_k) f'(\text{net}_k)$$
$$\tag{7-21}$$

由于

$$f'(\text{net}_k) = f(\text{net}_k)(1 - f(\text{net}_k)) = y_k(1 - y_k)$$

故可得到

$$\delta_k = y_k(1 - y_k)(d_k - y_k), \quad k = 1, 2, \cdots, m$$

2) 隐层的权值调整

在调整隐层的权值时,仍然按照负梯度方向进行调整:

$$\Delta w_{ij} = -\eta \frac{\partial E}{\partial w_{ij}} \tag{7-22}$$

其中,w_{ij} 表示隐层的权值。

$$\frac{\partial E}{\partial w_{ij}} = \frac{\partial E}{\partial \text{net}_j} \frac{\partial \text{net}_j}{\partial w_{ij}} = \frac{\partial E}{\partial \text{net}_j} x_i \tag{7-23}$$

定义隐层的反传误差信号为

$$\delta_j = -\frac{\partial E}{\partial \text{net}_j} = -\frac{\partial E}{\partial a_j} \frac{\partial a_j}{\partial \text{net}_j} = -\frac{\partial E}{\partial a_j} f'(\text{net}_j) \tag{7-24}$$

其中:

$$-\frac{\partial E}{\partial a_j} = -\sum_{k=1}^{m} \frac{\partial E}{\partial \text{net}_k} \frac{\partial \text{net}_k}{\partial a_j} = \sum_{k=1}^{m} \left(-\frac{\partial E}{\partial \text{net}_k}\right) \frac{\partial}{\partial a_j} \left(\sum_{j=1}^{L} w_{jk} a_j\right)$$
$$= \sum_{k=1}^{m} \left(-\frac{\partial E}{\partial \text{net}_k}\right) w_{jk} = \sum_{k=1}^{m} \delta_k w_{jk}$$

同样可得到

$$f'(\mathrm{net}_j) = a_j(1 - a_j)$$

故

$$\delta_j = a_j(1 - a_j) \sum_{k=1}^{m} \delta_k w_{jk}$$

3. 应用实例

在实际应用中,大多数的神经网络模型都是采用误差反向传播算法以及其改进形式的人工神经网络模型,即 BP 神经网络。BP 神经网络具有很强的映射能力,其主要的应用领域包括复杂非线性函数的逼近、模式识别、数据挖掘、智能控制等[16]。

复杂函数的逼近在实际应用中的主要领域包括复杂系统的建模、辨识和预测等方面。BP 神经网络这种工具则具有较为明显的优势,它能在未知系统的输入或输出变量之间关系的前提下完成系统建模和预测。目前在利用神经网络进行复杂系统的建模与预测的应用中,使用最多的是采用静态的多层前向神经网络。本节通过具体实例介绍 BP 神经网络在函数逼近中的应用和仿真实验结果。

1) 函数的形式

从理论上讲,BP 神经网络能够逼近复杂的任意的非线性函数。本节所采用的非线性函数的表示形式为

$$T = \sin(2\pi P) + 0.5\sin(4\pi P) + 0.1\mathrm{randn}(\mathrm{size}(P)) \tag{7-25}$$

其中,P 为某个区间中的若干离散点,表示为$[-1:0.02:1]$;而 randn() 为一个随机数产生函数。该函数的表达式中存在着两个周期函数和一个随机函数,正是由于该函数的表达式中存在着随机函数,因而该函数属于非线性非周期函数。该非线性函数的曲线如图 7-7 所示。

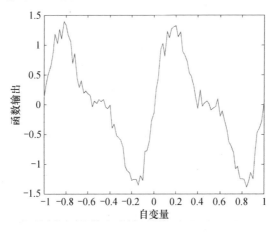

图 7-7　所要逼近的非线性函数曲线

接下来,我们介绍如何利用 BP 神经网络来逼近该非线性函数,包括 BP 神经网络的建立以及网络的训练过程。

2) 应用 BP 神经网络进行函数逼近的步骤

利用 BP 神经网络来逼近某个非线性函数的主要步骤包括建立 BP 神经网络结构,初始化网络的参数和阈值,采用某种训练方法并根据给出的训练数据对该神经网络进行训练和学习,最后对于训练好的 BP 神经网络给出网络的实际输出曲线。

(1) 采用 newff() 函数建立 BP 神经网络结构。其中网络的隐层神经元数目 n 可以改变,不妨暂时定为 $n=3$,网络的输出层包含一个神经元。选择网络的隐层和输出层神经元传递函数分别为 tansig 函数和 purelin 函数,即双曲正切 S 型传递函数和线性传递函数,而网络的学习算法则采用常用的 trainlm 函数,这种训练算法采用了常用的 Levenberg-Marquardt 优化算法。

(2) 采用 train() 函数对该 BP 神经网络进行训练。在对该 BP 神经网络进行训练之前,需要首先预先设置网络的训练参数。该例中将训练时间设置为 500,训练精度设置为 0.01,其余参数均使用缺省值。一般来讲,如果将神经网络的训练精度参数设置得越高,则该神经网络进行训练所耗费的时间也越长,并且往往在训练过程中达到训练精度的迭代次数要小于最大迭代次数。

(3) 对训练好的 BP 神经网络进行测试,并评价网络的性能。在 BP 神经网络的训练过程完成之后,对于训练好的 BP 神经网络就采用 sim() 函数进行仿真,绘制网络的输出曲线,并与所要逼近的原始函数曲线以及训练前的神经网络输出曲线进行对比分析,用来测试和评价该神经网络逼近某个非线性函数的能力。

3) 所使用的 MATLAB 函数简介

newff() 函数用于建立一个可训练的前馈网络,该函数包含 4 个输入参数:第一个参数是一个 $R \times 2$ 的矩阵,它用于定义网络的 R 个输入向量的最小值和最大值;第二个参数则是一个用于设定每层神经元个数的数组;第三个参数是包含每层所采用的神经元传递函数名称的组;最后一个参数则该神经网络所采用的训练函数的名称。

例如,下面的 MATLAB 命令将创建一个二层前向神经网络。

```
net=newff([-1 2; 0 5],[3,1],{'tansig','purelin'},'trainlm');
```

它的输入是包含两个分量的向量,并且分别给出了其变化范围,即最小值和最大值。输入向量的第一个分量的变化范围是从 $-1 \sim 2$,而输入向量的第二个分量的变化范围则是从 $0 \sim 5$。第一层即隐层有三个神经元,第二层即输出层有一个神经元。隐层的传递函数是采用正切 S 型传递函数,而输出层的传递函数则是采用线性传递函数。该神经网络的训练函数采用 trainlm 函数。建立一个神经网络之后,接下来就是进行网络的初始化操作以及对该神经网络进行训练。下面的命令就是对神经网络进行初始化操作。

```
net=init(net);
```

这个函数接收网络对象并初始化权值和阈值后返回网络对象。实际上在使用 newff 函数建立前向神经网络时,网络结构中的权值和阈值的初始化是随机确定的,如果要自定义每层神经元的权值和阈值则可通过命令进行设置。例如,下面的两条命令就是用于设置网络输入层的权值和阈值:

```
inputWeights=net.IW{1,1}
inputbias=net.b{1}
```

在训练前馈神经网络之前,该网络的权值和阈值一般都重新进行初始化。初始化值和阈值的工作可用函数 init 来实现。在建立神经网络并且初始化该网络的权重和偏置之后,就可以对该神经网络进行训练了。以下的若干 MATLAB 命令就是设置神经网络的训练参数并对神经网络实施训练:

```
net.trainFcn='trainlm';
net.trainParam.epochs=500;
net.trainParam.goal=1e-2;
[net,tr]=train(net,P,T);
```

本例中神经网络是采用 trainlm 函数作为其训练函数。trainlm 函数是一种常用的网络训练函数,它是基于常用的 Levenberg-Marquardt 优化方法来更新网络的权值和阈值。一般来讲,trainlm 函数是 MATLAB 的神经网络工具箱中速度最快的反向传播学习算法,并且也通常作为有监督学习算法的第一选择,虽然该训练函数相对于其他函数会占用更多的内存。第二条和第三条命令则分别用于设置训练时间和训练精度,该例中的训练时间被设置为 500,而训练精度则被设置为 0.01。最后一条命是令实施神经网络的训练函数,开始神经网络的训练过程。

当该神经网络的训练过程完成之后,接下来就采用 sim()函数进行神经网络的仿真,并给出神经网络的输出结果。下面的命令就是对该神经网络进行仿真,并将其输出结果保存到向量 A 中。

```
A=sim(net,P);
```

4) 仿真结果和分析

通过实施上述神经网络的训练过程,所得到神经网络的输出结果如图 7-8 所示。图中的实线表示所要逼近的非线性函数曲线,而"+"点则表示该神经网络在各采样点的实际输出值。

由于每次在进行神经网络的训练时,神经网络的权值和阈值一般都重新进行初始化操作,因此每次的训练过程和时间并不相同。经过多次仿真实验发现,对于本例和所设定的训练参数一般都能在 100~200 代之间完成训练。虽然设定的最大训练代数为 500 代,对于图 7-8 所示的仿真结果,训练过程总共仅需要 171 代就完成了该神经网络的训练过程,最终神经网络输出的平均平方误差为 0.0034。

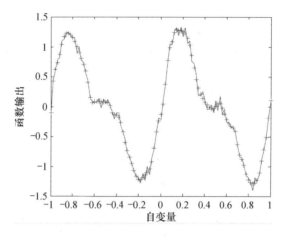

图 7-8　BP 神经网络的实际输出与期望输出曲线

在神经网络的训练过程中,如果经过若干代的重复训练之后网络的目标误差不再发生变化,则称该神经网络的训练过程实现收敛。本例中我们是采用 trainlm() 函数来训练 BP 神经网络,如果训练过程已经达到所设定的目标误差,则神经网络的本次训练过程停止,并不一定会要达到最终的收敛值。从训练完成后该 BP 神经网络的输出结果可以看出,神经网络的实际输出能够较好地逼近所给出的非线性函数。

通常来讲,对于应用 BP 神经网络来实现复杂函数的逼近,并不需要达到实际输出值与期望值的完全匹配,因为其中不可避免地存在着一些噪声信号,另外也是为了避免出现学习过程中的过学习问题。如果神经网络的输出能够不受噪声信号的影响,或者说对于噪声数据不敏感,并且对于所逼近函数未来的预测能力同样较强,则说明该神经网络具有较好的泛化能力和推广能力。

7.2.3　总结

如前所述,前向神经网络是指信息的传递方向是从输入层依次向后传递,不存在反馈信号。前向神经网络除了具有一般神经网络的自学习功能、自适应性、联想存储功能以及代替常规方法来求解各种复杂问题之外,其最为显著的特征在于网络的拓扑结构简单,不存在神经元信号的反向传递,并且易于实现[17]。

在所有的前向神经网络模型中,BP 神经网络是目前应用最为广泛和成功的前向神经网络之一,而误差反向传播算法(BP 算法)的提出和应用则成功地解决了求解非线性连续函数的多层前馈神经网络权重调整问题,它属于是一种多层网络的"逆推"学习算法。虽然 BP 神经网络在实际中得到了广泛的应用,但是其自身也存在着一些缺陷和不足,主要表现在以下几个方面。

1. 网络的训练时间较长

由于 BP 神经网络的学习速率是固定的,因此,BP 神经网络的收敛速度比较慢。特别是对于一些较为复杂问题,BP 神经网络需要的训练时间可能非常长,这主要是由于学习速率太小造成的,可采用变化的学习速率或自适应的学习速率来加以改进。

2. 易陷入局部最优解

BP 神经网络的学习算法可以使网络权值收敛到某个极值,但是并不能保证其为误差平面的全局最小值,这是因为采用梯度下降法可能产生一个局部最小值。对于这个问题,有些研究成果是采用一个附加动量法来解决。

3. 没有统一的网络结构确定方法

在确定 BP 神经网络的拓扑结构时,对于网络隐含层的层数和单元数的选择尚无理论上的指导,一般是根据经验或者通过反复实验来确定。因此,网络的结构往往存在很大的冗余性,这在一定程度上也增加了网络学习的负担。

4. 网络学习的不稳定性

BP 神经网络的学习和记忆具有不稳定性。也就是说,如果增加了网络的学习样本,那么此前已经训练好的网络就需要从头重新开始训练,神经网络对于以前的权值和阈值是没有记忆功能的。但是在实际应用时,可以将此前预测、分类或聚类做的比较好的网络权值保存。

7.3　径向基函数网络

1985 年,Powell 提出了多变量插值的径向基函数(radical basis function, RBF),1988 年,Moody 和 Darken 又将径向基函数应用于神经网络设计,提出了一种新型神经网络结构,即径向基函数神经网络[18]。

RBF 神经网络是以函数逼近理论为基础而构建的一类前向神经网络,其中径向基层神经元的局部响应特性主要是模拟了自然界中某些生物神经元的"内兴奋外抑制"(on-center off-surround)功能。人类的视觉系统就存在这样的神经元,它们均有各自特定的感受野,呈现圆形分布,并且都具有"内兴奋外抑制"的功能。

与 BP 神经网络这种前向神经网络相比较,RBF 神经网络能够以任意精度逼近任意的非线性函数,且具有全局逼近能力,从根本上解决了 BP 神经网络的局部最优问题。同时 RBF 神经网络的结构更为简洁,并且网络的结构参数可以实现分离学习,学习过程中收敛的速度也更快。由于 RBF 神经网络具有结构简单和实用的优点,在信号处理、系统建模、模式分类、过程控制和故障诊断等诸多领域得到了成功应用。

7.3.1 RBF 神经网络模型

RBF 神经网络属于前向神经网络中的一种类型,一般分为三层结构,如图 7-9

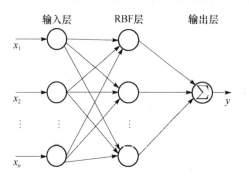

图 7-9　RBF 神经网络的结构图

所示。假定其中输入层具有 n 个神经元节点,径向基层神经元的节点数为 r,而输出层具有 m 个神经元节点。输入层一般由一些感知单元组成,负责将网络与外界环境连接起来。径向基层(隐层)神经元的基函数对于输入信号将在局部产生响应;而输出层则采用纯线性函数作为激活函数。

假设 RBF 层的第 j 个神经元与输入层的 n 个神经元之间的连接权向量为

$$W_j = (w_{j1}, w_{j1}, \cdots, w_{jn})^{\mathrm{T}}, \quad j = 1, 2, \cdots, r$$

则 RBF 层神经元与输入层神经元之间的连接权值矩阵可表示为

$$W^1 = (W_1, W_2, \cdots, W_r)^{\mathrm{T}}$$

而 $W^2 \in \mathbf{R}^{m \times r}$ 则表示输出层与 RBF 层神经元之间的输出权值矩阵。RBF 层神经元采用径向基函数作为激活函数,输出层神经元则采用线性函数作为激活函数。径向基函数可以采用多种形式,常见的几种形式有以下几种。

(1) Gaussian 函数:

$$\Phi_i(t) = \exp\left(-\frac{t^2}{\delta_i^2}\right)$$

(2) Sigmoid 函数:

$$\Phi_i(t) = \frac{1}{1 + \exp\left(\frac{t^2}{\delta_i^2}\right)}$$

(3) Multiquadric 函数:

$$\Phi_i(t) = \frac{1}{(t^2 + \delta_i^2)^\alpha}, \quad \alpha > 0$$

上述函数中的 δ_i 称为每个基函数的宽度或扩展常数,该参数越小时,则该基函数就自变量区域的选择性或针对性就越强。

如前文所述,在多层感知器神经网络(包括 BP 网络)中,隐层的神经网络节点的基函数通常采用线性函数,而神经元的功能函数则采用 Sigmoid 函数或硬极限函数。与多层感知器不同,RBF 神经网络最显著的特点是隐层节点的基函数(或功能函数)一般采用距离函数(如欧几里得距离),并使用径向基函数(如 Gaussian 函数)作为激活函数。径向基函数的特点是关于 n 维空间中的一个中心点具有径向对称性,而且神经元的输入离该中心点越远,则该神经元的激活程度就越低。RBF 神经网络中隐层节点的这一特性通常被称为"局部特性"。

实际上,RBF 神经网络的隐层节点的局部特性主要是模仿了某些生物神经元的"内兴奋外抑制"功能。例如,在灵长类动物的视觉系统中就包含这样特点的神经元。下面简要介绍人类视觉系统接收信息的大致过程,以及在该过程中是如何体现神经元的"内兴奋而外抑制"的功能的[19]。

眼睛是我们人类接收外部信息最主要的一个器官。当外界物体的光线射入人类眼睛中时,就会通过聚焦在视网膜上进行光学成像,然后视网膜发出神经冲动达到大脑皮层的视觉区,这样我们就产生了视觉。在人类所有的感官系统中,就属视网膜的结构最为复杂。视网膜为生物感光系统,能够感受光的刺激,并输出神经冲动信号。它不仅包含一级神经元(感光细胞),还具有二级神经元(双极细胞)以及三级神经元(神经节细胞)。

感光细胞与双极细胞形成突触联系,而双极细胞外端与感光细胞相连,内端则与神经节细胞相接,神经节细胞的轴突则组成视神经束,视神经束最终连接到大脑的视觉皮层,它们共同构成视觉通路。视网膜上的感光细胞通过光化学反应和光生物化学反应,产生的光感受器电位和神经脉冲就是沿着视觉通路进行传播的。通过电生理学实验可以发现,视网膜神经细胞节细胞在视网膜上有其特定的感受野,即能影响到神经元反应的区域。但是实验表明,虽然这一区域的神经元都有反应,但是发现有些细胞是被激活的,而有些细胞则是被抑制的,呈现出"内兴奋外抑制"或者"外兴奋内抑制"(off-center on-surround)的功能,其中感受野的中心就是外来光信号照在视网膜上的位置。

7.3.2　RBF 神经网络的数学基础

RBF 神经网络是以函数逼近理论为基础而构造的一种前向网络。从函数逼近的观点来看,RBF 神经网络通过恰当地选择一组径向基函数,使得任何函数都可用这一组径向基函数的加权和进行表示,进而实现利用 RBF 神经网络来逼近任何未知函数。

1. 插值问题

在实际中我们经常会遇到这样的问题,已知某函数在若干离散点上的函数值或导数信息,但函数的解析式是未知的,或者该函数虽然存在解析式但是其计算较为复杂,此时可以通过一个比较简单同时便于计算的新的函数去近似代替它,并且满足在上述离散点上的函数约束条件。如果约束条件中只有若干函数值的约束,则该插值问题又被称为 Lagrange 插值。对于 RBF 神经网络的设计而言,实现函数插值则主要是设计网络隐层的基函数以及网络的输出权值。插值问题可具体描述如下。

如果给定一个包含 N 个不同点的集合 $\{x_i \in \mathbf{R}^n | i=1,2,\cdots,N\}$ 以及相应的 N 个由实数值所组成的集合 $\{d_i \in \mathbf{R}^1 | i=1,2,\cdots,N\}$,则插值问题就是寻找一个映射 $f:\mathbf{R}^n \rightarrow \mathbf{R}^1$,使之满足下面的插值条件:

$$f(x_i) = d_i, \quad i=1,2,\cdots,N \tag{7-26}$$

2. Micchelli 定理

对于一个 N 维输入一维输出的 RBF 神经网络,则该网络就代表从 n 维输入空间到一维输出空间的一种映射关系。对于 RBF 神经网络的设计而言,就是选择一个函数具有下面的形式:

$$f(x) = \sum_{i=1}^{N} w_i \varphi_i(\|X-X_i\|) \tag{7-27}$$

该函数可表示为 N 个函数的线性组合,每个函数为一个径向基函数,其中 $\|\cdot\|$ 表示范数,通常采用欧几里得范数,$X_i \in \mathbf{R}^n (i=1,2,\cdots,N)$ 则表示 N 个径向基函数的中心值。

对于给出的 N 组数据集合 $(X_1,d_1),\cdots,(X_N,d_N)$,我们得到以下的线性方程组:

$$\begin{bmatrix} \varphi_{11} & \varphi_{12} & \cdots & \varphi_{1N} \\ \varphi_{21} & \varphi_{22} & \cdots & \varphi_{2N} \\ \vdots & \vdots & & \vdots \\ \varphi_{N1} & \varphi_{N2} & \cdots & \varphi_{NN} \end{bmatrix} \begin{bmatrix} w_1 \\ w_2 \\ \vdots \\ w_N \end{bmatrix} = \begin{bmatrix} d_1 \\ d_2 \\ \vdots \\ d_N \end{bmatrix} \tag{7-28}$$

其中,$\varphi_{ji}=\varphi_i(\|X_j-X_i\|), j,i \in 1,2,\cdots,N$。

现在问题就转化为求解该方程组,得到权值向量 $W=[w_1,w_2,\cdots,w_N]^\mathrm{T}$ 的唯一确定值。只要权值向量确定后,就可得到具体的逼近函数。

当矩阵 $A = \begin{bmatrix} \varphi_{11} & \varphi_{12} & \cdots & \varphi_{1N} \\ \varphi_{21} & \varphi_{22} & \cdots & \varphi_{2N} \\ \vdots & \vdots & & \vdots \\ \varphi_{N1} & \varphi_{N2} & \cdots & \varphi_{NN} \end{bmatrix}$ 是非奇异矩阵时,上述方程组有唯一的解。

可以证明,当径向基函数满足 Micchelli 定理时,则对应的矩阵 A 为非奇异矩阵。

下面是 Micchelli 定理的具体内容[20]。

Micchelli 定理　　如果 $X_i \in \mathbf{R}^n (i=1,2,\cdots,N)$ 是 N 个互不相同的点,则下面的矩阵是非奇异的:

$$A = \begin{bmatrix} \varphi_{11} & \varphi_{12} & \cdots & \varphi_{1N} \\ \varphi_{21} & \varphi_{22} & \cdots & \varphi_{2N} \\ \vdots & \vdots & & \vdots \\ \varphi_{N1} & \varphi_{N2} & \cdots & \varphi_{NN} \end{bmatrix}$$

其中,$\varphi_{ji} = \varphi_i(\|X_j - X_i\|)$,$j,i \in 1,2,\cdots,N$。

3. RBF 神经网络的设计

RBF 神经网络属于有监督学习网络,样本、期望输出。一般来讲,基本的 RBF 神经网络包含三层网络结构,即输入层、隐层和输出层。确定一个 RBF 神经网络需要完成以下两个步骤:

(1) 确定 RBF 神经网络中隐层的节点数目以及隐层中每一个 RBF 单元的中心 c_i 和扩展常数(半径)σ_i。

(2) 确定 RBF 神经网络的输出权值矩阵。

利用聚类方法来确定 RBF 神经单元的中心是最为常用的方法,其主要思想是:首先,采用聚类算法对输入样本数据进行聚类操作,确定 RBF 网络中各隐层节点的中心;然后,根据中心之间的距离来确定各隐层节点的扩展常数;最后,利用有监督学习算法(如梯度法)来确定各隐层节点的输出权值。

假设某个 RBF 神经网络中隐层节点的数目设置为 h,即其中所包含的聚类的数目事先设定为 h,k 为迭代的周期数,第 k 代的聚类中心分别表示为 $c_1(k)$,$c_2(k)$,$\cdots$,$c_h(k)$,相应的聚类集合则分别表示为 $w_1(k)$,$w_2(k)$,$\cdots$,$w_h(k)$。利用 k-均值聚类算法确定 RBF 神经网络各隐层节点的中心以及扩展常数的步骤如下。

(1) 初始化操作。随机选择 h 个不同样本最为初始聚类中心向量,并令迭代周期数 $k=1$。

(2) 计算所有样本与聚类中心的距离。一般采用欧几里得距离作为样本与聚类中心之间的距离度量,计算公式如下:

$$d_{ij} = \|X_j - c_i(k)\|, \quad i = 1,2,\cdots,h; j = 1,2,\cdots,N \tag{7-29}$$

(3) 对样本数据进行分类。对所有的样本数据,按照最小距离原则对其进行分类操作,即该样本与哪个聚类中心的距离最近,就将其划分到该聚类中心所对应的类别中。

(4) 重新计算各个聚类的中心。根据样本数据的分类情况,重新计算各个聚类的中心,具体的计算公式如下:

$$c_i(k+1) = \frac{1}{N_i} \sum_{x \in w_i(k)} x, \quad i = 1, 2, \cdots, h \tag{7-30}$$

其中,N_i 为第 i 个聚类 $w_i(k)$ 中所包含的样本数目。

(5) 终结条件判断。如果 $c_i(k+1) \neq c_i(k)$,则转步骤(2),否则聚类过程结束,得到各聚类中心。

当聚类中心确定之后,我们可根据各聚类中心之间的距离来确定各隐节点的扩展常数,具体的计算公式如下:

$$\delta_i = \lambda d_i \tag{7-31}$$

其中,λ 称为重叠系数;而 d_i 则表示第 i 个数据中心与距离最近的其他数据中心之间的距离:

$$d_i = \min_{j \neq i} \| c_j - c_i(k) \|$$

当 RBF 神经网络中各隐层单元的中心和扩展常数确定之后,网络的输入层和隐层之间的权值向量则可以通过有监督学习方法进行确定,比较常用的方法包括最小二乘法、梯度下降法等。

1) 最小二乘法

一般情况下,如果知道了 RBF 神经网络中的隐层节点数、数据中心和扩展常数,则 RBF 神经网络输入向量与输出向量之间的关系可用一个线性方程组进行表示,此时确定网络的输出权值就可采用最小二乘法进行求解。

假定网络的 h 个输出权值为 $W = (w_1, w_2, \cdots, w_n)^T$,对于输入向量 $X_i (i=1, 2, \cdots, N)$,第 j 个隐层单元的输出为

$$h_{ij} = \Phi_j(\| X_i - c_j \|)$$

其中,$\Phi_j()$ 表示该节点的激活函数;而 $c_j = X_j$ 则为该节点径向基函数的中心向量。

此时 RBF 网络的输出为

$$y_i = f(X_i) = \sum_{j=1}^{N} h_{ij} w_j = \sum_{j=1}^{N} w_j \Phi_j(\| X_i - c_j \|)$$

令 RBF 网络的隐层输出矩阵为

$$\hat{H} = [h_{ij}] \in \mathbf{R}^{N \times h}$$

而网络的输出向量为

$$Y = (y_1, y_2, \cdots, y_N)^T$$

则可得到如下的线性方程组:

$$\hat{Y} = \hat{H} W$$

利用最小二乘法求解 W 的公式为

$$W = \hat{H}^+ Y$$

其中，$\hat{H}^+$ 为 $\hat{H}$ 的伪逆矩阵，其计算公式为

$$\hat{H}^+ = (\hat{H}^T \hat{H})^{-1} \hat{H}^T$$

2）梯度下降法

梯度下降法是 RBF 神经网络最常用的学习算法，其原理与利用 BP 算法训练 BP 神经网络类似，同样是通过最小化目标函数对各隐层单元的数据中心、扩展常数和输出权值进行调节。本节介绍一种带遗忘因子的单输出 RBF 神经网络的学习方法。

首先给出神经网络进行优化的目标函数：

$$E = \frac{1}{2} \sum_{j=1}^{N} \beta_j e_j^2$$

其中，N 为输出节点的数目；β_j 为遗忘因子；而误差信号 e_j 则定义为

$$e_j = y_j - F(X_j) = y_j - \sum_{i=1}^{h} w_i \Phi_i(\parallel X_j - c_i \parallel)$$

RBF 神经网络输出函数针对网络隐层单元的中心 c_i、扩展常数 r_i 和输出权值 w_i 的梯度的计算公式分别为

$$\nabla_{c_i} F(X) = \frac{2w_i}{r_i^2} \Phi_i(X)(X - c_i)$$

$$\nabla_{r_i} F(X) = \frac{2w_i}{r_i^3} \Phi_i(X) \parallel (X - c_i) \parallel^2$$

$$\nabla_{w_i} F(X) = \Phi_i(X)$$

考虑到所有训练样本和遗忘因子的影响，可得到网络各隐层单元的中心 c_i、扩展常数 r_i 和输出权值 w_i 的调节量：

$$\Delta c_i = \eta \frac{w_i}{r_i^2} \sum_{j=1}^{N} \beta_j e_j \Phi_i(X_j)(X_j - c_i)$$

$$\Delta r_i = \eta \frac{w_i}{r_i^3} \sum_{j=1}^{N} \beta_j e_j \Phi_i(X_j) \parallel (X - c_i) \parallel^2$$

$$\Delta w_i = \eta \sum_{j=1}^{N} \beta_j e_j \Phi_i(X_j)$$

其中，$\Phi_i(X_j)$ 表示网络的第 i 个隐层节点针对输入向量 X_j 的输出值；而 η 则表示学习率。

7.3.3　RBF 神经网络的应用

RBF 神经网络在函数逼近和模式分类等领域得到了广泛应用。本小节主要介绍如何利用 RBF 神经网络来实现复杂函数的逼近,并且给出具体的设计步骤。复杂函数的逼近是人工神经网络的一个重要的应用领域,其优势在于对于样本数据模糊、包含噪声等复杂情况都能得到较高的逼近精度。

1. 常用的 MATLAB 函数

在 MATLAB 的神经网络工具箱中包含许多针对 RBF 神经网络设计和分析的函数,它们分别用于创建 RBF 神经网络、训练神经网络以及神经网络的仿真,下面介绍在应用 RBF 神经网络进行函数逼近时的常用函数和它们的具体使用方法。

1) newrbe()函数

该函数可用于快速构建一个 RBF 神经网络,并且使得网络的设计误差为 0。newrbe()函数的格式为

$$\text{net}=\text{newrbe}(P, T, \text{SPREAD})$$

其中,P 为输入向量;T 为期望的输出向量(目标值);SPREAD 称为径向基层的散步常数,缺省值为 1。

这种函数使得径向基层神经元数目是固定的并且等于输入向量的个数,散步常数的选择是设计过程中的关键问题,散步常数的值越大则逼近函数的平滑性越好,但是如果散步常数的值过大则精度会相应下降,一般是根据输入向量之间的平均距离进行选取。

2) newrb()函数

该函数同样是用于构建 RBF 神经网络,相对于上面的 newrbe()函数,newrb()函数能够更有效地进行网络设计,在设计中隐层神经元数目不是固定的,它能够根据精度自动地增加。newrb()函数的格式为

$$\text{net}=\text{newrb}(P, T, \text{GOAL}, \text{SPREAD}, \text{MN}, \text{DF})$$

其中,P、T 以及 SPREAD 参数的意义同 newrbe()函数;而 GOAL 则表示训练精度,缺省值为 0;MN 为隐层神经元数目的最大值;DF 为训练过程的显示频率,即每隔多少代显示当前的网络训练状况。

在应用径向基函数神经网络来实施函数逼近时,newrb()函数可以自动地增加径向基函数神经网络隐层的神经元数目,直到均方差满足精度要求或者神经元数目达到最大为止。

3) radbas()函数

该函数表示径向基传递函数,当给出网络的输入向量可由此函数得到神经元的输出信号。

4）sim()函数

该函数为神经网络的仿真函数。sim()函数的应用格式为

$$Y = \mathrm{sim}(\mathrm{net}, P)$$

其中,net 为神经网络对象;P 为网络的输入向量;而 Y 为网络的输出向量。

2. RBF 神经网络在函数逼近上的应用

函数逼近从本质上讲就是寻找一个函数能够满足一组输入输出数据或者某个函数曲线,在实际应用中可采用多种神经网络模型来实施函数逼近功能,如本章前面所介绍的 BP 神经网络。下面针对一个具体的实例来说明如何应用 RBF 神经网络来实施函数逼近的设计步骤和具体细节。

1）给出所要拟合的输入-输出数据或者所要逼近的函数曲线

所要逼近的非线性函数为一个非线性周期函数,其表达式如下所示:

$$F(x) = \sin(2\pi x) + 0.5\sin(4\pi x)$$

该函数的曲线如图 7-10 所示。我们从中选取一组输入-输出数据作为进行拟合的数据,其中输入向量和输出向量分别如下所示。

$P = [-1 : 0.02 : 1]$ 输入向量共有 51 个数据点,而输出向量即 RBF 神经网络目标向量,为该函数在这 51 个数据点上的具体取值:

$$T = [\sin(2\pi P) + 0.5\sin(4\pi P)]$$

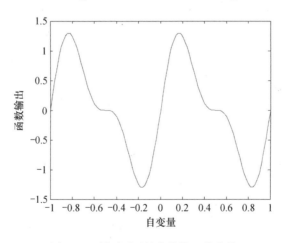

图 7-10　所要逼近的非线性函数曲线

2）建立 RBF 神经网络

采用 newrb()函数建立 RBF 神经网络,其中相关的参数设置如下:SPREAD=1,GOAL=10^{-3},DF=1,MN=50,即训练精度为 10^{-3},隐层神经元数目的最大值设置为 50,而训练结果的显示频率为每增加一个隐层神经元就显示一次。初始时

RBF 神经网络仅包含一个隐层神经元。

3) 设置网络的训练参数并进行网络的训练

在训练过程中,初始时的 RBF 神经网络仅包含一个隐层神经元,然后每次循环过程中产生一个新的隐层神经元,每增加一个新的隐层神经元都会最大限度地降低网络的误差,直到网络的训练误差达到所设置的训练精度,或者网络的隐层神经元的数目达到所设置的最大值。图 7-11 为该神经网络的训练结果,从图中可以看出整个训练过程只需要 32 步就能达到训练的精度要求。

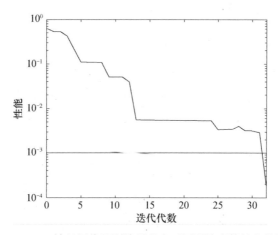

图 7-11　RBF 神经网络的训练误差在不同训练步数的变化情况

3. RBF 神经网络的性能测试

当 RBF 神经网络的训练完成之后,我们将网络的实际输出曲线和所要逼近的非线性函数曲线绘制在图 7-12 上,用于测试该 RBF 神经网络能够完成函数逼近

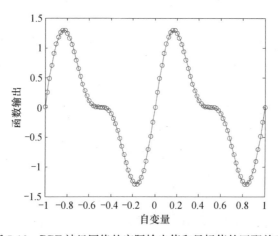

图 7-12　RBF 神经网络的实际输出值和目标值的匹配关系

任务。图 7 12 中,标记为"o"的点表示神经网络实际输出值,而实线则表示待逼近的非线性函数曲线,从图中的结果可以看出,经过训练后的 RBF 神经网络能够较好地逼近该非线性函数。

基于 MATLAB 软件来实现 RBF 神经网络的设计和仿真,解决了传统方法对非线性预测精度不高和复杂建模的问题。在构建 RBF 神经网络时,径向基层的散步常数 SPREAD 的设置是一个关键问题,需要对网络模型进行多次仿真实验以选取使网络达到最佳性能的散步常数。

与 BP 神经网络进行函数逼近的区别:一般来讲,只要满足一定的前提条件 BP 神经网络和 RBF 神经网络都能实现对任意非线性函数完全逼近,相对来讲,RBF 神经网络的精度还是要稍高于 BP 神经网络,这不仅体现在局部的曲线点上,也体现在整体的逼近性能上。但是当训练样本过多或者样本的维数较高时,RBF 神经网络会包含较多数目的隐层神经元,结构要比 BP 神经网络显得更为复杂。

7.4　反馈型神经网络

反馈型神经网络又被称为递归网络或者回归网络。从网络的拓扑结构上区分,反馈型神经网络和前馈网络是人工神经网络中两种最为典型的网络模型。而从系统的角度看,前馈网络属于静态网络,反馈型神经网络则属于动态网络,它是一种具有反馈的复杂动力学系统。前馈网络研究的主要是网络的输出和输入之间的映射关系,输出和输入之间不存在反馈关系,这种网络具有较强的学习能力,能够处理复杂的非线性函数,并且结构简单、易于实现。反馈型神经网络则不仅考虑输出和输入之间的映射关系,同时也考虑输出和输入的时间延迟关系。

Hopfield 神经网络是反馈型神经网络中一种较为典型的神经网络,它是由美国物理学家 Hopfield 于 1982 年所提出的一种神经网络模型[8]。Hopfield 神经网络的一个主要功能就是联想记忆,即作为联想存储器。该网络被称为 Hopfield 神经网络模型。Hopfield 神经网络是目前研究较为充分和得到广泛应用的神经网络模型。根据所处理信号类型的不同,Hopfield 神经网络可以分为两类:即离散型神经网络和连续型 Hopfield 神经网络。下面分别介绍这两种神经网络模型。

7.4.1　离散型 Hopfield 神经网络

最先提出的 Hopfield 神经网络为一种二值型网络,即网络的输出为 $\{-1, +1\}$ 或者 $\{0,1\}$,神经元的功能函数为线性的阈值函数,这种神经网络被称为离散型 Hopfield 神经网络,简称离散 Hopfield 网络。

1. 离散型 Hopfield 神经网络的网络结构

Hopfield 神经网络是一种单层的全连接型神经网络,离散型 Hopfield 神经网

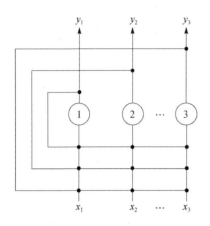

图 7-13　离散型 Hopfield 神经网络
的结构示意图

络的基本结构如图 7-13 所示。该神经网络包含 3 个神经元,每个神经元均采用同样的符号函数作为其阈值函数,其表示形式如下式所示:

$$\text{sgn}(x) = \begin{cases} +1, & x \geqslant 0 \\ -1, & x < 0 \end{cases} \qquad (7\text{-}32)$$

$X = \{x_1, x_2, x_3\}$ 为网络的输入向量,$x_i \in \{-1, 1\}, i = 1, 2, 3, Y = \{y_1, y_2, y_3\}$ 为网络的输出向量。

对于一个包含 n 个神经元的 Hopfield 神经网络,初始时,通过对网络施加一个输入向量,网络中的每个神经元就根据该初始状态得到下一时刻的状态,然后通过反馈作用重新作为各神经元的输入信号,就可得到再下一时刻的状态。以此类推,网络的状态就处于不断的演变过程中,直到达到网络的稳定状态,网络的运行过程可表示如下:

$$\begin{cases} y_i(0) = x_i \\ y_i(k+1) = \text{sgn}\left(\sum_{i=1}^{n} w_{ji} y_i(k) - \theta_j\right) \end{cases} \quad i = 1, 2, \cdots, n \qquad (7\text{-}33)$$

其中,w_{ji} 表示网络的权值;θ_j 表示第 j 个神经元的阈值,通常在实际应用时网络中每个神经元的阈值都取为 0。一旦网络收敛到稳定点,则网络的状态就不再改变,此时网络的输出就为一个稳定的输出向量。

在网络的运行过程中,网络状态的演变过程可分为两种不同的工作方式,分别称为异步方式和同步方式。

1) 异步方式

异步方式也被称为非同步或串行方式,其工作方式的特点是:在每个具体的时刻只改变某个神经元的输出,而其余神经元的状态则保持不变,其工作方式可表示为如下的形式:

$$\begin{cases} y_i(k+1) = \text{sgn}\left(\sum_{i=1}^{n} w_{ji} y_i(k) - \theta_j\right), & j = i \\ y_i(k+1) = y_i(k), & \text{其他} \end{cases}$$

其中,被调整神经元的序号可以随机选取,也可以按照事先设定的序列逐个进行调整。

2) 同步方式

同步方式又被称为并行方式,其工作方式的特点是:在每个具体的时刻网络中

所有神经元的输出状态都同步进行调整,其工作方式可表示为如下的形式:

$$y_i(k+1) = \text{sgn}\left(\sum_{i=1}^{n} w_{ji} y_i(k) - \theta_j\right), \quad i = 1, 2, \cdots, n$$

2. 离散型 Hopfield 神经网络的稳定性

由于离散型 Hopfield 神经网络为一种非线性动力学系统,而对于动力学系统来说,系统的稳定性是一个重要的性能指标,也可以说是最为重要的性能指标。因此在离散型 Hopfield 神经网络的状态的演变过程中,需要研究其动力学稳定性问题。

在研究离散型 Hopfield 神经网络的动力学稳定性问题时,我们采用类似于研究动力学系统稳定性的 Lyapunov 稳定性分析方法,下面讨论离散型 Hopfield 神经网络的动力学稳定性问题。

1) 稳定性的定义

对于某个离散型 Hopfield 神经网络,如果从初始状态 t_0 开始,通过反馈作用其状态不断的演变,最终到达某一时刻 t 其状态不再发生变化,则称该状态为稳定状态,并称该网络是稳定的 Hopfield 神经网络。稳定状态可用如下的公式进行描述:

$$y(t_0 + t + \Delta t) = y(t_0 + t), \quad \Delta t > 0$$

如果 $t_0 = 0, \Delta t = 1$,则稳定状态的表达式可表示为

$$y(t+1) = y(t)$$

吸引子:离散型 Hopfield 神经网络的稳定状态也被称为“吸引子”(attractor)或“不动点”(fixed point)。一般希望网络需要记忆的模式或样本均为网络的稳定状态,即吸引子。除此之外,网络中不应包含别的吸引子,因为它们属于多余的稳定状态。

吸引域:对于一个离散型 Hopfield 神经网络来讲,能够最终稳定在网络的某个吸引子的所有初始状态的集合,称为该网络吸引子所对应的吸引域。

2) 能量函数

在分析离散型 Hopfield 神经网络的稳定性时,还需要度量各向量之间的差异程度,因而需要引入某种度量标准或计算函数。这里是采用了信息学中常用的汉明距离作为度量的标准。两个向量 Y_1 和 Y_2 之间的汉明距离定义如下。

如果每个向量中的所有分量均有两种状态,分别在 $\{-1, +1\}$ 中取值,则它们之间的汉明距离的计算公式为

$$d_H(Y_1, Y_2) = \frac{1}{2} \sum_{i=1}^{n} |y_{1i} - y_{2i}| \tag{7-34}$$

　　从离散 Hopfield 神经网络动态特性可以看出：Hopfield 神经网络是一种多输入，并且含有阈值的二值非线性动力学系统。而在这种动力系统中，研究系统的稳定性通常使用"能量函数"的概念。系统在其动态变化过程中的能量函数的值在不断减小，最终达到某个极值点，这些极值点就可理解为系统的稳定状态。这种思想实际上是采用 Lyapunov 稳定性第二方法，能量函数也是 Lyapunov 函数。Hopfield 网络的能量函数的定义如下：

$$E = -\frac{1}{2}\sum_i\sum_j w_{ij}y_iy_j + \sum_i \theta_i y_i \qquad (7\text{-}35)$$

　　由于能量函数的表达式中 $y_i, y_j \in \{-1, +1\}$，并且 w_{ij} 和 θ_i 都是有界的，所以该能量函数也是有界的，其变化范围如下：

$$|E| \leqslant \frac{1}{2}\sum_i\sum_j |w_{ij}|\,|y_i|\,|y_j| + \sum_i |\theta_i|\,|y_i| = \frac{1}{2}\sum_i\sum_j |w_{ij}| + \sum_i |\theta_i|$$
$$(7\text{-}36)$$

　　在吸引子的吸引域内，随着网络状态的动态演变过程的进行，该神经网络的能量函数 E 是单调下降的，状态越接近于吸引子能量函数的值就越小，最终当能量函数达到极小值点并且不再变化时，就表明该神经网络已经处于稳定状态。

　　3) 稳定性判据

　　基于上述分析，Coben 和 Grossberg 在 1983 年给出了关于 Hopfield 神经网络稳定的充分条件，其具体内容如下。

　　如果 Hopfield 神经网络的权系数矩阵 W 是一个对称矩阵，并且其对角线元素全为 0，则说明该 Hopfield 网络是稳定的。

　　具体地讲，如果 Hopfield 网络的权系数矩阵 W 中的元素满足下面的条件，则表明该 Hopfield 网络是稳定的。

　　(1) 当 $i=j$ 时，$W_{ij}=0$；

　　(2) 当 $i\neq j$ 时，$W_{ij}=W_{ji}$。

　　值得注意的是上述条件只是 Hopfield 神经网络稳定的充分条件，而非必要条件。在实际应用中存在着许多稳定的 Hopfield 神经网络，但是它们并不满足其权系数矩阵 W 是对称矩阵这一条件。通过上述的分析，我们还能得到结论：那些无自反馈并且权系数是对称的 Hopfield 神经网络一定是稳定的网络。

　　在该结论的基础上，我们还可以推出 Hopfield 神经网络在同步方式和异步方式时的稳定性判定条件。

　　结论 1：对于离散型 Hopfield 神经网络，如果网络按照异步方式调整其状态，并且满足连接权矩阵 W 为对称阵：$w_{ij}=w_{ji}$，$w_{ii}>0$，则该网络对于任意初态，都能最终收敛到某个吸引子，即网络是稳定的。

结论 2:对于离散型 Hopfield 神经网络,如果网络按照同步方式调整其状态,并且满足连接权矩阵 W 为非负定的对称阵:$w_{ij} = w_{ji}$,$W \geqslant 0$,则网络对于任意初态都能最终收敛到某个稳定状态;如果连接权矩阵不满足非负定条件时,则网络不能保证同步演变过程的收敛性,有可能出现状态的周期性震荡,即形成权限环;而如果连接权矩阵为负定的,则网络会出现周期性震荡,出现权限环。

3. 离散型 Hopfield 神经网络的学习规则

Hopfield 神经网络的权系数的学习规则采用 Hebb 学习规则,即存储向量的外积存储规则(out product storage prescription)。下面简要介绍其工作原理。

假定有 m 个存储向量或记忆样本:$X_1, X_2, \cdots, X_m$,每个向量具有 n 个分量 $x_{ij}(j = 1, 2, \cdots, n)$。

将这 m 个存储向量存储到 Hopfield 神经网络中,则在网络中第 i 个和第 j 个节点之间的连接权系数的值为

$$w_{ij} = \begin{cases} \sum_{k=1}^{m} x_{ki} x_{kj}, & i \neq j \\ 0, & i = j \end{cases}$$

此时连接权矩阵可表示为

$$W = \sum_{k=1}^{m} (X_k X_k^{\mathrm{T}} - I)$$

当网络的学习过程完成之后,Hopfield 神经网络就可用于模式的联想记忆。针对 Hopfield 神经网络给出一个输入向量,该网络就开始进行状态演变,直到最终收敛到某个稳定状态,该稳定状态就表示 Hopfield 神经网络的联想结果。下面具体介绍关于 Hopfield 神经网络联想记忆的主要思想和相关结论。

4. 联想记忆

所谓联想就是从一种事物联系到其他与其相关事物的过程。联想记忆是人类智能的特点之一。在我们的日常生活中,从一种事物出发,我们会非常自然地联想到与该事物密切相关或存在某种因果关系的其他事务。人们常说的"触景生情"就是见到一些过去曾经接触过并且留下深刻印象的景物,很容易产生对过去所发生事物和情景的记忆和感触。

如前所述,Hopfield 神经网络的一个重要功能就是可用于联想记忆,也即用作联想存储器。而对于离散型 Hopfield 神经网络来讲,网络的稳定状态对应于所要记忆的信息,而从网络的初始状态到稳定状态的演变过程则可实现对信息的联想。

日常生活中的联想存在着两种形式,即自联想(auto-association)和异联想

(hetero-association)。

1）自联想

所谓自联想就是由某种具有代表性的事物（或该事物的主要特征）而联想到其所标示的实际事物。例如，由英文字头"newt"联想到"newton"；又如某首曲子的一部分旋律而联想到整个曲子。

2）异联想

异联想则是指由一种事物（或该事物的主要特征或部分主要特征）而联想到其他与其密切相关的另一事物。例如：当看到某人的名字时就会联想到其音容笑貌和其他特征；由质能关系式 $E=mc^2$ 联想到其发明者著名科学家爱因斯坦。

利用离散型 Hopfield 神经网络来实现记忆和联想的主要思想和实施步骤如下所示：

（1）根据欲存储的记忆模式的表示形式和维数，设计相应的离散型 Hopfield 网络的结构。

（2）将欲存储的记忆模式的信息设计成离散型 Hopfield 网络动力学过程的已知的渐近稳定平衡点。

（3）通过学习规则和相应的算法来搜索 Hopfield 网络合适的权值矩阵，实现将稳定状态存储到网络中。

（4）当 Hopfield 网络的权系数确定之后，只要向该网络给出一个输入向量，这个向量可能对应于已记忆模式的部分信息，即只包含记忆模式的不完全或者部分不匹配的数据，该网络同样能够得到所记忆信息的完整输出。

7.4.2　连续型 Hopfield 神经网络

连续型 Hopfield 神经网络是在离散型 Hopfield 神经网络的基础上提出的一种神经网络模型，它们的拓扑结构和工作原理是较为相似的。其不同之处在于每个神经元的功能函数不是阶跃函数（或符号函数），一般是采用 S 型的连续函数，其数学公式如下所示：

$$f(x) = \frac{1}{1 + e^{-x}} \tag{7-37}$$

同时，网络的输入状态和输出向量的取值，不再是离散的二进制量，而是在一定范围内变化的连续量。因此连续型 Hopfield 神经网络的状态演变也不再是异步方式或同步方式，而是连续的方式，其状态的表达式可表示为时间 t 的函数。这种拓扑结构和生物的神经系统中大量存在的神经反馈回路是一致的。

1. 工作原理

Hopfield 用模拟电路设计了一个连续型 Hopfield 神经网络的电路模型，其中每个神经元的电路组成如图 7-14 所示。

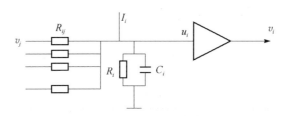

图 7-14　连续型 Hopfield 神经网络单个神经元的模拟电路图

　　连续型 Hopfield 神经网络单个神经元的模拟电路主要包含以下几个部分,它们是对生物神经元的模拟和近似。

　　(1) 其中运算放大器主要用来模拟神经元的非线性功能函数。每个神经元的功能函数通常采用连续可微并且单调非减的 Sigmoid 函数。

　　(2) 运算放大器输入端的 RC 并联电路用于模拟神经元动态特性的时间常数,其中,C_i 和 R_i 可视为神经元细胞膜的输入电容和传递电阻。

　　(3) 连接电阻 R_{ij} 则建立了第 j 个神经元与第 i 个神经元之间的信息传递通道,它用于模拟生物神经元的突触作用。

　　(4) 外加偏置电流 I_i 则用于模拟生物神经元的阈值或外部的刺激。

　　该神经元的动态变化方程可根据电路中的定律列出,具体的表达式为

$$\begin{cases} \sum_j w_{ij}(v_j - u_i) + I_i = C_i \dfrac{\mathrm{d}u_i}{\mathrm{d}t} + \dfrac{u_i}{R_i} \\ v_i = f(u_i) \end{cases} \tag{7-38}$$

　　假定网络中包含 n 个神经元,每个神经元的参数都相同,并且取其中的参数如下:

$$\frac{1}{R_i'} = \frac{1}{R_i} + \sum_{j=1}^{n} \frac{1}{R_{ij}}$$

$$\tau = R_i'C_i, \quad w_{ij} = \frac{1}{R_{ij}C_i}, \quad \theta_i = \frac{I_i}{C_i}$$

则神经网络的非线性动态方程可表示为如下的向量形式:

$$\begin{cases} U = -\dfrac{1}{\tau}U + WF(U) + \theta \\ V = F(U) \end{cases}$$

其中,$U = [u_1, u_2, \cdots, u_n]^{\mathrm{T}}, V = [v_1, v_2, \cdots, v_n]^{\mathrm{T}}, \theta = [\theta_1, \theta_2, \cdots, \theta_n]^{\mathrm{T}}$ 分别表示神经网络的状态向量、输出向量和偏置向量。而 W 为 $n \times n$ 的加权矩阵,$F(U) = [f(u_1), f(u_2), \cdots, f(u_n)]^{\mathrm{T}}$。

　　连续型 Hopfield 神经网络基于给出初始状态,可求解出该网络动态方程的解,如果这些解为一组确定的值,则说明连续型 Hopfield 神经网络能够逐渐运行至稳定状态。

　　2. 稳定性

　　连续型 Hopfield 神经网络的稳定性是网络设计中的关键问题,并且其内容也在不断地研究和完善。目前应用较广的是利用 Lyapunov 第二方法来研究网络的稳定性,Hopfield 所提出的能量函数(Lyapunov 函数)具有特定的物理意义,该函数建立在能量的基础上,其离散形式类似于铁磁材料中铁磁分子自旋的一种哈密顿能量。

　　1) 连续型 Hopfield 神经网络的能量函数

　　Hopfield 所提出的连续型 Hopfield 神经网络的能量函数的计算公式如下所示:

$$E(t) = -\frac{1}{2}\sum_{i=1}^{n}\sum_{j=1}^{n}w_{ij}v_i(t)v_j(t) - \sum_{i=1}^{n}v_i(t)I_i + \sum_{i=1}^{n}\frac{1}{R_i'}\int_0^{v_i(t)}f^{-1}(v)\mathrm{d}v$$

$$(7\text{-}39)$$

　　该能量函数与前面所介绍的离散型 Hopfield 神经网络能量函数的计算公式相比,多了公式中第三项,即积分项。该积分项表示运算放大器的输入 u_i 对于输出 v_i 曲线所包围的面积,表示能量项。由于运算放大器的放大倍数通常来讲都比较大,因而该积分项的值一般都比较小,所以往往都忽略不计。于是能量函数的计算公式可简化为

$$E(t) = -\frac{1}{2}\sum_{i=1}^{n}\sum_{j=1}^{n}w_{ij}v_i(t)v_j(t) - \sum_{i=1}^{n}v_i(t)I_i \qquad (7\text{-}40)$$

　　该能量函数为一个具有能量量纲的二次型函数。

　　2) 连续型 Hopfield 神经网络的稳定性

　　关于连续型 Hopfield 神经网络的稳定性,利用 Lyapunov 稳定性的第二方法,可得到下面的稳定性结论,即连续型 Hopfield 神经网络稳定性定理。

　　稳定性定理　对于连续型 Hopfield 神经网络,如果网络对称 $w_{ij}=w_{ji}$,$C_i > 0$,并且神经元的功能函数为连续单调递增函数,则随着网络状态的变化有

$$\frac{\mathrm{d}E(t)}{\mathrm{d}t} \leqslant 0$$

上式等号成立的充要条件为

$$\frac{\mathrm{d}v_i(t)}{\mathrm{d}t} = 0, \quad i \in \{1,2,\cdots,n\}$$

证明 由能量函数的计算公式可得

$$\frac{\mathrm{d}E(t)}{\mathrm{d}t} = \sum_{i=1}^{n} \frac{\partial E(t)}{\partial v_i(t)} \cdot \frac{\mathrm{d}v_i(t)}{\mathrm{d}t}$$

而

$$\sum_{i=1}^{n} \frac{\partial E(t)}{\partial v_i(t)} = -\sum_{j=1}^{n} w_{ij} v_j(t) + \frac{u_i(t)}{R_i'} - I_i = -C_i \frac{\mathrm{d}u_i(t)}{\mathrm{d}t}$$

故

$$\frac{\mathrm{d}E(t)}{\mathrm{d}t} = -\sum_{i=1}^{n} C_i \frac{\mathrm{d}u_i(t)}{\mathrm{d}t} \cdot \frac{\mathrm{d}v_i(t)}{\mathrm{d}t} = -\sum_{i=1}^{n} C_i \frac{\mathrm{d}u_i(t)}{\mathrm{d}v_i(t)} \cdot \left(\frac{\mathrm{d}v_i(t)}{\mathrm{d}t}\right)^2$$

$$= -\sum_{i=1}^{n} C_i \left(\frac{\mathrm{d}v_i(t)}{\mathrm{d}t}\right)^2 \frac{\mathrm{d}f^{-1}(v_i)}{\mathrm{d}v_i(t)}$$

由于 $C_i > 0$，并且 $f^{-1}(\cdot)$ 为连续单调递增函数，有

$$\frac{\mathrm{d}E(t)}{\mathrm{d}t} \leqslant 0$$

并且只有当 $\frac{\mathrm{d}v_i(t)}{\mathrm{d}t} = 0, i \in \{1, 2, \cdots, n\}$ 都成立时，$\frac{\mathrm{d}E(t)}{\mathrm{d}t} = 0$。

该定理表明，如果连续型 Hopfield 神经网络是对称的，则该网络的状态演变过程总是朝着能量减小的方向进行，并且网络的稳定平衡点就是能量函数的极小值点。

3. 优化计算

当应用连续型 Hopfield 神经网络来求解优化问题时，其主要的步骤如下所述。

(1) 首先对于所优化的问题建立其数学模型，并选择合适的表达方式使得连续型 Hopfield 神经网络的输出与优化问题的解相对应。

(2) 根据所优化问题的类型和特点，构造恰当的网络能量函数，使其最小值对应于优化问题的最优解。

(3) 将 Hopfield 神经网络的能量函数与能量函数的标准形式相对照，推导出神经网络的结构参数，包括神经元之间的连接权系数 w_{ij} 和偏置电流 I_i。

(4) 根据所得到连接权系数 w_{ij} 和偏置电流 I_i 构造 Hopfield 神经网络，并且运行该网络，当网络稳定时的输出状态就对应于优化问题的优化解。其中，Hopfield 神经网络的运行可以通过硬件实现和计算机仿真两种方式。

7.5　小脑模型神经网络

如果从神经网络的函数逼近功能角度来进行划分,神经网络可以分为全局逼近神经网络和局部逼近神经网络。如果神经网络的一个或多个可调参数(权值和阈值)在输入空间的每一个向量对任何一个网络输出都有影响,则称该神经网络为全局逼近神经网络,前面所介绍的多层前馈 BP 网络就是全局逼近网络的典型例子;如果对于网络输入空间的某个局部区域只有少数几个连接权值会影响到网络的输出,则称这种网络为局部逼近神经网络。目前常用的局部逼近神经网络有小脑模型神经网络和 RBF 神经网络等。前面已经介绍过 RBF 神经网络,本节主要介绍小脑模型神经网络的结构和工作原理。

小脑模型神经网络是 Albus 于 1972 年所提出的一种模拟小脑功能的神经网络模型,称为小脑模型连接控制器(cerebellar model articulation controller, CMAC)[21]。最初 Albus 是为了专门控制机器人的多自由度而提出的,CMAC 神经网络是仿照小脑控制肢体运动的原理而建立的一种神经网络模型,它将多维离散的输入空间经过映射形成复杂的非线性函数。CMAC 神经网络最初主要用来控制机器人的机械手的关节运动,后来被进一步应用于机器人控制、模式识别、信号处理以及自适应控制等领域。

7.5.1　CMAC 神经网络模型及工作原理

1. CMAC 神经网络的结构

CMAC 神经网络的基本思想在于:对于输入状态空间所给出的一个向量,从存储单元中找到该向量所对应的地址,并将这些存储单元中的存储的权值进行求和得到网络的输出,CMAC 神经网络是把多维离散的输入空间经过映射得到复杂的非线性函数。在网络的有监督学习过程中,将网络的实际输出值与期望的输出值进行比较,并根据学习算法修改这些已激活的存储单元中的权值。CMAC 神经网络可以描述为三层的映射过程,图 7-15 就是一种二维输入、量化层数为三的 CMAC 神经网络结构图。

CMAC 神经网络首先利用散列编码进行多对少的映射,目的是压缩查表的规模;然后通过对输入分布信号的测量值进行编码,提供输出响应的泛化和插补功能;最后通过有监督学习过程,得到期望的非线性函数,其中学习的过程就是在查表过程中修正地址以及每个地址所对应的权值。

2. CMAC 神经网络的工作原理

输入状态空间的每一个状态在概念存储空间对应一个唯一存储单元,假定输

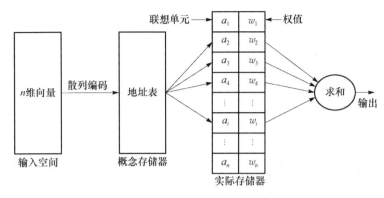

图 7-15　CMAC 神经网络的结构图

入向量的每个分量被量化为 p 个等级,则概念存储空间至少应有 n^p 个存储单元来存储这些状态。但对于大多数实际问题,输入向量往往不会包含所有可能的输入值,则在一个相对较小的区域内取值,因而概念存储器只需保留该区域所对应的存储单元。从输入空间向量映射到概念存储器单元,是一种由大到小的映射,利用哈希编码(hash-coding)它可将具有 n^p 个存储单元的地址空间映射到一个相对小得多的物理地址连接中。概念存储器存放的实际是哈希编码的地址表,每个地址和输入状态空间的每个样本点一一对应。

哈希编码是压缩稀疏矩阵的一种常用技术,在每个物理地址连接中有 M 个实际物理地址与之相对应,这 M 个物理地址单元中权值之和就作为 CMAC 网络的输出。图 7-16 即是输入向量中某维分量离散化以及与哈希编码的对应关系。

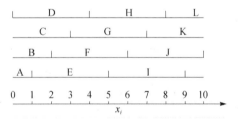

图 7-16　向量的离散化与哈希编码

该分量对应的量化层数为 4 层,其中每两个量化层都只相差一个量化步长。当输入信号落入到某一层某个量化间隔中时,所对应的编码中即包含该单元,如 $x_1 = 2$ 时,其对应的编码为 EBCD。

表 7-1 表示一个二维输入状态向量空间到概念存储区的映射关系,其中每个输入状态向量所对应的联想单元的数目为 4 个,表中所表示的 25 种输入状态实际上可用 25 个虚拟地址来表示,表中的 $(5 \times 5 \times 4) = 100$ 个元素经过泛化后可以仅用 16 个不同元素进行表示,它们分别是"Aa、Ae…,Hd,Hh",即表中只有 16 个元素是不相同的,其中每个元素存放在实际存储器中联想单元的一个物理地址中。从概念存储器到实际存储器和映射关系也是一种压缩存储,在实际的存储器每个联想单元的地址中存放的是一个权值,而网络的输出则是这些选中的地址中的权值之和。

可以看到,CMAC 神经网络实质上是采用了智能自适应查表技术,从网络的输入到网络的输出经历了两次映射过程:分别从输入状态到概念存储器的哈希编码,以及从概念存储器到实际存储器的压缩存储,它能够实现将多维的离散输入向量经过映射形成复杂的非线性函数。

表 7-1　二维输入向量到概念存储器的映射关系表

x_2 ＼ x_1		1	2	3	4	5
		ABCD	EBCD	EFCD	EFGD	EFGH
1	abcd	Aa Bb Cc Dd	Ea Bb Cc Dd	Ea Fb Cc Dd	Ea Fb Gc Dd	Ea Fb Gc Hd
2	ebcd	Ae Bb Cc Dd	Ee Bb Cc Dd	Ee Fb Cc Dd	Ee Fb Gc Dd	Ee Fb Gc Hd
3	efcd	Ae Bf Cc Dd	Ee Bf Cc Dd	Ee Ff Cc Dd	Ee Ff Gc Dd	Ee Ff Gc Hd
4	efgd	Ae Bf Cg Dd	Ee Bf Cg Dd	Ee Ff Cg Dd	Ee Ff Gg Dd	Ee Ff Gg Hd
5	efgh	Ae Bf Cg Dh	Ee Bf Cg Dh	Ee Ff Cg Dh	Ee Ff Gg Dh	Ee Ff Gg Hh

7.5.2　CMAC 神经网络的学习算法

1. 常规学习算法

CMAC 神经网络对于给出的输入向量,首先进行散列编码,并且选中其中的 M 个联想单元,然后根据这些联想单元中的权值计算得到网络的输出向量。CMAC 神经网络的学习过程根据网络的期望输出与实际输出的误差大小不断调整和更新 CMAC 联想单元中的权值。在常规的 CMAC 学习算法中,误差被平均分配到所有被激活的联想单元中。假设 X_i 为某一输入状态,$w_j(t)$ 是经过第 t 次迭代后存储在第 j 个联想单元中的权值,则 CMAC 网络中 $w_j(t)$ 的调整公式为

$$w_j(t) = w_j(t-1) + \frac{\alpha}{M}\Big[\bar{y}_s - \sum_{j^*=1}^{M} a_{j^*}(x)w_{j^*}(t-1)\Big] \qquad (7-41)$$

其中,$\bar{y}_s$ 为状态 s 的期望输出;α 为学习常数;$\sum_{j^*=1}^{M} a_j(x)w_{j^*}(t-1)$ 为网络对应于状态 X_i 的实际输出;j^* 表示被选中的联想单元的序号。

可以看出,在常规的学习算法中误差是被平均分配到所有被激活的存储单元,但是在若干代的训练之后,最初的存储单元已经包含了一些先前学习的知识,这些存储单元的学习历史不可能完全相同,所以这些存储单元的权值也不应该有相同的可信度。如果按照常规的学习算法,那么那些由未学习状态所产生的误差将比先前的学习信息产生一种称为腐蚀(corrupt)的效应。下面介绍针对 CMAC 神经网络常规学习算法的两种改进算法。

2. 基于信度分配的学习算法

为了避免常规学习算法中的"腐蚀"效应,研究人员提出了新的学习方法,校正误差并不是平均分配到所有被激活的存储单元,而是根据每个存储单元的可信度来进行分配。一般常用的信息就是每个存储单元的权值到目前为止的更新次数,并且假定存储单元学习更新次数越多,其存储的数值越可靠,因此就将存储单元的学习次数看成其可信度。基于信度分配的学习算法就是根据每个存储单元的可信度来进行权值修正,存储单元的可信度越高,则其权值修正的幅度就越小,具体的计算公式如下式所示:

$$w_j(t) = w_j(t-1) + \alpha \cdot \frac{[f(j)+1]^{-1}}{\sum\limits_{l=1}^{M}[f(l)+1]^{-1}} \cdot \left[\bar{y}_s - \sum\limits_{j^*=1}^{M} a_{j^*}(x)w_{j^*}(t-1) \right]$$

(7-42)

其中,$f(j)$ 为第 j 个存储单元的学习次数,而 M 为被激活的存储单元的数目。可以看出,与常规学习算法相比,其权值更新的思想是校正误差与被激活单元的学习次数成反比,它能够有效改善神经网络的学习性能。但是这种学习算法也有其不足,因为它没有考虑到已学习的先前知识与那些未学习或者少学习的知识对于网络输出误差影响程度地不同,即所谓的"学习"与"遗忘"的平衡问题。

3. 改进的基于信度分配的学习算法

基于以上的分析,基于信度分配的学习算法虽然能够解决校正误差的平均分配问题,但是仍然存在着"学习"与"遗忘"的平衡问题。为此研究人员在基于信度分配的学习算法的基础上,提出了一种称为"平衡学习"的新概念,并且设计出一种改进的基于信度分配的学习算法,此时权值的修正公式被改写为

$$w_j(t) = w_j(t-1) + \alpha \cdot \frac{[f(j)+1]^{-k}}{\sum\limits_{l=1}^{M}[f(l)+1]^{-k}} \cdot \left[\bar{y}_s - \sum\limits_{j^*=1}^{M} a_{j^*}(x)w_{j^*}(t-1) \right]$$

(7-43)

其中,k 是一个平衡学习常数,当 k 为 0 或者为 1 时,学习算法就是前面所述的常规学习算法和基于信度分配的学习算法。当平衡学习常数的值很大时,则那些学习次数 $f(j)$ 较大的存储单元的权值基本上不变,那些未学习的或者学习次数 $f(j)$ 较少的激活单元在进行权值修正时,将获得很大比例的误差校正值。反之,当平衡学习常数的值很小时,则学习次数 $f(j)$ 的值对信度分配的影响也比较小。特别地,当 $k=0$ 时,学习次数 $f(j)$ 对信度分配的影响为零,这种情形就是指在网络的

学习过程中"遗忘"占主导地位。

7.6　自组织神经网络

　　自组织神经网络通过模拟大脑神经系统的自组织功能,自动地寻找样本中的内在规律和本质属性,进而自组织和自适应地改变神经网络的结构和参数。自组织神经网络的自组织功能是通过竞争学习(competitive learning)来实现的,自组织神经网络采用的学习算法称为竞争式学习方法,它通过模拟生物神经系统的神经元之间的兴奋、协调与抑制、竞争的动力学原理,来指导人工网络的学习与信息处理功能。

7.6.1　自适应共振理论神经网络

　　1976 年,美国 Boston 大学的学者 Carpenter 提出了自适应共振理论(adaptive resonance theory,ART),多年来他一直试图为人类的心理和认知活动建立统一的数学理论和模型,自适应共振理论就是这一理论的核心部分。随后 Carpenter 又与 Grossberg 共同提出了 ART 神经网络[7]。

　　ART 神经网络借鉴和模拟了人类学习和认知过程中的自适应性,能够在学习新知识的过程中,保留对原有知识的记忆功能,即 ART 神经网络具有记忆和分类功能。经过长期的发展,ART 神经网络具有多种模型结构。ART1 模型主要用于处理双极性和二进制信号;ART2 模型则是 ART1 模型的扩展形式,可以用来处理连续性模型信号,但是同时也能够处理二进制信号;ART3 模型是一种分级搜索模型,它兼容前两种模型的功能并将两层神经元网络扩展为任意多层神经元网络。ARTMAP 模型则是将两个 ART1 模型级联在一起,并在两者之间通过一个内部映射机构来实现多维映射。ARTMAP 模型既可以用作函数逼近,也可以用作模式分类功能。FUZZYART 模型则是由 ART1 模型发展而来,它是将模糊理论与神经网络相结合,能够稳定地学习并识别任意模拟信号或二值信号。

　　1. ART 网络模型

　　ART 网络模型的结构图如图 7-17 所示。ART 网络模型的总体结构可分为两个子系统:注意子系统(attentional subsystem)和调整子系统(orienting subsystem),这两个子系统是功能互补的。ART 网络模型通过这两个子系统以及控制机制之间的交互作用来处理熟悉或者不熟悉的事件。在注意子系统中,有 F1 和 F2 两个采用短期存储单元所组成的部件,即 STM-F1 和 STM-F2,二者之间的连接通道则是长期存储单元 LTM。增益控制有两个作用:一个作用是在 STM-F1 中用于区别自下而上和自上而下的信号;另一个作用则是当输入信号进入系统时,

STM-F2 能够对来自 STM-F1 的信号起到阈值作用。调整子系统由比较单元和 STM 重置通道所组成。

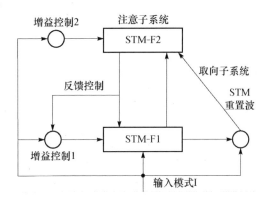

图 7-17　ART 网络模型的结构图

　　在具体介绍注意子系统和取向子系统的功能之前,首先需要介绍两个重要的概念,即神经网络节点的内星矢量(instar vector)和外星矢量(outstar vector)。其中,内星矢量表示神经网络中从其他节点发出的来到本节点的权值所组成的向量;而外星矢量则表示神经网络中自本节点发出的去向其他节点的权值所组成的向量。

　　注意子系统的作用是对系统遇到过的熟悉事件进行处理,并在这个子系统中建立熟悉事件对应的内部表示,这在实际应用中是对 STM 中的激活模式进行编码。同时注意,子系统中还产生一个从 STMF2 到 STMF1 的自上而下的期望样本,用以帮助稳定已经被学习过的熟悉事件。

　　调整子系统的作用则是对不熟悉事件产生响应,并进行相应的处理。当系统中有不熟悉事件输入时,注意子系统无法对这些事件进行编码,因而设置一个调整子系统,用于对不熟悉事件建立新的聚类编码。

　　ART 网络模型就是由注意子系统和调整子系统共同作用,来完成神经网络的自组织功能的,设计思想是采用竞争学习和自稳机制。ART1 神经网络的结构图如图 7-18 所示,它包含两层神经网络,分别是比较层(简称 C 层)和识别层(简称 R

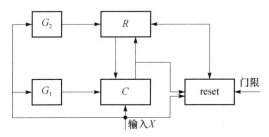

图 7-18　ART1 神经网络的结构图

层）。该神经网络还有三种控制信号，分别是复位信号 reset 和两种逻辑控制信号 G_1 和 G_2，分别控制 C 层和 R 层。

1）C 层

假定 C 层具有 n 个节点，每个节点有三个输入信号和一个输出信号，如图7-19

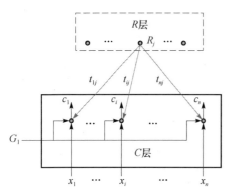

图 7-19　C 层的结构示意图

所示。对于 C 层的第 i 个节点，其三个输入信号分别是该神经网络输入向量的第 i 个分量，来自 R 层获胜神经元的反馈信号以及控制信号 G_1，该节点的输出 c_i 是根据"2/3 多数原则"产生的，即取三个输入信号中的多数相同的值。

由 R 层的第 j 个节点向下反馈到 C 层的向量可用 $T_j = (t_{1j}, t_{2j}, \cdots, t_{nj})$ 进行表示。

当 R 层的反馈回送信号为 0 时 $G_1 = 1$，此时 C 层的输出由输入信号的取值决定，即 $C = X$；而当 R 层反馈回送信号不为 0 时，$G_1 = 0$，此时 C 层的输出则由输入信号与反馈信号的比较情况来决定：如果两者符号相同，则 $c_i = x_i$，否则 $c_i = 0$。

2）R 层

假定 R 层包含 m 个节点，表示 m 个模式类别，其中的数目随着学习过程的进行可动态增长，表示新增加的模式类。R 层的结构示意图如图 7-20 所示。

由 C 层向上连接到 R 层的第 j 个节点的向量可用 $W_j = (w_{1j}, w_{2j}, \cdots, w_{nj})$ 进行表示。

C 层的输出向量沿 m 个权向量 $W_j (j = 1, 2, \cdots, m)$ 向前传送，到达 R 层各个神经元节点后经过竞争再产生获胜节点，指示本次输入模式的所属类别。其中，获胜节点的输出 $r_{j^*} = 1$，而其余节点输出为 0。

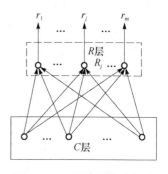

图 7-20　R 层的结构示意图

3）控制信号

ART1 神经网络总共包含三种控制信号，分别是复位信号 reset 和两种逻辑控制信号 G_1 和 G_2，它们分别控制 C 层和 R 层。

（1）G_1 信号：在初始时 $G_1 = 1$，此时比较层的输出等于输入向量即 $C = X$，此后 $G_1 = 0$，比较层的输出则由输入向量和 R 层反馈信号的比较结果来决定。概括起来讲，当 R 层反馈信号为全 0，且输入向量不为全 0 时 $G_1 = 1$，在其他情况下，$G_1 = 0$。

（2）G_2 信号：G_2 信号则用于检测输入向量是否为全 0，如果其为零向量则

$G_2 = 0$，否则，$G_2 = 1$。

（3）reset 信号：复位信号的作用是使 R 层的获胜神经元无效，重新确定新的获胜神经元。在网络运行过程中，如果输入向量 X 与获胜神经元之间没有达到预先设定的相似度阈值，则表明它们不属于同一类别，于是发出 reset 信号使 R 层当前的获胜神经元无效。

2. ART 网络的运行原理

接下来，我们仍然针对 ART1 神经网络来说明其基本工作原理。从网络输入模式到最后将该模式存储到相应的模式类别中，ART1 神经网络的运行过程一共经历三个阶段，即识别阶段、比较阶段和搜索阶段，下面分别进行具体说明。

1）识别阶段

网络在没有输入信号之前一直处于等待状态，此时信号 $G_2 = 0$，R 层的所有输出均为 0。当网络有输入信号后，输入向量为不全为 0 的模式 X，此时 $G_2 = 1$，$G_1 = 1$。G_2 信号用于检测输入向量是否为全 0，而 G_1 信号为 1 时则允许输入模式直接从 C 层输出，并向前传至 R 层，R 层每个节点的输出计算公式如下：

$$\text{net}_j = W_j^{\mathrm{T}} X = \sum_{i=1}^{n} w_{ij} x_i, \quad j = 1, 2, \cdots, m \tag{7-44}$$

其中，$W_j = (w_{1j}, w_{2j}, \cdots, w_{nj})$ 表示由 C 层向上连接到 R 层的第 j 个节点的向量，选择其中具有最大匹配度（即最大点积）的节点为竞争获胜节点：

$$\text{net}_{j^*} = \max_j \{\text{net}_j\} \tag{7-45}$$

R 层的获胜节点输出为 1，即 $r_{j^*} = 1$，而识别层中的其他节点输出都为 0。

2）比较阶段

当得到 R 层的获胜节点后，R 层的反馈信号通过 m 个权值向量 $T_j = (t_{1j}, t_{2j}, \cdots, t_{nj})$ 向量返回到 C 层。此时，R 层的反馈信号不全为 0，而 $G_1 = 0$，R 层获胜节点 j^* 向 C 层输出的权值向量被激活，n 个权值信号返回到比较层的 n 个节点，所以 C 层新的输出状态取决于由 R 层返回的权值向量和网络输入模式 X 进行比较的结果。该结果也同时反映了在上一阶段竞争排名第一的模式与当前输入模式 X 的相似程度。具体的计算公式为

$$N_0 = X^{\mathrm{T}} T_{j^*} = \sum_{i=1}^{n} t_{ij} \cdot x_i \tag{7-46}$$

假设输入样本向量中非零分量的数目用 N_1 进行度量，其计算公式为

$$N_1 = \sum_{i=1}^{n} x_i \tag{7-47}$$

接下来判断该输入模式与模式类典型向量之间的相似性是否低于警戒门限

ρ,如果 $N_0/N_1 > \rho$,表明输入向量 X_i 与获胜节点对应的类别模式 T_{j^*} 非常接近,此时称输入向量与类别模式向量发生了共振,第一阶段的匹配结果有效,网络开始进入学习阶段;而如果 $N_0/N_1 < \rho$,则表明输入向量 X_i 与获胜节点对应的类别模式 T_{j^*} 的相似程度不满足要求,此时网络发出 reset 信号使第一阶段的匹配失败,竞争获胜节点无效,网络开始进入搜索阶段。

3) 搜索阶段

当网络发出 reset 复位信号后即开始进入搜索阶段,复位信号的作用是使前面识别层中通过竞争获胜的神经元受到抑制,并且在后续的搜索过程中持续受到抑制,直到网络结束搜索过程并开始输入新的模式为止。

3. ART 网络的学习算法

对 ART1 网络而言,在学习阶段的主要任务是对 R 层中发生共振的获胜节点所对应的模式类进行强化学习,使得以后网络如果出现与该模式相似的输入样本时能够获得更大的共振效果。ART1 网络进行学习的算法步骤及具体操作如下。

1) 网络初始化

将所有从 C 层向上传递到 R 层的内星向量 W_j 赋予相同并且较小的初值,例如:

$$w_{ij}(0) = \frac{1}{1+n}, \quad i = 1, 2, \cdots, n; j = 1, 2, \cdots, m$$

而将所有从 R 层传递到 C 层的外星向量 t_{ij} 的各分量则均赋予 1:

$$t_{ij}(0) = 1, \quad i = 1, 2, \cdots, n; j = 1, 2, \cdots, m$$

2) 对输入模式进行匹配度计算

针对网络的输入模式向量 $X_i = (x_1, x_2, \cdots, x_n)$,计算其与 R 层的所有内星向量 W_j 的匹配度:

$$W_j^{\mathrm{T}} X = \sum_{i=1}^{n} w_{ij} x_i, \quad j = 1, 2, \cdots, m$$

3) 得到 R 层的获胜节点

从 R 层的有效输出节点集合 Φ 中选择匹配度最大的节点作为获胜节点 j^*,并产生 R 层的输出信号:

$$r_j = \begin{cases} 1, & j = j^* \\ 0, & j \neq j^* \end{cases}$$

4) 相似度计算及判定

R 层的获胜节点 j^* 通过外星向量反馈回该获胜模式类的典型向量 T_{j^*},而 C 层的输出信号 $c_i (i = 1, 2, \cdots, n)$ 则给出对该向量和输入模式 X_i 的比较结果,然后根据该比较结果就可以计算出两向量之间的相似度,同时判断其相似度是否满足所设定的门限值。具体的计算公式和判断过程如下。

首先给出 N_0 和 N_1 的计算公式:

$$N_0 = X^{\mathrm{T}} T_{j^*} = \sum_{i=1}^{n} t_{ij^*} \cdot x_i$$

$$N_1 = \sum_{i=1}^{n} x_i$$

如果 $N_0/N_1 > \rho$,表明输入向量 X_i 与获胜节点对应的类别模式 T_{j^*} 非常接近,划分到相应的类别中,并转到步骤6)进行网络权值的调整。

而如果有 $N_0/N_1 < \rho$,则表明输入向量 X_i 与获胜节点对应的类别模式 T_{j^*} 的相似程度不能满足要求,因此从 R 层中当前的有效输出节点集合 J^* 中取消该节点,并使网络训练过程重新进入模式的搜索匹配阶段。

5) 模式的搜索匹配

如果网络当前的有效输出节点集合 J^* 不为空,则转向步骤2)重选匹配模式类;而如果 J^* 为空集,则需要在 R 层再增加一个新的节点。

假设该新增加的节点的序号为 nc,其对应的内星向量和外星向量的设置如下:

$$W_{nc} = X_i, \quad t_{inc} = 1, \quad i = 1, 2, \cdots, n$$

此时有效输出节点集合为 $J^* = \{1, 2, \cdots, m, m+1, \cdots, m+nc\}$,网络的训练转到步骤2)开始输入新的模式向量。

6) 调整网络的权值

只调整 R 层获胜节点所对应的内星向量和外星向量,两种向量分别采用不同的规则。其中外星向量的调整规则如下:

$$t_{ij^*}(t+1) = t_{ij^*}(t) \cdot x_i, \quad i = 1, 2, \cdots, n$$

而该节点所对应的内星向量则按下式进行调整:

$$w_{ij^*}(t+1) = \frac{t_{ij^*}(t) \cdot x_i}{0.5 + \sum_{i=1}^{n} t_{ij^*}(t) \cdot x_i} = \frac{t_{ij^*}(t+1)}{0.5 + \sum_{i=1}^{n} t_{ij^*}(t+1)}, \quad i = 1, 2, \cdots, n$$

7.6.2 自组织特征映射网络

自组织特征映射网络(self-organizing feature map,SOM)是另外一种具有自组织特性的神经网络,这种神经网络的独特之处在于其考虑到了输出神经元之间的空间关系,并且利用一个简单的一维或者二维神经元网格,逐步地将完全无序的系统排列成有序的系统。自组织特征映射网络的设计思想在本质上是希望解决有关外界信息在人脑中自组织地形成概念的问题。自组织特征映射网络的学习过程完美而和谐地体现了自组织学习的基本精神：竞争、协作以及神经元自我增强功能。

1. 自组织特征映射网络模型

自组织特征映射网络是由芬兰学者 Kohonen 于 1981 年所提出的一种模拟生物学原理的神经网络模型，有时也称该网络为 Kohonen 特征映射网络[14]。这种网络是一个由全连接的神经元阵列所组成的无教师信号的自组织和自学习网络，其基本结构如图 7-21 所示。

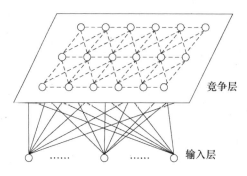

图 7-21　自组织特征映射网络的结构图

自组织特征映射网络主要是模拟大脑神经系统的自组织特征映射的功能，能够在网络的学习过程中无监督地进行自组织学习。自组织特征映射网络的基本思想是在完成某一特定功能的网络区域中，若干神经元能够对含有不同特征的外界刺激同时产生响应。自组织特征映射网络根据其学习规则，能够对输入模式进行自动分类，并且在网络的竞争层将分类结果表现出来。

1) 生物学基础

20 世纪 60 年代末，美国科学家 Hubel 和 Wiesel（曾荣获 1982 年诺贝尔生理学或医学奖）发现，在大脑视觉皮层中，具有相同图像特征选择性和相同感受野位置的众多神经细胞，以垂直于大脑表面的方式排列成柱状结构——功能柱[22]。功能柱垂直地贯穿大脑皮层的六个层次，同一个功能柱内所有的神经细胞都编码相同的视觉信息。迄今为止，科学家在高等动物的大脑皮层上已经发现了多种与处理不同感觉信息相关的功能柱。因此，垂直的柱状结构已经被看成是大脑功能组织的一个基本原则，这也是最近三十多年中在脑研究领域所取得的最重要进展之一。

人们通过长期研究发现，大脑皮层由许多不同的功能区域构成，有的区域负责运动控制，有的区域负责视觉，而有的区域则专门负责听觉。人类大脑皮层的这种区域忙结构虽然是由遗传特性所决定的,具有先天性,但是各个区域所具有的功能则大部分是通过后天的学习以及对环境的适应而取得的。神经元的这种特性称为自组织特性。大脑神经细胞的区域性结构和自组织特性,大脑神经细胞的记忆方式以及神经细胞兴奋刺激的规律等都在自组织特征映射网络中得到了体现和反映。

2) 网络功能

自组织特征映射网络能够从输入样本中发现规律、特征,并且根据这些规律来相应地调整网络,最终在网络的竞争层将这些信息体现出来。自组织特征映射网络不仅能够学习输入样本的分布情况,而且还能得到输入样本的拓扑结构。因此经常利用这种神经网络的自组织和自适应能力,来对复杂对象进行聚类和分类分析。自组织特征映射能够识别相似的输入向量,常用于进行模式分类、样本排序以及样本特征检测等。但是与其他类型的网络进行分类的区别在于:自组织特征映射网络不是以一个神经元来体现分类的结果,而是以一个区域的神经元共同完成模式分类的功能。

2. 自组织特征映射网络的学习算法

自组织特征映射网络的学习算法包含两个部分,分别是最优匹配神经元的选择和网络中权系数的自组织调整过程。最优匹配神经元的选择实际上是选择输入模式所对应的中心神经元,而权系数的自组织过程则是以“墨西哥帽”的形态来保存输入模式。下面分别介绍最优匹配神经元的选择和网络权系数的自组织调整过程。

1) 最优匹配神经元的选择

对于某个输入模式 $X_k = (x_1, x_2, \cdots, x_n)$,神经网络的第 j 个输出层神经元有对应的权系数向量 $W_j = (w_{1j}, w_{2j}, \cdots, w_{nj})$。权系数向量是对输入模式的映射,即权系数向量的某一形态对应于某一个具体的输入模式。输入向量 X_k 与权系数 W_j 之间的匹配程度是利用两者之间的内积 $X^T W_j$ 来进行表示的,内积的最大处正是“气泡”的中心。当内积最大时,也正是这两个向量之间差的范数最小时,一般采用欧几里得距离来进行度量:

$$\| X - W_C \| = \min_j \| X - W_j \| \tag{7-48}$$

其中,C 就是最为匹配的神经元,也就是“气泡”的中心;而 W_C 则是对应的权系数向量。当得到“气泡”中心之后,接下来就是对以 C 为中心在邻域 N_C 范围内的神经元的权系数进行自组织调整过程。

2) 网络权系数的自组织调整过程

在自组织特征映射网络中,网络权系数在进行自组织调整过程中,调整的计算公式如下式所示：

$$w_{ij}(k+1) = \begin{cases} w_{ij}(k) + \eta(k)[X_i(k) - w_{ij}(k)], & j \in N_C \\ w_{ij}(k), & j \notin N_C \end{cases} \quad (7\text{-}49)$$

其中，$X_j(k)$ 为第 i 个神经元的输入；而 $W_{ij}(k)$ 为输入神经元 i 和输出神经元 j 在时间时的权系数。对于气泡中心神经元 C，其对应的邻域是以 C 为中心的某一半径范围内的所有神经元的集合。

邻域的范围是随时间不断发生变化的，一般在学习开始时其选择范围可以较大一些，而随着时间的增长，邻域的范围逐渐变小，最终甚至可以终结在神经元 C 处，即整个邻域仅包含一个神经元 C。

对于学习率而言，如果是对于连续系统通常取

$$\eta(t) = \frac{1}{t} \quad 或 \quad \eta(t) = 0.2\left(1 - \frac{t}{10000}\right)$$

而对于离散系统而言，则一般取

$$\eta(t+k) = \frac{1}{t+k} \quad 或 \quad \eta(t+k) = 0.2\left(1 - \frac{t+k}{10000}\right)$$

可以看出，无论是对于连续系统还是离散系统，学习率都会随着时间的增加或者采样周期的推移而呈单调下降趋势。

利用上述的学习算法，对自组织特征映射网络进行学习的具体步骤如下：

(1) 初始化网络连接权值。将网络的连接权值 $\{w_{ij}\}$ 赋予 $[0,1]$ 区间内的随机值，确定学习率 $\eta(t)$ 的初始值 $\eta(0)(0 < \eta(0) < 1)$，并且确定邻域参数 $N_g(t)$ 的初始值 $N_g(0)$。令迭代周期 $t=0$。

(2) 给网络提供输入模式 $A_k = (a_1, a_2, \cdots, a_n)(k=1,2,\cdots,p)$，开始网络的训练过程。

(3) 对于网络的第 j 个输出神经元，计算对应的连接权向量 $W_j = (w_{1j}, w_{2j}, \cdots, w_{nj})$ 与输入模式 $A_k = (a_1, a_2, \cdots, a_n)$ 之间的距离，一般采用欧几里得距离进行度量：

$$d_{jk} = \| A_k - W_j \| = \left(\sum_{i=1}^n (a_i - w_{ij})^2\right)^{1/2}, \quad j = 1,2,\cdots,M \quad (7\text{-}50)$$

(4) 寻找其中的最短距离，距离最小的神经元就是最优匹配的神经元，也就是最终获胜的神经元 g，它满足下面的条件：

$$\| A_k - W_g \| = \min_j(d_{jk}), \quad j = 1,2,\cdots,M \quad (7\text{-}51)$$

(5) 进行网络连接权值调整。将竞争层内与获胜神经 g 在 $N_g(t)$ 的距离范围内的所有神经元与输入神经元的连接权值按照以下公式进行调整：

$$w_{ij}(k+1) = \begin{cases} w_{ij}(k) + \eta(k)[a_i - w_{ij}(k)], & j \in N_g(t) \\ w_{ij}(k), & j \notin N_g(t) \end{cases} \quad (7\text{-}52)$$

　　(6) 将下一个输入学习模式提供给网络的输入层,并返回到步骤(3),直至所有 p 个学习模式全部提供一遍。

　　(7) 分别更新网络的学习率 $\eta(t)$ 及领域参数值 $N_g(t)$:

$$\eta(t) = \eta(0) \times (1-t/T)$$
$$N_g(t) = \text{INT}[N_g(0) \times (1-t/T)]$$

其中,INT 表示取整函数。

　　可以看出,学习率是递减的增益函数,它随着学习时间的增加而逐渐趋于 0,保证了学习的过程是必然收敛的。

　　(8) 令 $t=t+1$,并返回到步骤(2),直到 $t=T$ 时为止。

　　Kohonen 已经证明在学习结束时,每个权系数向量 W_j 都近似地落入到由神经元 j 所对应的类别中,可以认为该权系数向量就是每个输入模式的最优参考向量。自组织特征映射网络的学习是一种无导师的学习,输入信号模式是环境自行给出的,而不是人为给出的。当然,这种学习也可以是有导师的,这时则是人为地给出导师信号作为输入。

　　3. 自组织特征映射网络的特征

　　自组织特征映射网络的学习方式是一种无导师的学习方式,输入信号模式是由外界环境自行给出的,而不是人为给出的。自组织特征映射网络在无教师示教的情况下,通过对输入模式的自组织学习,在竞争层将分类结果表示出来。这种表现方式的不同之处在于:它不是以一个神经元或者网络的状态矢量反映分类结果的,而是由若干神经元来同时(并行)反映结果。在某些情况下,自组织特征映射网络的学习方式也可以是有导师的,如我们可以人为地将某些指导信息作为导师信号,并且提供给网络进行学习。

　　此外,自组织特征映射网络之所以被称为特征映射网络,是因为这种网络通过对输入模式的反复学习,可以使连接权矢量的空间分布密度与输入模式的概率分布趋于一致,即连接权矢量的空间分布能反映输入模式的统计特征。

7.7　总　　结

　　人工神经网络技术和方法是计算智能技术的一个重要研究分支。人工神经网络技术是在现代神经科学的基础上提出和发展起来的,旨在模拟和借鉴人脑的结构及功能而提出的一种抽象数学模型。自从 20 世纪 40 年代年美国心理学家 McCulloch 和数学家 Pitts 提出形式神经元的抽象数学模型——MP 模型以来,人工神经网络已经经历了半个多世纪较为曲折的发展历程,其中既有发展的低谷期和停滞期,也有获得快速发展并且涌现大量理论和实际应用的活跃期。总而言之,人工神经网络的技术自从诞生以来,针对其理论和应用的研究取得了重大进展,迄今已经发展成一门涵盖物理学、数学、计算机科学、神经生物学等多个学科的交叉学科,人工神经网络的深入研究和发展必然也会带动其他相关学科的快速发展。

目前,神经生物学家和相关领域的研究人员正在进行更深层次的人类脑神经系统理论研究,目标是使我们能够正确解释所观察到的各种现象,并且掌握其具体的运行机制和信息传输机制。当前虽然人类已经积累了大量关于脑神经系统的组成、大脑外形以及大脑运转基本要素等知识,但是我们仍然无法解决有关脑神经系统信息处理的一些实质性和关键性问题。而人工神经网络技术和方法的发展,则会反过来推动理论神经科学的产生和发展,为计算神经科学提供必要的理论和模型,同时也会促进脑神经科学朝着定量、精确和理论化的方向发展。

到目前为止,神经网络技术已经在科学和工程实践中得到了广泛和成功的应用,并且在未来仍然具有广阔的发展前景。神经网络技术具体的研究领域包括模式识别、图像处理、智能控制、组合优化、金融预测与管理、通信、机器人以及专家系统等。随着人类对于自身大脑和神经网络原理和功能认识的逐步提高和深入,人工神经网络也将会获得突破性的发展,应用的领域将会不断进行拓展,应用的水平和层次将会获得质的提高。也许将来有一天,人工神经网络会获得接近于人类神经系统的功能,相应的人工系统将会帮助人类从事更为复杂的工作,各种智能机器人可能也会成为现实中的真实事物,这也是人工神经网络技术发展的最终目标。

人工神经网络虽然已经在众多领域的应用中取得了许多显著成果,但是其发展还不是十分成熟和完善,还有许多问题需要进一步深入研究和解决,如神经计算的基础理论框架和生理层面的研究、新的人工神经网络模型和结构的研究、人工神经网络的可理解性问题以及人工神经网络训练速度问题等。人工神经网络技术和方法今后的研究还应在充分利用其优点的基础上,注重与其他相关技术和方法的融合,发现它们之间可能的结合点,互为补充、取长补短,产生新的方法,从而获得比单一方法更好的效果。另外,还应当加强人工神经网络基础理论和实际应用方面的研究,使其在实际生产和生活应用中发挥更大的作用,扩大其应用领域并且提高其实际应用水平。

参 考 文 献

[1]　阎平凡,张长水. 人工神经网络与模拟进化计算. 北京:清华大学出版社,2005.

[2]　McCulloch W,Pitts W. A logical calculus of the ideas immanent in nervous activity. Bulletin of Mathematical Biophysics,1943,5:115-133.

[3]　Rosenblatt F. The perceptron:A probabilistic model for information storage and organization in the brain. Psychological Review,1958,65:386-408.

[4]　Minsky M,Papert S. Perceptron. Cambridge:MIT Press,1969.

[5]　Widrow B, Hoff Jr M. Adaptive switching circuits. IRE WESCON Conv. Rec. , 1960, 4: 96-104.

[6]　Carpenter G A, Grossberg S. Adaptive resonance theory // Irwin J D. The Industrial Electronics Handbook. New York: CRC Press, 1996: 1286-1298.

[7]　Carpenter G, Grossberg S. The ART of adaptive pattern recognition by a self-organizing neural network. IEEE Computer, 1988, 21(3): 77-88.

[8]　Hopfield J J. Neural networks and physical systems with emergent collective computational abilities. Proceedings of the National Academy of Sciences of the USA, 1982, 79(8): 2554-2558.

[9]　Hinton G E, Sejnowski T J, Rumelhart D E, et al. Learning and relearning in boltzmann machines // Parallel Distributed Processing: Explorations in the Microstructure of Cognition. Vol. 1: Foundations. Cambridge: MIT Press: 282-317.

[10]　Kosko B. Bidirectional associative memories. IEEE Transactions on Systems, Man and Cybernetics, 1988, 18(1): 49-60.

[11]　Hecht-Nielsen R. Theory of the backpropagation neural network. International Joint Conference on Neural Networks, New York, 1989: 593-605.

[12]　Hebb D O. The Organization of Behavior: A Neuropsychological Theory. Oxford: Wiley, 1949.

[13]　McClelland J L, Rumelhart D E. Explorations in Parallel Distributed Processing. Cambridge: MIT Press, 1988.

[14]　Kohonen T. Self-organization and Associative Memory. Berlin: Springer-Verlag, 1984.

[15]　Rumelhart E D, McClelland J L. Parallel Distributed Processing: Psychological and Biological Models. Cambridge: MIT Press, 1986.

[16]　Hornik K. Multilayer feedforward networks are universal approximators. Neural Networks, 1989, 2(5): 359-366.

[17]　Ivakhnenko A G, Ivakhnenko G A. The review of problems solvable by algorithms of the group method of data handling(GMDH). Pattern Recognition and Image Analysis, 1995, 5(4): 527-535.

[18]　Powell M J D. Radial basis functions for multivariable interpolation: A review // Mason J C, Cox M G. Algorithms for Approximation. Oxford: Clarendon Press, 1987: 143-167.

[19]　Fausett L V. Fundamentals of Neural Networks: Architectures, Algorithms and Applications. New Jersey: Prentice Hall, 1993.

[20]　Grossberg S. Nonlinear neural networks: Principles, mechanisms, and architectures. Neural Networks, 1988, 1(1): 17-61.

[21]　Albus J S. A new approach to manipulator control: The cerebellar model articulation controller(CMAC). Journal of Dynamic Systems, Measurement, and Control, 1975, 97(2): 220-227.

[22]　Hubel D H, Wiesel T N. Receptive fields and functional architecture of monkey striate cortex. The Journal of Physiology, 1968, 195(1): 215-243.

第 8 章　模糊逻辑理论与系统

在我们的日常生活中存在大量模糊的概念,如"青年"的具体年龄段到底是多少?恐怕每个人都有各自不同的理解,其与"中年"和"少年"这两个相关的概念并无严格的边界区分。又如天气很"热",那么到底多高的温度算很热呢?往往是每个人的感受也是不同的。"青年"和"热"这两个概念都有一个共同的特点,即它们都是模糊的概念,或者说边界不清晰的概念。

对于这些自然界中大量存在的模糊概念和现象,传统的数学理论无法有效地进行建模和分析,因而无法解决那些存在模糊概念的问题。模糊理论就是针对这些问题所产生的新的数学理论,它是在传统数学理论的基础上,迫于人类社会进步和科学技术发展的需要而产生和发展起来的。模糊理论的范畴涉及所有包含模糊集合、隶属度函数及其运算的理论,其主要内容包括模糊集合理论、模糊逻辑和人工智能、模糊推理、模糊决策、模糊控制等。

从 1965 年 Zadeh 教授首次提出模糊集合的概念,模糊理论已经走过了将近半个世纪的风雨路程,到如今已发展成为一门独立的学科。模糊逻辑理论和系统的应用范围已遍及自然科学与社会科学的几乎所有的领域,特别是在模糊控制、模式识别、聚类分析、系统决策、人工智能及信息处理等方面取得了令人瞩目的成就。当前模糊理论应用最有效、最广泛的领域就是模糊控制,模糊控制技术在众多应用场合解决了许多传统控制理论无法解决或难以解决的问题,并且取得了令人信服的控制效果。

本章首先简要介绍模糊理论的基本概念和研究内容,然后介绍模糊集合的表示方式以及相应的运算定律;接下来,介绍模糊逻辑和模糊推理的概念和方法;最后,介绍模糊理论在自动控制系统中的应用,并针对一个具体实例说明如何利用模糊理论来设计模糊自适应 PID 控制器。

8.1　模糊理论概述

8.1.1　模糊现象与模糊概念

我们周围的现实生活中存在着大量的模糊概念,如"天气比较热",其中"热"就是一个典型的模糊概念。那么到底气温是多少度才是天气热呢?恐怕很多人都有自己独特的感受和理解,比较怕热的人认为当天的最高气温超过 30℃就是天气热,而有的人会认为当天的最高气温超过 32℃时才会觉得天热。可见对于这个概念,并没有一个明显的分界线来区分。日常生活中常见的模糊概念还有许多,如年轻、漂亮、英俊、暖和、寒冷、坚硬、柔软等。

所有的模糊概念的共同特点就是这些概念的外延并不统一,它们与其他相关概念可能会有交叉和重叠。为此人们将那些边界划分不清晰,以及由此而产生的划分、判断和推理等模糊性的概念都统称为模糊概念,而将那些包含模糊概念的现象统称为模糊现象。对于人们日常生活中大量存在的模糊概念和现象,传统的数学理论都无法有效地进行建模和分析,因而无法解决那些存在模糊概念的问题。

直到 20 世纪 60 年代,美国的 Zadeh 教授通过把经典集合与数值逻辑相结合,创立了模糊集合理论[1],人们才真正具有了解决模糊现象这一问题的科学途径。隶属度函数的提出正式奠定了模糊理论的数学基础,它为计算机处理语言信息提供了新的可行方法,在数学领域也正式宣告模糊数学这一新的数学分支的诞生。

8.1.2　模糊数学与模糊理论

模糊数学有一个相对应的学科称为精确数学。精确数学是建立在经典集合论的基础之上的,其研究的具体对象对于某个给定的经典集合的关系要么是属于关系,要么就是不属于关系,二者必居其一。20 世纪,基于英国数学家布尔(Bool)等的研究,这种基于二值逻辑的绝对思维方法抽象后成为布尔代数。布尔代数的出现促使数理逻辑成为一门很有实用价值的学科,同时也成为计算机科学的基础。但是,二值逻辑无法解决一些有名的逻辑悖论,如著名的罗素(Russell)"理发师悖论"、"秃头悖论"、"克利特岛人说谎悖论"等悖论问题。

日常生活中各种模糊概念和模糊现象比比皆是,逻辑悖论的发现以及海森堡(Heisenberg)测不准原理的提出导致了多值逻辑在 20 世纪 20～30 年代的诞生。罗素曾经说过"所有的二值都习惯上假定使用精确符号,因此它仅适用于虚幻的存在,而不适用于现实生活,逻辑比其他学科使我们更接近于天堂",可见当时他就已经认识到二值逻辑的不足。波兰逻辑学家卢卡塞维克兹(Lukasiewicz)首次正式提出了三值逻辑体系,把逻辑真值的值域由{0,1}二值扩展到{0,1/2,1}三值,其中 1/2 表示不确定,后来他又把真值范围从{0,1/2,1}进一步扩展到[0,1]之间的有理数,并最终扩展为[0,1]整个区间。直到 20 世纪 60 年代,美国的 Zadeh 教授提出了模糊集合和隶属度函数的概念,正式宣告模糊数学这一新的数学分支的诞生。

模糊数学的诞生不仅形成了一门崭新的数学学科,而且也形成了一种崭新的思维方法,它告诉我们存在亦真亦假的命题,从而打破了以二值逻辑为基础的传统思维,使得模糊推理成为严格的数学方法。模糊理论的范畴涉及所有包含模糊集合、隶属度函数及其运算的理论,其主要内容包括模糊集合理论、模糊逻辑和人工智能、模糊推理、模糊决策、模糊控制等。

迄今为止,模糊数学在实际中的应用几乎涉及国民经济的各个领域和部门,并且在工业、农业、林业、气象、环境、机械、军事、机器人、人工智能等众多领域都得到了广泛和成功的应用。随着模糊数学的发展,模糊理论和模糊技术将对人类社会的进步发挥更大的作用[2-6]。

8.1.3　模糊理论的发展和应用

模糊数学是采用数学理论来描述和处理模糊概念,它是一门新兴的数学分支。当前有不少学者将数学理论划分为经典数学、统计数学和模糊数学三大类,并将经典数学称为第一代数学,将统计数学称为第二代数学,而将模糊数学称为第三代数学。它们之间的主要区别就在于处理各自不同的数学量:经典数学主要处理确定性的数学量,统计数学主要处理随机性的数学量,而模糊数学则主要处理模糊性的数学量。其中,统计数学和模糊数学两者都属于不确定数学,它们之间有一定的联系和相似性,但是在本质上则是完全不同的两个分支。

1965 年,Zadeh 教授发表了关于模糊理论的第一篇论文,他从集合论的角度首次提出了表述事物模糊性的模糊集合概念,从而突破了 19 世纪末笛卡儿的经典集合理论,奠定模糊理论的基础。模糊理论是在模糊集合理论的数学基础上所发展起来的理论,主要内容包括模糊集合理论、模糊逻辑、模糊推理、模糊控制等。

1978 年,Zadeh 教授又提出了可能性理论,阐述了随机性和可能性的差别,这被广泛认为是模糊数学发展的第二个里程碑。可能性理论的出现为模糊数学应用于模式识别和其他领域提供了强有力的理论基础和有效工具。

1986 年,贝尔实验室研制出第一块基于模糊逻辑的晶片。1988 年由日本京都 MYCOM 株式会社推出了当时世界最高速的推论晶片(每秒 6000 万次),解决了模糊推理速度不快的限制,使其应用的范畴更加宽广。1974 年,英国的 Mamdani 首次用模糊逻辑和模糊推理实现了世界上第一个实验性的蒸汽机控制,并取得了比传统的直接数字控制算法更好的效果,从而宣告模糊控制的诞生。1980 年丹麦的 Holmblad 和 Ostergard 在水泥窑炉采用模糊控制并取得了成功,这是第一个商业化的有实际意义的模糊控制器。

模糊理论已经走过多年的风雨路程,到如今已发展成为一门独立的学科。参与这个学科研究的专家和研究人员遍布全球各个角落,并且还在与日俱增,基于模糊理论和技术的新产品不断问世,并广泛应用到许多高精尖领域。因此,可以毫不夸张地说,全球性的"模糊热"已经形成。模糊理论目前正沿着理论研究和应用研究两个方向迅速发展。

8.2　模糊集合及其运算

8.2.1　模糊集合的定义

1. 普通集合

对于普通集合而言,集合中的元素与集合外的元素有着截然的不同,某个元素或者属于该集合,或者不属于该集合,即具有非此即彼的性质,两者必居其一。另外各元素之间彼此互不相同并且界限明确。例如,我国的直辖市＝{北京,上海,天津,重庆},"我国的直辖市"就是一个普通集合的实例。

假设 U 为论域,A 为其中的一个集合,如果 U 中的某一元素 x 满足下面的函数:

$$\mu_A(x) = \begin{cases} 1, & x \in A \\ 0, & x \notin A \end{cases} \tag{8-1}$$

则 A 就是普通集合,$\mu_A(x)$ 称为该集合的特征函数。

2. 模糊集合的定义及表示

进一步地,如果将特征函数 $\mu_A(x)$ 的值域 $\{0,1\}$ 推广到闭区间 $[0,1]$,则此时集合 A 就由普通集合变为模糊集合,$\mu_A(x)$ 称为集合 A 的隶属函数,它表示元素 x 隶属于集合 A 的程度。在我们的日常生活中,存在着许多模糊的概念,如"年轻"、"英俊"、"暖和"、"柔软"等,这些概念所描述的对象属性不能简单地用"是"或"否"来回答。

模糊集合的概念使得人们可以采用数学的思维方法来处理模糊现象和问题,从而构成了模糊集合论(模糊数学的基础)。

定义 8-1　设 μ_A 是论域 U 上某个集合 A 到 $[0,1]$ 上的一个映射,即 $\mu_A: X \to [0,1]$,则称 A 是模糊集合,而 $\mu_A(x)$ 为模糊集合 A 的隶属函数。

可以看出,论域 U 上的某个模糊子集 A 是由隶属函数(membership function)来确定的,某个元素的隶属度值 $\mu_A(x)$ 越接近于 1,表示该元素属于集合的程度越大,反之则表示其属于该集合的程度就越小。

对于论域 U 上的模糊集合 A,常用的表示方法有以下几种形式。

(1) 当论域 U 为有限集合时,其表示形式有下面三种表示形式:

① Zadeh 表示法:

$$A = \mu_A(x_1)/x_1 + \mu_A(x_2)/x_2 + \cdots + \mu_A(x_n)/x_n = \sum_{i=1}^{n} \mu_A(x_i)/x_i$$

② 序偶表示法。这种方法将模糊集合的元素和相对应的隶属度写成序偶的形式：

$$A = \{(x_1, \mu_A(x_1)), (x_2, \mu_A(x_2)), \cdots, (x_n, \mu_A(x_n))\}$$

③ 向量表示法。这种表示方法将模糊集合用该集合中每个元素的隶属度所组成的集合进行表示：

$$A = \{\mu_A(x_1), \mu_A(x_2), \cdots, \mu_A(x_n)\}$$

需要注意的是，该种表示方法隶属度为零的项不能省略，另外集合中的各项要按照元素的先后顺序进行排列。

实际上上述 Zadeh 表示法、序偶表示法以及向量表示法都属于列举的方法，这种表示方法只适合于有限模糊集合的表示，如果一个模糊集合的元素数目较多或者有无限多个元素，则采用上述几种方法就不合适了。

(2) 当论域 U 为无限连续集合时，其表示形式可采用下面的形式：

$$A - \int_U \frac{\mu_A(x)}{x} \tag{8-2}$$

其中，U 同样是表示论域；"$\int$" 不是数学上的积分符号，而是用来表示论域上的元素 x 与相应的隶属度 $\mu_A(x)$ 之间的一一对应关系。

(3) 采用函数解析式来表示模糊集合：当论域上元素的隶属函数能够表示成函数解析式或分段函数的形式时，就可采用这种方式来表示模糊集合。

例如，以年龄作为论域，其取值范围为 $U = [0, 100]$，那么模糊集合"年老(A)"的解析表达式和"年轻(B)"的解析表达式可分别表示为下面的形式：

$$\mu_A(x) = \begin{cases} 0, & 0 \leqslant x \leqslant 50 \\ \left[1 + \left(\dfrac{x-50}{5}\right)^2\right]^{-1}, & 50 < x \leqslant 100 \end{cases}$$

$$\mu_B(x) = \begin{cases} 1, & 0 \leqslant x \leqslant 25 \\ \left[1 + \left(\dfrac{x-50}{5}\right)^2\right]^{-1}, & 25 < x \leqslant 100 \end{cases}$$

3. 模糊集合隶属度函数的确定

对于模糊集合隶属度函数的确定，迄今为止还没有一个统一的方法，在实际应用中主要是依据实际经验来进行选取。最重要的原则就是要使所选取的隶属度函数符合问题的客观规律。判断某个模糊集合隶属度函数建立的合适与否的标准，就是测试其运行效果是否满足设计的要求。通常确定模糊集合的隶属度函数的方法主要有以下几种。

1）主观经验法

当模糊变量的论域是离散时,可根据设计人员的主观经验,直接或者间接地给出其中元素的隶属程度的具体数值,并且由此来确定隶属度函数。主观经验法又可分为下面三种情形。

(1) 专家评分法。它是通过综合多数专家的评分来确定模糊集合的隶属度函数,这种方法广泛应用于实际经济与管理的各个领域。

(2) 因素加权综合法。如果模糊概念是由若干因素相互作用而成,而每个因素本身又是模糊的,则可综合各因素的重要程度来选取隶属度函数。

(3) 二元排序法。这种方法是通过多个事物之间两两对比来确定某种特征下的顺序,并且由此来决定这些事物对该特征的隶属度函数的形状和大致参数。

2）模糊统计法

模糊统计法是应用了概率统计的基本原理和知识,通过调查统计试验结果所得到的经验曲线来作为隶属度函数曲线,并且根据曲线来得到相应的函数表达式。

在每次试验中,u_0 是固定的,而 A^* 则在随机变动,通过做 n 次试验,可计算出

$$u_0 \text{ 对 } A \text{ 的隶属频率} = \frac{u_0 \in A^* \text{ 的次数}}{n}$$

实际试验证明,随着 n 的增大,隶属频率呈现出稳定性,频率稳定值称为 u_0 对 A 的隶属度。

3）指派法

这种方法是根据问题的性质套用现成的某些形式的模糊分布,然后根据测量数据确定分布中所涉及的参数。常用的分布包括矩形分布、梯形分布、正态分布、柯西分布等,每种分布又可区分为偏小型、中间型和偏大型。

8.2.2　模糊集合的运算

由于模糊集合表示形式核心是隶属函数的定义或模糊集合中各元素隶属度的计算,所以模糊集合的运算主要涉及隶属函数的数学运算。模糊集合的运算也就是隶属函数的运算。

1. 模糊集合的基本运算

模糊集合的基本运算主要包括并、交、补等。

设 $A, B \in F(U)$,则模糊集合之间的并、交、补运算的定义式分别如下所示。

1）并运算

模糊集合 A 与 B 的并($A \cup B$)的隶属度函数 $\mu_{A \cup B}$ 为对所有的 $x \in U$,进行逐点取大运算,即

$$\mu_{A \cup B}(x) = \max(\mu_A(x), \mu_B(x)) = \mu_A(x) \vee \mu_B(x), \quad \forall x \in U \qquad (8\text{-}3)$$

其中,∨表示取极大值运算。

2) 交运算

模糊集合 A 与 B 的并($A\bigcap B$)的隶属度函数 $\mu_{A\bigcap B}$ 为对所有的 $x\in U$,进行逐点取小运算,即

$$\mu_{A\bigcap B}(x) = \min(\mu_A(x),\mu_B(x)) = \mu_A(x) \bigwedge \mu_B(x), \quad \forall x \in U \quad (8\text{-}4)$$

其中,∧表示取极小值运算。

3) 补运算

模糊集合 A 的补 A^C 的隶属度函数 μ_{A^C} 为对所有的 $x\in U$ 进行逐点取补,即其与模糊集合 A 的隶属度之和恒为1,具体计算公式如下:

$$\mu_A^C(x) = 1 - \mu_A(x), \quad \forall x \in U \quad (8\text{-}5)$$

2. 模糊集合运算定律

假设 U 为论域,A 和 B 为 U 上的两个模糊集合 $A,B\in F(U)$,则模糊集合之间的基本运算之间具有以下的运算定律。

(1) 幂等律:

$$A\bigcup A = A, \quad A\bigcap A = A$$

(2) 交换律:

$$A\bigcap B = B\bigcap A, \quad A\bigcup B = B\bigcup A$$

(3) 结合律:

$$(A\bigcap B)\bigcap C = A\bigcap(B\bigcap C), \quad (A\bigcup B)\bigcup C = A\bigcup(B\bigcup C)$$

(4) 吸收律:

$$(A\bigcup B)\bigcap A = A, \quad (A\bigcap B)\bigcup A = A$$

(5) 同一律:

$$A\bigcup A = A, \quad A\bigcap A = A$$
$$A\bigcup\varnothing = A, \quad A\bigcup U = U$$
$$A\bigcap\varnothing = \varnothing, \quad A\bigcap U = A$$

(6) 分配律:

$$(A\bigcup B)\bigcap C = (A\bigcap C)\bigcup(B\bigcap C)$$
$$(A\bigcap B)\bigcup C = (A\bigcup C)\bigcap(B\bigcup C)$$

(7) 复原律:

$$(A^C)^C = A$$

(8) 对偶律(德·摩根定律):

$$(A\bigcup B)^C = A^C\bigcap B^C, \quad (A\bigcap B)^C = A^C\bigcup B^C$$

值得注意的是,模糊集合的并、交、补运算并不满足互补律,即

$$A \bigcap A^c \neq \varnothing, \quad A \bigcup A^c \neq U$$

8.3　模糊逻辑和模糊推理

模糊逻辑是通过模拟和借鉴人脑对于不确定性概念的判断和推理等思维方式,处理常规方法难以解决的模糊信息问题。模糊逻辑采用模糊集合和模糊规则进行模糊推理,它善于表达无严格边界的定性知识与经验[7]。

8.3.1　模糊关系

关系是自然世界中普遍存在的现象,如"父子"关系、"兄弟"关系等。同时关系也是集合论中的一个基本概念,用于描述不同集合之间的关系。对于普通集合的关系,可以用简单的"肯定"或"否定"来描述,但是也存在着有些"没有严格边界"的关系,如某些集合之间的"相近"关系、"朋友"关系等,这些关系如果用简单的"肯定"或"否定"来描述就不太合适了,它们是普通的关系的扩充,被称为模糊关系。

1. 模糊关系的定义

模糊关系分为二元模糊关系和多元模糊关系。模糊关系是定义在不同论域直积上的模糊集合,假设 U 和 V 为论域,如果 $R \in F(U \times V)$,则称 R 是从 U 到 V 的一个二元模糊关系。模糊关系是经典关系的推广,它不是反映"有"和"无"的关系,而是表示不同论域的元素之间在多少程度上有关系。实际上,模糊关系是模糊集合直积集的一个子集。

例 8-1　$U = \{1,2,3\}, V = \{2,4,9\}, V$ 中元素 v 是 U 中元素 u 平方的模糊关系可表示如下:

$$R(u,v) = \frac{0.2}{(1,2)} + \frac{0.1}{(1,4)} + \frac{0.05}{(1,9)} + \frac{0.01}{(2,2)} + \frac{1}{(2,4)}$$

$$+ \frac{0.08}{(2,9)} + \frac{0.01}{(3,2)} + \frac{0.6}{(3,4)} + \frac{1}{(3,9)}$$

2. 模糊矩阵

由于模糊关系也属于模糊集合,因而也可用表示模糊集合的方法进行表示。当论域都为有限集时,则模糊关系可以用矩阵的形式进行表示,这样的矩阵就称为模糊关系矩阵,简称模糊矩阵。

假设论域 U, V 为有限集,$U = \{u_1, u_2, \cdots, u_n\}, V = \{v_1, v_2, \cdots, v_m\}, R$ 是从 U 到 V 的一个二元模糊关系,则该模糊关系可以表示为下面的模糊矩阵:

$$R = \begin{bmatrix} \mu_{R(u_1,v_1)} & \mu_{R(u_1,v_2)} & \cdots & \mu_{R(u_1,v_m)} \\ \mu_{R(u_2,v_1)} & \mu_{R(u_2,v_2)} & \cdots & \mu_{R(u_2,v_m)} \\ \vdots & \vdots & & \vdots \\ \mu_{R(u_n,v_1)} & \mu_{R(u_n,v_2)} & \cdots & \mu_{R(u_n,v_m)} \end{bmatrix} \tag{8-6}$$

模糊矩阵中的每个元素为每个具体关系的隶属度,其取值范围在$[0,1]$内。其中,$\mu_{R(u_i,v_j)}$表示模糊关系$R(u_i,v_j)$的隶属度,下文我们直接用$R(u_i,v_j)$来表示$\mu_{R(u_i,v_j)}$。

8.3.2　模糊关系的运算

1. 模糊关系的运算

假设R_1、R_2是从U到V的模糊关系,则其并、交、补运算的定义如下所示。

1）并运算（$R_1 \bigcup R_2$）

$$R_1 \bigcup R_2(u,v) = R_1(u,v) \vee R_2(u,v) \tag{8-7}$$

2）交运算（$R_1 \bigcap R_2$）

$$R_1 \bigcap R_2(u,v) = R_1(u,v) \wedge R_2(u,v) \tag{8-8}$$

3）补运算（R_1^C）

$$R_1^C(u,v) = 1 - R_1(u,v) \tag{8-9}$$

模糊关系的并、交、补运算的性质与模糊集的对应运算性质基本上是相同的,在模糊关系的运算中,除了上述的并、交、补运算,还包含模糊关系的合成运算,下面就具体介绍模糊关系的合成运算的定义和计算公式。

2. 模糊关系的合成

假设U、V、W是三个不同的论域,R是从U到V的一个模糊关系,而S是V从到W的另一个模糊关系,定义T是这两个模糊关系的合成,记为$T=R\circ S$,即从U到W的一个模糊关系。其隶属度函数的计算公式为

$$\mu_{R\circ S}(u,w) = \bigvee_{v\in V}[\mu_R(u,v) \wedge \mu_S(v,w)], \quad \forall u \in U, \forall w \in W \tag{8-10}$$

其中,$\vee$和$\wedge$分别是求最大值或取上界值以及求最小值或取下界值的运算。该合成关系被称为最大-最小合成（max-min composition）。它又可以表示成如下的形式:

$$R \circ S \leftrightarrow \mu_{R\circ S}(u,w) = \bigvee_{v\in V}[\mu_R(u,v) \wedge \mu_S(v,w)]$$

3. 模糊关系的合成性质

模糊关系的合成具有以下性质。

1) 结合律

若 $P \in \mu_{m \times n}$, $Q \in \mu_{n \times l}$, $R \in \mu_{l \times r}$, 则

$$(P \circ Q) \circ R = P \circ (Q \circ R)$$

2) 零一律

若 $R \in \mu_{m \times n}$, I_r 和 O_r 分别表示 r 阶单位方阵和零方阵, 则有

$$I_m \circ R = R \circ I_n = R$$
$$O_m \circ R = R \circ O_n = O_{m \times n} \quad (m \times n \text{ 阶零矩阵})$$

3) 分配律

若 $P \in \mu_{m \times n}$, $Q \in \mu_{m \times l}$, $R \in \mu_{n \times l}$, $S \in \mu_{l \times m}$, 则有

$$P \circ (Q \bigcup R) = (P \circ Q) \bigcup (P \circ R)$$
$$(Q \bigcup R) \circ S = (Q \circ S) \bigcup (R \circ S)$$

4) $(R \circ S)^{\text{T}} = S^{\text{T}} \circ R^{\text{T}}$

其中, T 表示矩阵的转置。

8.3.3　模糊逻辑

研究思维形式和规律的科学称为逻辑, 在英语中对应的单词为"logic"。逻辑学的发展也经历了漫长的发展历程, 许多科学家都对此做出了巨大的贡献, 尤其是 Boolean 和 Brusell 把数学理论引入到逻辑学中, 形成了一门数学和逻辑相结合的学科——数理逻辑[8]。数理逻辑是建立在经典集合论上的研究概念、判断和推理形式的一门学科, 又称为经典逻辑[9]。但是在现实生活中, 还有一类命题很难做出这样明确的判断。例如, "机动车比摩托车的速度快"、"南方的天气比北方热"等。对于这样的模糊性命题, 经典逻辑往往不能做出非真即假的判断, 此时就需要采用模糊逻辑来处理这些包含模糊性的逻辑命题。

模糊逻辑是在传统的二值逻辑和多值逻辑的基础上发展而来的。模糊逻辑理论首先是由 Zadeh 教授在 20 世纪 60 年代提出的一种新的逻辑理论, 后来经过许多学者和研究人员的不断发展和完善, 现已成为一种解决包含模糊和不精确信息问题的有效理论和方法, 并在许多行业得到了成功的应用[10-12]。长期的理论研究和科学实践表明, 模糊逻辑更适合人们的观察、思考、理解和决策, 更加符合客观事物和现象的模糊性规律。

1. 模糊命题

在普通的逻辑中, 命题只能取"真"(1)或"假"(0), 非此即彼, 没有其他的情形。

但是现实世界中,经常出现一些包含模糊概念的对象和问题,此时就只能采用基于模糊集合和模糊推理的系统进行描述和处理。

1) 模糊命题的概念

所谓模糊命题,就是普通的命题中含有模糊概念或者模糊谓词的命题。例如,"今天天气很冷"、"小张很年轻"等语句。模糊命题比普通命题更接近人类的思维方式,形式也更为多样。模糊命题的一般形式为

$$A:x \text{ is } F \tag{8-11}$$

其中,x 表示模糊变量;而 F 则表示某个模糊概念,对应于一个模糊集合。模糊命题的真值采用模糊变量 x 针对模糊概念 F 的隶属度进行表示,即

$$A = \mu_F(x) \tag{8-12}$$

2) 模糊命题的运算

假设有下面两个模糊命题:

$$U:x \text{ is } A, \quad V:y \text{ is } B$$

则这两个模糊命题的"与"、"或"和"非"运算的定义和计算公式如下:

(1) "与"运算(合取):两个模糊命题 U 和 V 的"与"表示为 $U \cap V$,其真值为 $\mu_A(x) \wedge \mu_B(y)$;

(2) "或"运算(拆取):两个模糊命题 U 和 V 的"或"表示为 $U \cup V$,其真值为 $\mu_A(x) \vee \mu_B(y)$;

(3) "非"运算:模糊命题 U 的"非"表示为 $\bar{U}$ 或者 U^c,其真值为 $1-\mu_A(x)$。

2. 模糊逻辑公式

模糊逻辑公式或模糊逻辑函数是由模糊逻辑变量和"与"、"或"、"非"等逻辑运算符号以及括号等所构成的数学表达式,简称模糊公式。下面首先介绍模糊逻辑的基本运算。

1) 模糊逻辑的基本运算

(1) 模糊逻辑"非":$\bar{P}=1-P$;

(2) 模糊逻辑"乘":$P \wedge Q=\min(P,Q)$;

(3) 模糊逻辑"和":$P \vee Q=\max(P,Q)$;

(4) 模糊逻辑"蕴含":$P \rightarrow Q=((1-P) \vee Q) \wedge 1$;

(5) 模糊逻辑"等价":$P \rightleftharpoons Q=(P \rightarrow Q) \wedge (Q \rightarrow P)$。

2) 模糊逻辑公式的运算性质

假设 A、B、C、R 为模糊变量,则模糊逻辑公式的运算具有如下的性质:

(1) 幂等律:$A \vee A=A, A \wedge A=A$;

(2) 交换律：$A \vee B = B \vee A, A \wedge B = B \wedge A$；

(3) 结合律：$A \vee (B \vee R) = (A \vee B) \vee R, A \wedge (B \wedge R) = (A \wedge B) \wedge R$；

(4) 吸收律：$A \vee (A \wedge B) = A, A \wedge (A \vee B) = A$；

(5) 分配律：$A \vee (B \wedge R) = (A \vee B) \wedge (A \vee R), A \wedge (B \vee R) = (A \wedge B) \vee (A \wedge R)$；

(6) 复原律：$\overline{\overline{A}} = A$；

(7) 常数运算法则：$1 \vee A = A, 0 \vee A = A, 0 \wedge A = 0, 1 \wedge A = A$。

8.3.4　模糊推理

推理就是根据给定的规则，从一个或几个已知条件推得一个新的未知结果的思维过程。其中已知条件是作为推理的出发点，被称为前提（或前件），而由前提所推出的新结果，则被称为结论（或后件）。在现实生活中我们往往会遇到不精确和不完整的信息，或者事实本身就是模糊并且不确切的，但是我们又必须利用且只能利用这些已知信息进行推理和决策。这时就无法采用常规的推理方法，而只能利用模糊推理来解决这些模糊性推理问题[13-15]。

1. 模糊语言

语言是人类进行思维和信息交流的工具，这种语言被称为自然语言。现实中语言可分为自然语言和形式语言两种。自然语言内容丰富，表达方式多样、灵活，但是自然语言具有模糊性。如"美丽的花朵"，该花朵如何"美丽"，其颜色、性状如何？这些都是不清楚的。各种计算机编程语言就是形式语言。

模糊语言就是包含模糊概念的语言，它同时具有自然语言和形式语言两种语言的特征。所有包含模糊性概念的语言都可以称为模糊语言，它是一种广泛使用的自然语言。如何将模糊语言用合适的方式进行表达，使计算机能够模拟人类的思维去推理和判断，这就引出了"语言变量"的概念。

语言变量是以自然语言中的词、词组或句子作为变量。语言变量的值称为语言值，一般也是由自然语言中的词、词组或句子构成。Zadeh 于 1975 年给出了的语言变量的定义，语言变量可由一个五元项 $(x, T(x), U, G, M)$ 来进行表示。其中，x 表示语言变量的名称，如年龄、速度等；而 $T(x)$ 则表示语言变量值的集合，每个语言变量值的集合都采用论域 U 上的模糊集合来进行表示，每个模糊集合所对应的数值变量被称为基础变量。

例如，$T(\text{速度}) = \{$慢，较慢，适中，较快，快$\}$。"速度"就是一个模糊语言变量，实际上就是自然语言中的中的词或句。该语言变量具有 5 个语言值，每个语言值都是一个模糊集合。

G 表示语法规则，用于产生语言变量值的名称；M 表示语义规则，用于产生模糊集合的对应隶属度函数。

模糊语言的组成要素中包括模糊单词、模糊词组以及语言算子。而根据给定的语法规则,所有包含模糊概念的语句都称为模糊语句,其中模糊语句是由模糊词组所构成,而模糊词组是由模糊单词所构成。

2. 模糊逻辑语句

模糊语句可以分为模糊陈述句、模糊判断句、模糊推理句、模糊条件语句等几种类型。下面分别介绍几种语句类型的特点和形式。

1) 模糊陈述句

模糊陈述句是指包含模糊概念的陈述句。模糊陈述句有时也被称为模糊命题,下面是一个常见的模糊命题:"中国人口众多"。

这个命题中就包含一个模糊概念"众多",因为并没有一个确切的范围或者分界线来表明多少算是人口众多。

2) 模糊判断句

模糊判断句是模糊逻辑推理中最基本的语句,其一般形式为"x is a"。其中,x为论域 U 中的任意一个特定元素,称为语言变元;a 表示某个模糊概念,可以为一个词或者词组。该模糊判断句的真值由 x 对模糊集合 A 的隶属度来决定。

模糊判断句的真值运算就是它们的隶属度之间的运算,通过逻辑运算得到的结果仍然是一个新的模糊判断句。

3) 模糊推理句

模糊推理句的一般形式为"if x is a, then x is c"。其中,"x is a"称为推理句的前提部分,而"x is c"则称为推理句的结论部分。

模糊的特点是满足给定前提条件,结论才能成立,否则结论不成立,因此有时又称这种模糊语句为条件判断句。

4) 模糊条件语句

模糊条件语句实际上也是一种模糊推理形式,如果满足模糊条件语句的前提条件,则能够推出该模糊条件语句的结论,这种推理形式也符合人们的思维和推理规律。基本的模糊条件语句有以下几种形式:

(1) "if A then B"句型;

(2) "if A then B else C"句型;

(3) "if A and B then C"句型。

在实际的应用中还存在更为复杂的模糊条件语句,具有多个条件或者具有多个结论。例如,"if A and B and C then D",或者"if A and B then C and D"。这些模糊条件语句反映了模糊系统具有多个输入或者多个输出,它们的推理过程相对较为复杂。

3. 模糊推理

模糊推理以模糊条件语句为基础,其中系统中所有的模糊条件语句称为模糊规则库,其在模糊综合评价,特别是模糊控制系统的应用中得到了广泛应用。在模糊控制中,模糊推理是实现控制决策的前提,也是模糊控制规则产生的理论依据。

最常见的模糊推理系统有以下三种类型,分别称为纯模糊逻辑系统、Sugeno型模糊推理系统和 Mamdani 型模糊推理系统。纯模糊逻辑系统和 Mamdani 型模糊推理系统具有模糊输入和模糊输出,并分别对应有模糊化环节和去模糊化环节;而在 Sugeno 型模糊推理系统中的模糊规则的结论则为精确值。而常见的模糊推理方法有 Zadeh 模糊推理法、Mamdani 推理法、Baldwin 推理法、Larsen 推理法和 Takagi-Sugeno 模糊推理法等。下面分别介绍 Zadeh 模糊推理法、Mamdani 推理法以及 Takagi-Sugeno 模糊推理法[15]。

1) Zadeh 模糊推理法

Zadeh 对于模糊命题"若 A 则 B",利用模糊关系的合成运算提出了一种近似推理方法。Zadeh 模糊推理法是采用取小合成运算法则。

假设"若 A 则 B"这种模糊蕴含关系用 $R_Z(u,v)$ 表示,其隶属函数的计算公式如下:

$$\mu_{R_Z}(u,v) = 1 \wedge \left[1 - \mu_A(u) + \mu_B(v)\right] \qquad (8\text{-}13)$$

或者

$$\mu_{R_Z}(u,v) = (1 - \mu_A(u)) \vee \left[\mu_A(u) \wedge \mu_B(v)\right]$$

在确定了模糊蕴含关系的定义之后,就可进行模糊推理。

已知模糊蕴涵关系"若 A 则 B",其中,A 是论域 X 上的模糊集,B 是论域 Y 上的模糊集。当给出 X 上一个新的模糊集 A^*,则可推断出的新的结论 B^*:

$$B^* = A^* \circ R_Z(X,Y) \qquad (8\text{-}14)$$

其中,"∘"表示合成运算,即"Sup-$\wedge$"运算,"Sup"表示取上界或取最大值,而"$\wedge$"则表示取最小值,因此这种方法又称为"最大-最小"合成方法。

2) Mamdani 模糊推理法

Mamdani 模糊推理法是最常用的一种推理方法,特别是在模糊控制领域得到了广泛应用。Mamdani 模糊推理法从本质上讲也是一种基于似然推理的合成推理法则。

假设"若 A 则 B"这种模糊蕴含关系用 $R_M(u,v)$ 表示,其模糊蕴涵关系的定义较为简单,它是通过模糊集合 A 和 B 的隶属度的笛卡儿积(直积)求得,具体计算公式为

$$\mu_{R_M}(u,v) = \mu_A(u) \wedge \mu_B(v)$$

例 8-2　已知模糊集合 $A = \dfrac{1}{x_1} + \dfrac{0.4}{x_2} + \dfrac{0.1}{x_3}$ 和 $B = \dfrac{0.8}{y_1} + \dfrac{0.5}{y_2} + \dfrac{0.3}{y_3} + \dfrac{0.1}{y_3}$。求模糊集合 A 和 B 之间的模糊蕴含关系 $R_M(x,y)$。

解　根据 Mamdani 模糊蕴含关系的定义可知：

$$\mu_{R_M(x,y)} = \mu_A(x) \times \mu_B(y) = \begin{bmatrix} 1 \\ 0.4 \\ 0.1 \end{bmatrix} \times \begin{bmatrix} 0.8 & 0.5 & 0.3 & 0.1 \end{bmatrix}$$

$$= \begin{bmatrix} 0.8 & 0.5 & 0.3 & 0.1 \\ 0.4 & 0.4 & 0.3 & 0.1 \\ 0.1 & 0.1 & 0.1 & 0.1 \end{bmatrix}$$

同样地，在确定了模糊蕴含关系的定义之后，就可进行模糊推理。

已知模糊蕴涵关系"若 A 则 B"，其中 A 是论域 X 上的模糊集，B 是论域 Y 上的模糊集。当给出 X 上一个新的模糊集 A^*，则可推断出新的结论 B^*：

$$B^* = A^* \circ R_M(X,Y)$$

B^* 的隶属度函数的计算公式为

$$\mu_{B^*}(v) = \bigvee_{x \in U} \left[\mu_{A^*}(u) \wedge \mu_A(u) \wedge \mu_B(v) \right]$$

假定 $A^* = \dfrac{0.5}{x_1} + \dfrac{0.9}{x_2} + \dfrac{0.2}{x_3}$，则

$$B^* = \begin{bmatrix} 0.5, 0.9, 0.2 \end{bmatrix} \circ \begin{bmatrix} 0.8 & 0.5 & 0.3 & 0.1 \\ 0.4 & 0.4 & 0.3 & 0.1 \\ 0.1 & 0.1 & 0.1 & 0.1 \end{bmatrix} = \begin{bmatrix} 0.5, 0.5, 0.3, 0.1 \end{bmatrix}$$

即

$$B^* = \frac{0.5}{y_1} + \frac{0.5}{y_2} + \frac{0.3}{y_3} + \frac{0.1}{y_3}$$

3）Takagi-Sugeno 模糊推理法

日本的 Takagi 和 Sugeno 于 1985 年提出了 Takagi-Sugeno 模糊推理法，简称为 T-S 模糊推理法。由于 T-S 模糊模型的结论部分采用线性函数进行描述，因而适合采用传统的控制策略设计相关的控制器以及对控制系统进行分析和计算。这种推理方法便于建立复杂动态系统的模糊模型，因此在模糊控制中得到广泛应用。

在 T-S 模糊推理过程中，模糊规则的典型形式为

$$\text{if } x \text{ is } A \text{ and } y \text{ is } B \text{ then } z = f(x,y) \tag{8-15}$$

其中，A 和 B 是模糊规则前件部分的模糊集合；而 $z = f(x,y)$ 是模糊规则的后件

部分的精确函数。一般来讲，$f(x,y)$ 是关于模糊输入变量的多项式，也可以其他任意函数。当为一阶多项式时，这种模糊推理系统称为一阶 T-S 模糊模型；而当 $f(x,y)$ 是常数时，所得到模糊推理系统被称为零阶 T-S 模糊模型。实际上零阶 T-S 模糊模型可以看做是下面将要介绍的 Mamdani 模糊推理系统的特例，其中每条模糊规则的结论由一个模糊单点进行表示。

对于式(8-15)所示的模糊规则，模型的输入对于该规则的前件部分有一个匹配程度，或者称为激励强度 ω。激励强度 ω 的定义可以是前件部分模糊集合隶属度的乘积或者对隶属度取最小值，响应的计算公式分别为

$$\omega = \mu_A(x) \times \mu_B(y) \quad 和 \quad \omega = \mu_A(x) \wedge \mu_B(y)$$

激励强度表示当前的输入在多大程度能够匹配该模糊规则，并取得相应的结论。对于包含多个模糊规则的模糊推理问题，每一个规则都能够得到一个推理结果，而最终的推理结果或者结论则是通过对不同模糊规则的推理结果进行加权平均获得的，下面通过具体的实例进行说明。

假定当前模型的输入信号 (x,y) 能够激活规则库中两个规则，即激励强度大于 0。

$$R_1 : \text{if } x \text{ is } A_1 \text{ and } y \text{ is } B_1 \text{ then } z_1 = f_1(x,y)$$
$$R_2 : \text{if } x \text{ is } A_2 \text{ and } y \text{ is } B_2 \text{ then } z_2 = f_2(x,y)$$

则该 T-S 模型模糊推理的结论为

$$z = \frac{\omega_1 \cdot z_1 + \omega_2 \cdot z_2}{\omega_1 + \omega_2}$$

其中，ω_1 和 ω_2 分别为对于两个规则的激励强度。为了进一步简化计算，可将上式中的加权平均计算方法直接改为加权和算子，具体的计算公式如下：

$$z = \omega_1 \cdot z_1 + \omega_2 \cdot z_2$$

图 8-1 为上述模糊推理过程的示意图。

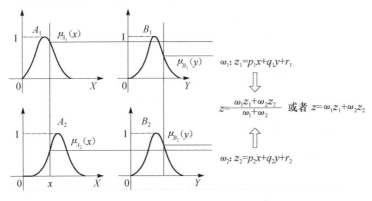

图 8-1　T-S 模糊推理过程的图示

可以看出，T-S 模糊模型在其推理机制中并不严格遵循推理复合规则。由于T-S 模糊推理法得到的结果是精确的，所以 T-S 模糊推理过程不需要进行耗时的去模糊化运算。因此在实际应用中，T-S 模糊推理方法是目前基于样本的模糊建模中最为常用的方法。

8.4　模糊系统在自动控制系统中的应用

模糊控制是将传统的自动控制理论和模糊逻辑理论相结合所提出的一种新型控制理论和方法。模糊控制是控制理论发展高级阶段的新型自动控制理论，它属于智能控制的范畴，而且也是人工智能的重要研究方向。模糊控制不仅能够成功地实现控制，还能够模仿人类的思维方式和方法，特别是对于一些无法建立有效数学模型的控制系统特别有效。

8.4.1　模糊控制器与模糊控制系统

1. 模糊控制

模糊控制系统是一种智能自动控制系统，它与传统的控制系统既有联系，也有区别。模糊控制系统是以模糊集合、模糊逻辑、模糊推理以及传统的自动控制理论作为其理论基础，并且采用计算机控制技术所构成的一种具有反馈通道、闭环结构的数字控制系统。模糊控制系统的核心是具有智能计算功能的模糊控制器，一般采用计算机程序实现，这也是它与传统自动控制系统相比的优势所在。

模糊控制技术是一种由多学科相互交叉和渗透的科学技术，它涉及模糊数学理论、计算机科学、人工智能、传感器技术、知识工程等多个学科和研究领域[16-18]。随着科学技术的发展，控制系统中被控对象越来越复杂，它体现在多输入、多输出，并且输入和输出之间存在着强耦合性。另外，系统还具有参数的时变性、系统结构的严重非线性和不确定性，对于这类复杂系统，经典控制和现代控制技术往往都显得力不从心。此时，可考虑利用模糊控制技术来解决此类控制问题，从这方面讲，模糊控制系统是一种应用前景良好的理想控制系统。

2. 模糊控制的发展历史

1965 年，美国的 Zadeh 教授创立了模糊集合论，随后在 1973 年他给出了模糊逻辑控制的定义和相关的定理。1974 年，英国的 Mamdani 首先采用模糊控制规则组成模糊控制器，并将其应用于锅炉和蒸汽机的控制，在实验室获得了成功[19]。这一开拓性的工作标志着模糊控制理论和模糊控制技术的诞生。

1975 年，King 和 Mamdanils 将经典模糊控制理论应用于反应炉搅拌池温度的控制,解决了被控对象的非线性时变增益难题。1976 年,Rutherford 第一次在工业生产过程中应用并实现了模糊控制,其在烧结厂应用模糊控制来控制原料的温度,以实现有效的烧结过程,与人工控制相比,模糊控制的标准差下降了 40%。1979 年,Holmblad 和 Ostergard 等开发了一种湿式水泥回转窑的模糊控制系统,它利用 27 条模糊规则来对系统的稳定状态进行控制,实际运行结果表明其控制效果要比人工操作好,并且燃料的消耗也大为减少,这是第一个在大型工业过程中得到成功应用的模糊控制系统[20]。

在日本,1987 年 7 月利用模糊控制技术实现的日本仙台市地铁运输系统投入运行后,模糊控制技术就开始盛行于日本,日本工商界并把模糊控制这一概念视为高附加值的代名词。随后,不少日本公司成功地将模糊控制技术应用于许多工业生产控制和家用电器等产品的控制中,使得这项技术进一步实用化和商品化。当这些打着模糊控制标签的产品源源不断地打入世界各国市场后,全球就刮起了模糊控制的旋风。

模糊理论在控制领域取得的广泛应用,完全是由模糊控制本身的特点决定的。模糊控制器采用人类语言信息,模拟人类思维,所以它易于理解,设计简单,维护方便。模糊控制器基于包含模糊信息的控制规则,所构成的控制系统比常规的控制系统稳定性好,鲁棒性高。在改善系统特性时,模糊控制系统不必像常规控制系统那样只调节参数,还可以通过改变控制规则、隶属度函数、推理方法及决策方法来修正系统特性。因此模糊控制器设计、调整和维修变得简单。

3. 模糊控制器的分类

模糊控制器是模糊控制系统中的核心部分,也是模糊控制系统设计过程中的主要任务。模糊控制器按照其组成结构和实现功能可划分为多种类型。

1) 按照输入输出的数目划分

模糊控制器按照输入变量和输出变量的数目,可以分为单变量模糊控制器和多变量模糊控制器。所谓单变量模糊控制器,是指模糊控制器的输入变量和输出变量都只有一个。一般来讲输入变量就是误差或系统偏差,而输出变量就是控制量。多变量模糊控制器是指模糊控制器的输入变量和输出变量都包含多个物理量。直接设计这样的多变量模糊控制器是相当困难的,为此人工利用模糊控制器本身的解耦性特点,通过模糊关系方程进行分解。通过在控制结构上实现解耦,可将一个多输入多输出的模糊控制器分解为若干个多输入单输出模糊控制器。

2) 按照模糊控制器的控制功能划分

按照模糊控制器的控制功能进行划分,可将其分为固定型模糊控制器、变结构模糊控制器、自组织模糊控制器和自适应模糊控制器。固定型模糊控制器的功能和设计方法将在后面进行详细说明,这里仅简要介绍后面三种模糊控制器。

(1) 变结构模糊控制器。变结构模糊控制器实质上是多个模糊控制器的软组合,它是指在一个模糊控制器内部包含多个简单的模糊控制器软件,每个简单的模糊控制器都是针对系统不同状态以及不同的控制要求而设计的,根据系统的不同工作状态切换不同的模糊控制器,使得模糊控制系统能够获得最佳的控制效果。

(2) 自组织模糊控制器。所谓自组织模糊控制器就是指模糊控制器在实际的运行过程中,能够实时地修改、完善和调整模糊控制规则集合,使得系统的性能不断改善,直到满足设置的性能指标。自组织模糊控制器的自组织功能主要体现在以下三个方面:改变模糊集合的隶属度函数参数、修改和调整模糊控制规则,以及调整模糊化和去模糊化过程中的量化因子。

(3) 自适应模糊控制器。自适应模糊控制实际上是将模糊系统辨识和模糊控制相结合的一种控制技术。自适应模糊控制器是在基本模糊控制器的基础上,增加了三个功能模块,它们分别是性能测量模块、控制量校正模块和控制规则修正模块。其中,性能测量模块是用于测量实际输出与期望输出之间的偏差,进而得到输出响应的校正量;控制量校正模块则是将输出响应的校正量转换为对控制量的校正量;而控制规则校正模块则是对控制量的校正通过控制规则来实现。

8.4.2　模糊控制系统的工作原理

1. 模糊控制系统的一般结构

由于模糊控制系统中的模糊控制器是利用计算机程序来实现的,因而模糊控制系统具有与计算机控制系统相同的结构形式,模糊控制系统的一般结构如图8-2所示。

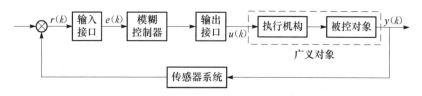

图 8-2　模糊控制系统的一般结构框图

模糊控制系统的一般结构主要由模糊控制器、输入/输出接口电路、广义对象以及传感器系统(或者检测装置)四个部分组成。可以看出,模糊控制系统与一般的计算机控制系统在整体结构上并没有明显的区别,只是将原先的传统控制器或者控制算法改为模糊控制器。模糊控制器的算法一般采用计算机程序和数字实现相结合的方式。

下面分别介绍模糊控制系统四个组成部分,包括它们的特点和功能。

1) 模糊控制器

模糊控制器是模糊控制系统的核心,实际上它就是由运行特定模糊控制算法的计算机来实现的。模糊控制器的主要作用是完成精确量的模糊化处理、模糊规则运算、模糊推理决策运算以及精细化处理等功能。

2) 输入/输出接口电路

输入/输出接口电路是模糊控制器连接前后系统的两个信息传输通道,其中包括前向通道中 A/D 转换电路以及后向通道中的 D/A 转换电路。传感器系统的输出信号一般为模拟信号,它需要由 A/D 转换电路转换为数字信号,并输入到模糊控制器;而从模糊控制器输出的信号则一般是数字信号,它需要由 D/A 转换电路转换为相对应的模拟信号,并输出到执行器,以实现控制被控对象的目的。

3) 广义对象

控制系统中包含一个被控对象,而广义对象则是包括执行结构和被控对象两部分。与经典控制系统和现代控制系统一样,常用的执行机构包括电磁阀、伺服电机和气动调节阀等,但是被控对象一般都比较复杂,包括线性和非线性系统、定常或者时变系统、单变量或者多变量系统、有时滞或者无时滞系统,还包括除了常用物理系统之外的系统,如社会的、生物的或其他的各种状态转移过程。

4) 传感器系统

传感器系统或者某种测量装置,其在模糊控制系统中占有十分重要的地位,其运行的精度往往直接影响整个控制系统的性能指标,因此要求其精度高、可靠并且稳定性好。传感器系统主要包括以普通传感器为主体的检测装置和模糊传感器两种类型。

2. 模糊控制系统的工作原理

模糊控制系统的工作原理与一般控制系统并无显著区别,它们同样都是将系统的偏差信号,传递给控制器得到控制量,然后施加到执行器上对被控对象进行控制。模糊控制系统的工作过程如下:①由传感器系统的数据采集单元获取被控变量;②经过数据变换和响应的运算处理后输出反馈的精确值;③反馈信号与给定值进行比较后,获得系统的偏差信号;④偏差信号经模糊控制器进行模糊化处理,模糊推理过程以及去模糊化,最终得到精确的控制量;⑤控制量经过 D/A 转换器转换成模拟量来控制执行机构的运行,使之达到控制被控对象的目的。由于数据采集过程是分段进行的,所以系统的控制过程也是分段进行的,一段数据采集结束到本段控制完成,接着开始第二段、第三段……这样一直循环下去,以此实现系统的整体模糊控制。

8.4.3　模糊控制系统设计的关键问题

如前所述,模糊控制系统的工作原理与一般控制系统并无显著区别,其关键问题在于模糊控制器的设计和实现上。下面针对控制器设计中的几个关键问题分别进行说明,它们包括模糊化运算、模糊知识库的确定和去模糊化运算。

1. 模糊化运算

模糊化运算是将输入空间的精确信号映射到输入论域上的模糊集合。在模糊控制器中,由传感器系统得到的信号一般为模拟量,它通过 A/D 转换电路转换为精确量输出,进而输入到模糊控制器的输入信号也为精确信号,它需要进行模糊化处理,变换到相应的论域范围。当前,比较常用的模糊化运算方法包括模糊数法、Zadeh 方法和 Mamdani 方法等。

2. 模糊知识库的确定

模糊控制器中模糊知识库包含数据库和模糊规则库两部分,其中,确定数据库包括确定量化因子、模糊空间的划分以及模糊集合的隶属度函数形状和参数,而确定模糊规则库则包括模糊控制规则的输入变量和输出变量、模糊控制规则的产生、模糊控制规则的类型以及对模糊控制规则的性能要求等。

3. 去模糊化运算

一般的模糊控制过程首先是系统输入的精确量通过模糊化处理转换为模糊量,再通过模糊规则算法转换为语言值,最后通过模糊推理输出模糊控制量。但是模糊控制系统最终传递给执行机构的是一个精确量,因此还需要将模糊控制量再转换为清晰量,这就是去模糊化过程所要完成的任务。去模糊化方法有多种,常用的有以下几种方法:最大隶属度法、重心法、中位数法等。

8.4.4　模糊自适应 PID 控制器的设计

在实际控制系统的设计和应用中,应用最为广泛的调节器控制规律就是 PID 控制。在实际应用中我们往往会遇到这样的情形:控制专家或者熟练操作人员长期积累的经验和知识难以定量描述,并得出具体的数学表达式,此时就可以应用模糊理论来解决经验和知识的表达和计算。研究人员首先将控制器的输入信号进行模糊化,并将所得到模糊规则集合作为知识库储存于计算机的存储单元中,然后根据不同的控制状况运用模糊推理方法,就可以实现对 PID 控制器参数的自适应调整,这就是下面将要介绍的模糊自适应 PID 控制器。

1. 模糊自适应 PID 控制器设计思想

自适应控制理论和方法是利用现代控制理论的相关理论,通过在线实时辨识被控对象的特征和参数,并且不断改变和调整其控制策略,使得控制系统的稳态性能和动态性能都能够保持在最佳的范围内。自适应控制理论实施的成功与否取决于对控制系统辨识的精确程度,这对于较为复杂的非线性、大滞后系统来讲是较为困难的。在多数的控制系统设计过程中,仍然是采用传统 PID 控制器,但是能够自适应地调整其比例系数、积分作用系数和微分作用系数。

对于模糊自适应 PID 控制器的设计而言,一般是将控制专家或者熟练操作人员长期积累的经验和知识采用模糊规则库的形式进行表示和描述,在实际运行时根据不同的控制状况采用模糊推理方法,可以确定 PID 控制器最佳的比例系数、积分作用系数和微分作用系数,从而实现对 PID 控制器参数的自适应调整。下面具体介绍模糊自适应 PID 控制器的结构和工作原理。

2. 模糊自适应 PID 控制系统的结构

模糊自适应 PID 控制系统采用 PID 控制器对控制对象进行控制,但是利用模糊规则和模糊推理机制可实现对于 PID 控制器参数的自适应调整,即能够根据不同的控制状况自动校正比例系数 k_p、积分作用系数 k_i 和微分作用系数 k_d,从而构成自适应模糊控制系统。虽然模糊自适应 PID 控制器具有多种形式,但是其工作原理基本上是一致的。模糊自适应 PID 控制系统的结构图如图 8-3 所示。

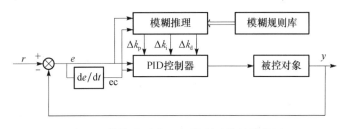

图 8-3　模糊自适应 PID 控制系统的结构图

模糊控制规则集合实际上就是控制专家或者有经验操作人员的知识和经验的总结。模糊控制系统设计的核心问题就是将这些经验和知识进行恰当地总结和归纳,最终建立合适的模糊规则表。其中,模糊规则表的输入变量就是误差 e 和误差的变化率 ec,而输出模糊变量则分别是比例系数、积分作用系数和微分作用系数的改变量,即 Δk_p、Δk_i 和 Δk_d。所以控制规则表共有三个,分别是针对 PID 控制器比例系数、积分作用系数和微分作用系数的模糊规则表,分别如表 8-1～表 8-3 所示。

表 8-1　比例系数 k_p 的模糊规则表

k_p ＼ ec ＼ e	NB	NM	NS	ZO	PS	PM	PB
NB	PB	PB	PM	PM	PS	ZO	ZO
NM	PB	PB	PM	PS	PS	ZO	NS
NS	PM	PM	PM	PS	ZO	NS	NS
ZO	PM	PM	PS	ZO	NS	NM	NM
PS	PS	PS	ZO	NS	NS	NM	NM
PM	PS	ZO	NS	NM	NM	NM	NB
PB	ZO	ZO	NM	NM	NM	NB	NB

表 8-2　积分系数 k_i 的模糊规则表

k_i ＼ ec ＼ e	NB	NM	NS	ZO	PS	PM	PB
NB	NB	NB	NM	NM	NS	ZO	ZO
NM	NB	NB	NM	NS	NS	ZO	ZO
NS	NB	NM	NS	NS	ZO	PS	PS
ZO	NM	NM	NS	ZO	PS	PM	PM
PS	NM	NS	ZO	PS	PS	PM	PB
PM	ZO	ZO	PS	PS	PM	PB	PB
PB	ZO	ZO	PS	PM	PM	PB	PB

表 8-3　微分系数 k_d 的模糊规则表

k_d ＼ ec ＼ e	NB	NM	NS	ZO	PS	PM	PB
NB	PS	NS	NB	NB	NB	NM	PS
NM	PS	NS	NB	NM	NM	NS	ZO
NS	ZO	NS	NM	NM	NS	NS	ZO
ZO	ZO	NS	NS	NS	NS	NS	ZO
PS	ZO	ZO	ZO	ZO	ZO	ZO	ZO
PM	PB	NS	PS	PS	PS	PS	PB
PB	PB	PM	PM	PM	PS	PS	PB

　　一般来讲,当误差和误差的变化率的绝对值都较小时,PID 控制器中的比例系数不进行相应的调整。另外,从表 8-1 所示的模糊规则表我们还可以看出,当误差为正的最大且误差的变化率为负的最大时,以及当误差为负的最大且误差的变化

率为正的最大时,不对比例系数进行调整。

通过上述的模糊规则表可以看出,误差 e、误差的变化率 ec、PID 控制器中比例系数、积分作用系数和微分作用系数的改变量均采用七个模糊子集,其中子集中的元素分别代表"负大"、"负中"、"负小"、"零"、"正小"、"正中"和"正大"七个模糊语言术语。

假定误差 e、误差变化率 ec、PID 控制器中比例系数、积分系数和微分系数均服从正态分布规律,则这五个模糊变量的隶属度函数都采用固定的隶属度函数,所对应的隶属度函数形状和具体参数分别如图 8-4～图 8-8 所示。

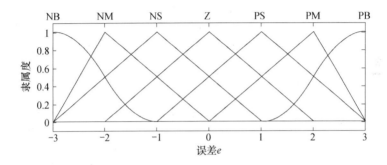

图 8-4　误差 e 的隶属度函数图

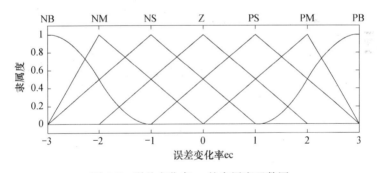

图 8-5　误差变化率 ec 的隶属度函数图

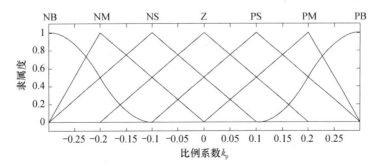

图 8-6　PID 控制器比例系数的隶属度函数图

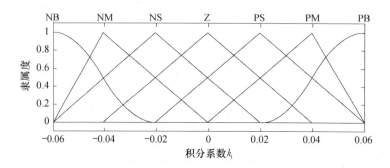

图 8-7　PID 控制器积分系数的隶属度函数图

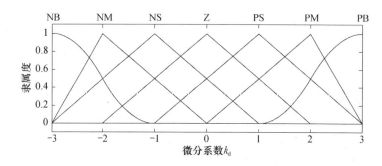

图 8-8　PID 控制器微分系数的隶属度函数图

总的来讲,PID 控制器参数的在线自适应校正过程就是对误差 e 和误差的变化率 ec 进行模糊化,然后对模糊规则表进行处理、查表和计算,并利用参数校正值得到 PID 控制器控制量的过程,整个校正过程是在线完成的。

3. 仿真结果与分析

假定进行仿真实验的被控对象为一个三阶的线性系统,该对象的数学模型如下所示:

$$G_p(s) = \frac{523500}{s^3 + 87.35s^2 + 10470s}$$

程序利用 MATLAB 语言实现,控制系统的采样时间为 1ms,并且采用模式自适应 PID 控制器进行阶跃响应,在仿真的第 300 个采样周期时对控制器施加一个幅度为 1 的干扰,系统的响应曲线、误差曲线以及 PID 控制器的控制量、比例系数、积分作用系数和微分作用系数随时间的变化曲线以及控制量的变化曲线分别如图 8-9～图 8-14 所示。

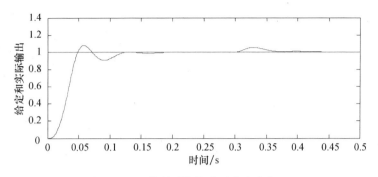

图 8-9　控制系统的阶跃响应曲线

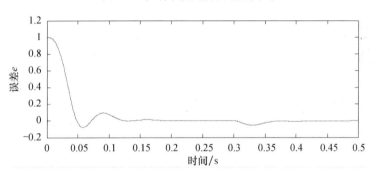

图 8-10　控制系统的误差变化曲线

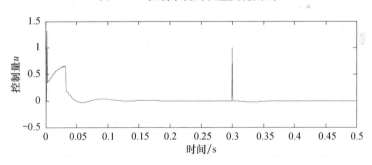

图 8-11　控制系统的控制量变化曲线

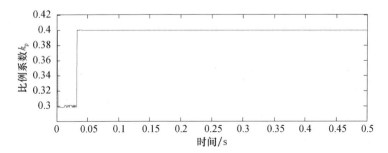

图 8-12　PID 控制器比例系数的自适应变化曲线

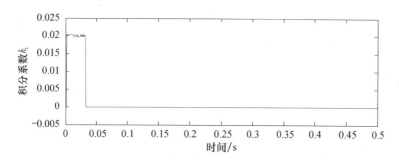

图 8-13　PID 控制器积分系数的自适应变化曲线

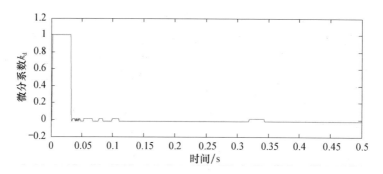

图 8-14　PID 控制器微分系数的自适应变化曲线

　　从仿真实验结果可以看出,模糊自适应 PID 控制器能够得到良好的控制效果,系统的阶跃响应曲线没有出现超调现象,并且控制过程也较为迅速。在系统的控制过程中,当误差较大时,控制器的输出值也较大,使得控制系统快速收敛于期望值;而当接近于期望值时,控制器的输出则逐渐减少,可避免出现超调现象;另外PID 控制器中积分的作用,使得系统最终的稳态误差为 0,即实现无差控制。

　　PID 控制器中的比例系数、积分作用系数和微分作用系数能够随着控制状况的改变,利用模糊规则自动地实现自适应调整,以满足不同的控制状况时选取最优的控制参数,从而使得系统既具有良好的动态性能,又能够消除最终的稳态误差。

8.5　总　　结

　　模糊理论是在模糊集合理论的数学基础上所发展起来的。模糊理论包含所有涉及模糊集合和隶属度函数及其运算的理论,其主要内容包括模糊集合理论、模糊逻辑和人工智能、模糊推理和模糊决策和模糊控制等方面的内容。

　　模糊集合理论是模糊理论得以诞生的数学基础,模糊集合也是模糊理论中最重要的概念。由于模糊集合表示形式的核心是隶属函数的定义或模糊集合中各元素隶属度的计算,所以模糊集合的运算主要涉及隶属函数的数学运算。模糊集合的运算也就是所对应隶属函数的运算。模糊逻辑是在早期的二值逻辑和多值逻辑的基础上发展起来的,它能解决二值逻辑中常见的较为棘手的问题。模糊逻辑是二值逻辑的扩展和推广,二者在内容和运算上既有联系也有区别。

模糊控制是将传统的自动控制理论与模糊逻辑理论相结合,所提出的一种新型控制理论和方法。模糊控制是控制理论发展的高级阶段的新型自动控制理论,它属于智能控制的范畴,而且也是人工智能中的重要研究方向。模糊控制不仅能够成功地实现控制,还能够模仿人类的思维方式和方法,特别是对于一些无法建立有效数学模型的控制系统特别有效,并且还能获得良好的控制效果。

最后我们介绍了一种模糊自适应 PID 控制系统的设计方法,这种控制策略是采用 PID 控制器对控制对象进行控制,但是利用模糊规则和模糊推理机制可实现对于 PID 控制器参数的自适应调整,即能够根据不同的控制状况自动校正比例系数、积分作用系数和微分作用系数,从而实现自适应模糊控制。

参 考 文 献

[1] Zadeh L A. Fuzzy logic, neural networks, and soft computing. Communications of the ACM, 1994, 37(3): 77-84.

[2] Friedman M, Ma M, Kandel A. Numerical solutions of fuzzy differential and integral equations. Fuzzy Sets and Systems, 1999, 106(1): 35-48.

[3] Zhou S M, Gan J Q. Low-level interpretability and high-level interpretability: A unified view of data-driven interpretable fuzzy system modelling. Fuzzy Sets and Systems, 2008, 159(23): 3091-3131.

[4] Buckley J J, Hayashi Y. Fuzzy neural networks: A survey. Fuzzy Sets and Systems, 1994, 66(1): 1-13.

[5] Rojas I, Ortega J, Pelayo F J, et al. Statistical analysis of the main parameters in the fuzzy inference process. Fuzzy Sets and Systems, 1999, 102(2): 157-173.

[6] Carrasco E F, Rodrıguez J, Puñal A, et al. Diagnosis of acidification states in an anaerobic wastewater treatment plant using a fuzzy-based expert system. Control Engineering Practice, 2004, 12(1): 59-64.

[7] Goncharov S S. Decidable Boolean algebras of low level. Annals of Pure and Applied Logic, 1998, 94(1-3): 75-95.

[8] Goldblatt R. Mathematical modal logic: A view of its evolution. Journal of Applied Logic, 2003, 1(5-6): 309-392.

[9] Galmiche D, Salhi Y. A family of Gödel hybrid logics. Journal of Applied Logic, 2010, 8(4): 371-385.

[10] Novák V. Which logic is the real fuzzy logic? Fuzzy Sets and Systems, 2006, 157(5): 635-641.

[11] Ma J, Chen S, Xu Y. Fuzzy logic from the viewpoint of machine intelligence. Fuzzy Sets and Systems, 2006, 157(5): 628-634.

[12] Klement E P, Navara M. A survey on different triangular norm-based fuzzy logics. Fuzzy Sets and Systems, 1999, 101(2): 241-251.

[13] Dubois D, Prade H. Fuzzy sets in approximate reasoning. Part 1: Inference with possibility distributions. Fuzzy Sets and Systems, 1999, 100(1): 73-132.

[14] Takagi H, Hayashi I. NN-driven fuzzy reasoning. International Journal of Approximate Reasoning, 1991, 5(3): 191-212.

[15] Cao Z Q, Kandel A, Li L H. A new model of fuzzy reasoning. Fuzzy Sets and Systems, 1990, 36(3): 311-325.

[16] Labiod S, Guerra T M. Adaptive fuzzy control of a class of SISO nonaffine nonlinear systems. Fuzzy Sets and Systems, 2007, 158(10): 1126-1137.

[17] Wakabayashi C, Embiruçu M C, Kalid F R. Fuzzy control of a nylon polymerization semibatch reactor. Fuzzy Sets and Systems, 2009, 160(4): 537-553.

[18] Chou C H. Model reference adaptive fuzzy control: A linguistic space approach. Fuzzy Sets and Systems, 1998, 96(1): 1-20.

[19] Mamdani E H. Application of fuzzy algorithms for control of simple dynamic plant. Proceedings of the Institution of Electrical Engineers, 1974, 121(12): 1585-1588.

[20] Asai K, Kitajima S. Optimizing control using fuzzy automata. Automatica, 1972, 8(1): 101-104.

第9章 基于进化计算的模糊系统设计

在第8章中,我们详细探讨了模糊系统的特点和优势,以及其在工业、农业、航空航天等众多领域的广泛应用。模糊系统通过模拟和借鉴人类的推理和思维方式,大多采用自然语言的形式来表示和运算。模糊系统的可理解性较强,同时也可逼近任意的非线性函数,并且学习算法的收敛速度也不亚于其他常用方法。但是对于模糊系统的建模和分析,往往都需要专家或者熟练操作人员的知识和经验,即事先就确定好系统的某些结构和相关参数,缺乏一定的自学习能力。

研究人员针对提高模糊系统自学习能力的问题,提出了多种技术和方法。其中,比较常用的两种方法分别是利用神经网络和遗传算法来设计模糊系统,对应的混合系统分别称为神经模糊系统[1]和遗传模糊系统[2]。神经模糊系统就是将模糊逻辑技术与人工神经网络技术相结合,其本质就是将常规的人工神经网络赋予模糊输入信号和模糊权值。模糊逻辑技术与人工神经网络技术相结合主要有两种方式,对应的系统分别称为模糊神经网络和神经模糊系统。本章主要针对遗传模糊系统进行介绍和分析,而对于神经模糊系统则不作详细介绍。

总体来讲,遗传模糊系统是一种基于遗传算法学习和优化过程的模糊系统,它集成了计算智能方法中的两个重要分支即模糊系统和进化计算,是当前计算智能领域中的一个重要研究方向,并在航空航天系统、通信系统、电力系统、网络安全和决策支持系统等众多领域中得到了成功的应用[3]。在这种模糊系统的设计过程中,遗传算法用于确定和优化模糊系统的结构和参数,遗传学习机制覆盖了系统的各个层次,其中既包括系统中简单的参数优化,也包括从确定系统结构到具体参数优化的整个设计过程。

9.1 基于模糊规则的模糊系统

9.1.1 概述

模糊逻辑系统已经在分类、识别、建模和控制等众多领域得到了成功的应用。由于在实际应用中这类模糊系统大多都包含一个模糊规则集合,它们往往是本领域的专家或熟练操作人员的经验总结所得到的模糊规则,并且也是系统中的核心和关键部分,因而它们又被称为基于模糊规则的系统(fuzzy rule based system,FRBS)。基于模糊规则的模糊系统的优势就在于可将人类专家的经验和知识嵌入到系统中,这能够显著地提高系统的性能,也是基于模糊规则的模糊系统获得成功应用的关键所在。

　　基于模糊规则的模糊系统的主要组成部分包括一个知识库(knowledge base,KB)、一个模糊推理系统,以及系统的模糊化接口和去模糊化接口,系统的结构图如图 9-1 所示。系统中的知识库又可分为模糊规则库和模糊数据库,其中模糊规则库包含由专家提供或者根据经验得到的信息;而模糊数据库则主要定义模糊规则的语言变量、语言术语以及相应的隶属度函数。模糊推理系统则表示基于知识库中的规则库,采用某种推理方法针对输入数据进行模糊推理得到相应的结论和输出;模糊化接口和去模糊化接口又分别称为系统的输入和输出接口,输入接口负责将输入数据转化为模糊集合,而输出接口则是采用去模糊化方法将模糊推理结果转化为实际的行为值。

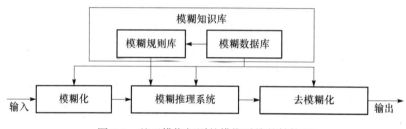

图 9-1　基于模糊规则的模糊系统的结构图

　　基于模糊规则的模糊系统中的核心部分就是一个采用基于模糊 if-then 规则形式的知识库,进行模糊推理并得到相应的结论。每个模糊规则的采用如下的形式:

　　if (a set of conditions are satisfied) then (a set of consequents can be infered)

　　其中,规则的前提(或前件部分)和结论(或后件部分)均由模糊语句所构成,当满足规则的所有条件时就会推得规则的结论。这些模糊规则就是专家经验和知识的具体数学模型,一个基于模糊规则的系统中的核心部分就是采用人类自然语言形式进行描述的模糊规则库,其中还涉及模糊蕴含的概念以及推理合成规则。

9.1.2　基于模糊规则系统设计

　　基于模糊规则的模糊系统在控制、模式分类等领域得到了广泛和成功地应用。模糊规则集合在许多文献中又称为知识库,对于模式分类问题,模糊规则集合就是分类规则库,而对于模糊控制问题,模糊规则集合则为控制规则库。当前研究人员的许多工作都是关于如何基于给出的数据自动学习和确定模糊规则集合。这是因为合适的模糊规则集合是决定系统性能的关键和核心问题,在某些应用场合我们可以利用领域专家的知识和经验来指导确定模糊规则库,但是在多数情况下我们无法获得专家的指导或其他经验知识。此时可利用各种优化方法,基于给出的数据或其他信息优化确定系统的模糊规则库及其参数。

当前针对增强和改善基于模糊规则系统的学习能力,研究人员已经提出了许多卓有成效的技术和方法,其中两个最为常用和成功的范例就是应用计算智能技术中的两大技术:人工神经网络和模糊进化计算,并分别产生神经模糊系统和遗传模糊系统。

神经模糊系统是将人工神经网络技术和模糊逻辑技术融合到一起,它既具有模糊逻辑系统采用自然语言表示以及模糊推理的特点,又结合人工神经网络的较强学习能力,即神经模糊系统同时具有模糊系统和人工神经网络的优势。神经模糊系统将神经网络的低层的学习和计算能力嵌入到模糊系统中,同时也将模糊逻辑系统所具有的类似于人类思考和推理的能力融入到神经网络系统中,可实现基于给定的数据来自动确定模糊系统中的模糊规则库。

遗传模糊系统则是将进化计算方法(一般是采用遗传算法)嵌入到模糊系统的设计过程中,使之具有自适应和学习能力。遗传模糊系统和神经模糊系统的主要区别在于两者确定模糊规则库的方法不同,神经模糊系统是利用人工神经网络的学习能力,而遗传模糊系统则是利用进化计算方法的学习和优化能力。我们将在接下来的章节中详细介绍遗传模糊系统的基本概念、工作原理、具体实施步骤以及在实际中的典型应用。

9.2　遗传模糊系统

目前,研究人员将那些基于遗传算法的学习和优化过程的模糊系统设计方法,统称为基于遗传的机器学习(genetics based machine learning, GBML)方法。其中,遗传算法(也可采用其他进化计算方法)是作为确定模糊规则库和优化系统参数的工具,并且主要利用遗传算法的自学习、自组织和随机优化的特征和优点,当然也可以采用其他进化计算方法。这类基于遗传学习的模糊系统还有一个统一的名称——基于规则的遗传模糊系统(genetic fuzzy rule based system, GFRBS)。

遗传模糊系统将进化计算方法和模糊逻辑技术相结合,它同时具有模糊逻辑和进化计算的优点,即具有处理模糊和不确定性信息的能力,大大增强了模糊系统的自学习、自组织和自适应能力。遗传模糊系统既具有模糊系统采用自然语言描述和模拟人类思维方式的特点,同时又具有遗传算法强大的搜索和优化功能,两者取长补短、有机结合。

模糊系统的设计学习过程主要包括对于模糊规则库结构的学习以及对于其中所涉及参数的学习,在遗传模糊系统中这些学习过程是利用遗传学习来实现的。

在利用遗传学习来确定模糊规则库的过程中,又可分为不同的策略和方法。其中,在实际应用中主要分为三种方法,它们分别称为 Michigan 方法、Pittsburgh 方法以及迭代规则学习(iterative rule learning,IRL)方法。对于 Pittsburgh 方法,在遗传算法的种群迭代演化过程中,将整个模糊规则集合编码成种群中的一个个体,然后利用遗传学习过程来优化模糊规则库,并且是将规则库结构的学习和其中参数的学习视为一个整体来完成的,其工作原理如图 9-2 所示。在当前所提出的基于遗传的机器学习方法中,其中的一大部分属于 Pittsburgh 方法,它是三种方法中最为常用的一种。

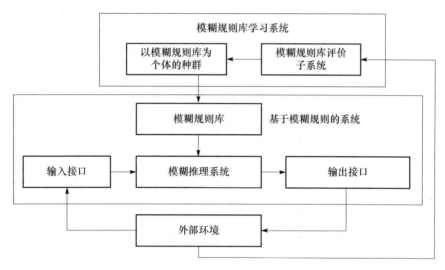

图 9-2　基于 Pittsburgh 方法的工作原理

　　而对于 Michigan 方法,它与 Pittsburgh 方法不同的是每个模糊规则被编码成种群中的一个个体,在遗传算法的遗传学习过程中实际上是对模糊规则进行学习和优化,然后基于一定的策略将所得到的优化规则组合成一个模糊规则库,Michigan 方法的工作原理如图 9-3 所示。值得注意的是,并不是将所有的最优规则组合到一起就得到最优的模糊规则库,这里面涉及规则之间的协调和相互配合问题。迭代规则学习方法则是将一个单独的模糊规则编码为种群中的一个个体,在遗传算法的每次迭代周期内,添加一个新的规则到模糊规则集合中,因而是采用迭代的方式来生成模糊规则库。

9.2.1　概述

　　在遗传模糊系统设计过程中,核心问题就是如何得到一个有效的知识库,这可视为是一种优化问题。而遗传算法则作为一种有效的搜索和优化工具,主要用于对系统中的知识库(包括数据库和规则库)进行学习和优化操作,确定其结构和参

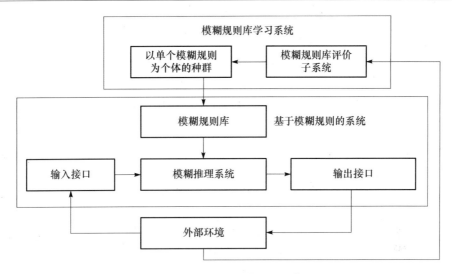

图 9-3　基于 Michigan 方法的工作原理

数,该过程也被称为遗传学习过程。图 9-4 是遗传模糊系统的遗传学习过程的工作原理图。

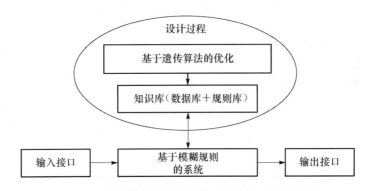

图 9-4　遗传模糊系统遗传学习过程的工作原理图

由图 9-4 可以看出,知识库可分为模糊数据库和模糊规则库,遗传学习具体就是针对模糊数据库的学习和模糊规则库的学习。其中,针对模糊数据库的学习包括确定语言变量的论域、每个语言变量中包含的语言术语以及相应的隶属度函数;而针对模糊规则库的学习则包括确定模糊规则的数目、模糊规则的类别和分布以及最终的模糊规则集合等。遗传学习的效果是通过系统的性能来进行评价的。遗传学习的方式和过程可分为以下几种类型。

1. 模糊规则库的学习

这种学习策略一般是事先确定好模糊数据库,然后再利用遗传学习机制来确定模糊规则库。确定模糊数据库的过程包括确定每个模糊变量的论域、对应的模糊语言术语的数目、所采用的隶属函数类型以及具体的参数。一般采用奇数个模糊语言术语(如 3、7、9),常用的隶属度形状为三角形隶属度函数、梯形隶属度函数或者高斯隶属度函数,并且将这些隶属度函数均匀地分布在该模糊变量的论域上。而确定模糊规则库的过程则包括确定模糊规则库中的规则数目,每个模糊规则的条件部分(前件)和结论部分(后件)。

2. 模糊知识库的学习

由于模糊知识库包括模糊数据库和模糊规则库,所以这种学习策略是利用遗传学习机制同时对模糊数据库和模糊规则库进行学习和优化。这又分为两种情形,第一种情形是同时对模糊数据库和模糊规则库的参数进行编码,个体编码就包含了其中的所有参数,而第二种情形则是包含两个不同的学习过程,即分别独立地对模糊数据库和模糊规则库进行学习和优化。

3. 参数的调整和学习

这种学习策略则是在模糊规则库的学习过程完成之后,重新对事先确定的模糊知识库进行调整,但是这种调整过程只是微调操作,它不改变每个模糊变量的模糊划分,而仅仅改变每个模糊隶属度函数的参数,即隶属度函数原先是三角形隶属度函数则仍然采用三角形隶属度函数,只是其宽度和对称性可能会进行调整。这种学习策略有时又被称为首先学习模糊规则库,然后对模糊知识库进行微调操作。

9.2.2　实施步骤

从优化的角度看,遗传模糊系统的设计过程就是确定模糊系统最优结构和参数的过程。遗传模糊系统的实施步骤中的核心问题就是遗传算法的搜索和优化过程,它与利用遗传算法求解其他优化问题步骤基本相同,主要包括以下几个步骤。

(1) 建立模糊知识库待优化结构和参数的数学模型或数学表达式,并采用恰当的个体编码形式。在遗传模糊系统中,通常采用两种编码形式:第一种形式也是前面所介绍的 Pittsburgh 方法所采用的编码方式,而第二种形式则是 Michigan 方法和迭代规则学习方法所采用的编码方式。

(2) 采用合适的方式产生初始种群,同样也可将某些信息或知识嵌入到初始种群的个体中,以加快遗传算法的搜索和优化过程。

(3) 定义个体的适应度函数。个体适应度函数就是个体的评价函数,它表示个体所代表的模糊规则或者模糊规则集合的性能优劣,其定义方式与所要求解问题的类型有关。

(4) 遗传算子的设计。由于个体编码方式的多样性,每位基因所表示的含义各不相同,因而遗传算子的设计是与具体问题直接相关的。

(5) 确定算法的运行参数。这是算法在运行前必须设置的具体参数,如种群的规模、遗传操作中的交叉概率、变异概率、种群中新老个体的更新比例。

9.2.3　研究现状

早在 20 世纪 80 年代,日本的科研人员已经成功地将模糊控制技术应用于家电产品、工业生产和工业机器人领域。文献[4]中提出了一种基于遗传调节(genetic tuning)策略的模糊控制系统设计方法,并应用于控制加热、通风以及空调系统中的模糊逻辑控制器上,同时满足能源消耗和室内舒适度等方面的要求。

遗传模糊系统还广泛应用于其他领域,其中涉及电机控制、电力系统、通信系统、模式识别以及网络安全等。文献[5]提出了一种应用于优化模糊控制器的遗传调整方法,用于货运列车速度的控制,这种控制策略既能够精确地实现列车所期望的运行速度,同时也能够保持平稳的运行状态,从而可有效减小耦合器的重压。文献[6]中则提出了一种用于预测发电站风速的模糊专家系统,其中遗传算法用于优化系统中的 TSK 模糊模型,它通过调整输入模糊隶属度函数和规则结论的增益因素来减少预测和真实的风速之间的误差。

在文献[7]中,Bonissone 等则应用遗传算法来设计和优化一个模糊决策系统,并应用于保险申请领域。这种方法能够自动地对所要接受的保险申请者进行风险分类,从而决定申请者应付的保险金额。文献[8]则针对一种数学模型较为复杂的轮式机器人的转向控制问题,利用遗传算法来优化模糊神经网络控制器的参数,可以显著地提高控制器对速度变化的适应性,能够对机器人的转向实施有效控制。

目前还没有一个统一的开发和设计模糊系统的框架和方法,遗传模糊系统则是针对这方面研究的一个有益的探索。以下是对遗传模糊系统未来发展趋势的几点展望。

(1) 研究新的个体编码方式,将隶属度函数、规则库以及知识库等的结构和参数用更为有效的方式嵌入到个体的编码串中,并且提高算法的搜索和优化效率。

(2) 虽然遗传模糊系统是利用遗传算法来学习和优化模糊系统的结构和参数,但是也可以研究基于其他进化计算方法来确定和优化模糊系统的模型和方法。

(3) 扩大遗传模糊系统新的研究和应用领域,由于遗传模糊系统结合模糊逻辑和进化计算两种技术和方法优势,因而更加有可能在新的研究领域取得更为显著的效果。

9.3　基于遗传算法的模糊控制器的设计方法

模糊控制方法的设计依赖于被控系统的物理特性以及操作人员的控制经验。在对被控系统各种物理特性充分了解与认识的基础上,再对经验丰富的人员的控制经验进行总结,即可形成采用自然语言表达的一组模糊规则集合。本节介绍如何利用遗传算法的学习和优化机制来设计模糊控制器,这种设计方法能够直接由给出的控制数据产生和优化模糊控制规则,然后与专家控制规则相结合组成最终的模糊控制规则库。

9.3.1　基于遗传算法的模糊控制器设计概述

1. 模糊控制

随着科学技术的不断发展和进步,控制理论及技术也在不断地朝着更为广泛和更高层次发展和应用。这时会遇到许多极为复杂的控制对象和控制过程,它们都往往难以建立精确的数学模型,或者即使能够建立复杂的数学模型,也难以应用现有的经典控制理论和现代控制理论技术来得到满意的控制效果,因而需要发展新的控制理论来处理实际应用中的复杂控制对象和控制问题。模糊控制理论和方法就是在这种背景下出现的一种处理复杂非线性以及被控对象数学模型未知系统的有效控制方法。

模糊控制方法相对于传统的控制技术和方法,其较为突出的特点在于以下几个方面。

（1）在模糊控制系统的设计过程中,并不需要知道被控对象的精确数学模型,只需要提供熟练操作人员和领域专家的经验知识以及相关的操作数据即可。

（2）模糊控制系统具有较强的鲁棒性,并且特别适用于解决传统控制方法难以解决的非线性、时变及大滞后等问题。

（3）模糊集合和模糊逻辑等概念将人类的思维方式引入到控制系统的设计过程中,并且使用模糊语言变量来代替常规的数学变量,得到一个采用自然语言形式描述的模糊控制规则集合。

（4）模糊控制系统的设计采用了不精确推理方式,它具有较强的不确定性知识表达和逻辑推理能力。模糊控制系统中的模糊推理过程模仿了人类的判断和思维过程,并将人类的思维方式和人类的控制经验直接应用于模糊控制器的设计过程中。

自适应模糊控制器最早是由 Procyk 等于 1979 年提出的[9],又被称为语言自组织模糊控制器。自适应模糊控制器的主要设计思想是利用系统的控制数据在线或者离线地确定和优化模糊控制器的结构和参数,使得模糊控制系统的性能处于最佳状态。当前在自适应模糊控制器的设计方法中主要包含基于神经网络的模糊控制器设计方法以及基于遗传算法的模糊控制器设计方法。对于基于遗传算法的模糊控制器设计方法和实施细节,我们将在下面进行详细介绍和分析。

2. 遗传算法和模糊控制系统的结合

在模糊控制器的设计过程中,利用控制工程师和有经验的操作人员的知识和经验,以及将它们转化为模糊控制规则时存在着许多问题。例如,相关的控制工程师和有经验的操作人员不是在所有的应用场合都能得到;有经验的操作人员所提供的经验和知识往往是不完整的,并且还存在着许多无关以及前后相互矛盾的经验;另外,我们也会遇到这样的情形,即有经验的操作人员会凭着自己长期所积累的直觉或本能来实施控制操作,但是这样的直觉经验往往很难采用模糊语言规则的形式进行表达。正是由于存在上述的问题,研究人员提出了利用已有的控制数据来自动确定模糊控制规则的方法,其中有许多方法都是基于遗传算法的学习和优化机制来确定模糊控制规则。相关的控制数据一般是在所设计控制系统的运行过程中,所得到的与系统性能有关的输入数据和输出数据集合。

我们在第 3 章已经详细介绍了遗传算法的工作原理和特点,知道遗传算法是一种通用的全局搜索和优化算法,由于它不需要所求解的问题的数学模型,因而从理论上讲可适用于任何复杂问题的求解,并且在满足一定的条件下都能够全局优化解。在模糊控制器的设计过程中,同样可以利用遗传算法强大的优化和学习能力来自动确定模糊控制规则库。其中,自动在线确定模糊控制规则库的过程也属于自适应控制的范畴,涉及学习和优化的过程,遗传算法则作为其中重要的优化和学习工具。

9.3.2　遗传模糊控制系统的总体设计方案

本节所介绍的基于遗传算法的模糊控制器设计方法可分为三个阶段,其中每个阶段分别利用遗传算法来完成不同的功能,但是遗传算法都在其中起到关键和核心作用。第一个阶段称为模糊控制规则的优化阶段;第二个阶段则是根据第一个阶段所产生的模糊控制规则集合,移除其中的冗余规则,并对某些相似的规则进行合并得到约简的模糊控制规则库;第三个阶段是对上一阶段所得到的模糊控制规则库进行进一步的调整,该阶段实际上是对模糊控制规则库的微调操作,目的是进一步改善系统的控制性能。

1. 模糊控制规则库的设计过程

确定一个有效的模糊控制规则库是系统设计的核心问题和主要工作,该过程可分为三个相互独立的阶段,它们分别针对模糊规则库设计的不同方面,其相似之处就是都是利用遗传算法来进行结构或者参数的优化。

1) 模糊控制规则的优化阶段

该阶段采用迭代式模糊规则优化方式来产生和优化模糊控制规则库,每次优化得到一个模糊控制规则,直到所产生的模糊规则集合能够覆盖给出的训练数据集。其中,模糊控制规则的优化方法是基于一种实数编码的遗传算法,每个个体表示一条模糊控制规则,适应度函数考虑各方面的特性,包括该模糊规则对于训练数据集的覆盖情况(包括正面数据和负面数据)、隶属度函数的宽度以及对称性。在遗传算法每次运行过程中优化得到一个最优的模糊控制规则,然后基于一种迭代式覆盖方法来逐步产生新的模糊控制规则,并决定模糊控制规则的优化阶段的终结条件。

2) 模糊控制规则的约简和组合阶段

在优化阶段所得到的模糊控制规则集合包含两部分:一部分来自于专家或者熟练操作人员的知识,即专家模糊规则,表示为 R^e;而另一部分则是基于给出的训练数据集利用遗传算法的学习机制得到的优化模糊规则,表示为 R^1。它们共同构成了候选模糊控制规则库 $R=R^e \cup R^1$。由于这些规则集合可能包含冗余的规则以及一些较为相似的规则,所以有必要对该规则集合中的模糊规则进行进一步的约简和合并,在不影响系统性能的前提下优化模糊控制规则库。本阶段同样也是利用遗传算法针对该候选模糊控制规则库的约简和组合,得到控制系统精简的模糊控制规则库。

3) 模糊控制规则库的调整阶段

模糊控制规则库的调整阶段也是确定模糊控制规则库的最后一个阶段,该阶段是在模糊控制规则库整体结构和组成大致确定的情况下,对该规则库进行进一步的微调操作。这一阶段不涉及模糊控制规则集合结构的调整,同时也保持模糊规则集合中规则的数目不变,而仅利用优化算法来调整模糊规则中各隶属度函数的参数,使得最终得到的模糊控制系统的性能更优。在这一阶段,调整模糊规则中各隶属度函数的参数同样是利用遗传算法的学习和优化机制来实现的。

2. 模糊控制规则库的结构及组成

在设计和确定模糊控制规则库时,如果有专家和熟练操作人员提供相关知识,则最终的模糊控制规则库包含两部分,分别是专家模糊规则集合和学习模糊规则集合,否则最终所得到的模糊控制规则库完全是由所提供的数据集合通过优化所得到的学习模糊规则集合。

1) 专家模糊规则集合

专家可以直接将其知识和积累的经验转化为模糊控制规则,或者提供一些诸如数据分布、不同变量的关联性等方面的知识,然后我们根据这些信息确定不同控制变量所包含的模糊集合以及相应的隶属度函数,并从训练数据中归纳出不同的模糊控制规则,作为最终的专家模糊控制规则库。

假定每个控制变量对应一个论域,其中包含若干个模糊术语(模糊集合),每个模糊集合都采用相同类型的隶属度函数,如三角形隶属度函数或者梯形隶属度函数。例如,对于某个控制变量 X,其对应的论域为 U,即其变化的区间和范围,假设该变量包含 m 个模糊集合 $A_i(i=1,2,\cdots,m)$,每个模糊集合对应一个隶属度函数 $A_i(u):U\rightarrow[0,1]$。对于下面将要讨论的所有模糊集合,均要求其必须是标准凸函数,并且满足下面的完整性条件:

$$\forall u \in U, \exists j, \quad 使得 A_j(u) \geqslant \delta \tag{9-1}$$

其中,δ 表示由用户所设定的阈值,它也表示该论域模糊集合的完整性度量值。

2) 优化模糊规则集合

假定所提供的训练数据集表示为 $E_p=\{e_1,e_2,\cdots,e_p\}$,其中包含 p 组数据,每组数据信息的具体含义为"在 $t=k$ 时刻,控制器输入向量 X 和输出向量 Y 的取值分别为 X^k 和 Y^k",它们为专家在实施手动控制时所记录的系统在不同控制时刻控制变量的取值。模糊控制器的知识库中包含一个模糊控制规则库,它们描述了在不同控制状况下的控制行为,模糊控制规则库中某个控制规则具体的表示如下所示:

$$R_i: \text{if } x_1 \text{ is } A_{i1} \text{ and } x_2 \text{ is } A_{i2}\cdots\text{and } x_n \text{ is } A_{in} \text{ then } y \text{ is } B \tag{9-2}$$

其中,$X=[x_1,x_2,\cdots,x_n]^T$ 表示系统的状态变量;y 表示系统的单输出变量,即系统的被控制量;$A_{i1},A_{i2},\cdots,A_{in}$ 表示系统的状态变量在其对应论域 $U_1,U_2,\cdots,U_n$ 上的某个具体的模糊集合;B 表示系统的被控制量 y 在其论域 V 上的某个具体的模糊集合。

本节所介绍的方法中模糊控制规则中的每个隶属度函数均采用梯形隶属度函数或者都采用三角形隶属度函数的形式。如果是采用三角形隶属度函数,则控制规则库中的每个模糊集合都用一个三元组 (a_i,b_i,c_i) 进行表示;而如果是采用梯形隶属度函数,则每个模糊集合可用一个四元组进行表示:(a_i,b_i,c_i,d_i)。它们的图示分别如图 9-5(a) 和 (b) 所示。

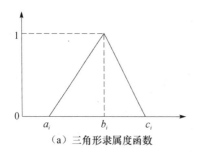

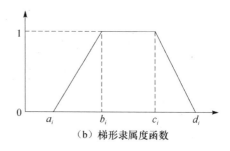

（a）三角形隶属度函数　　　　　　　　　　（b）梯形隶属度函数

图 9-5　隶属度函数的参数表示形式

3）模糊规则库的完整性和覆盖值

模糊规则库的完整性概念比较容易理解，当利用遗传算法得到一个模糊规则库时，我们希望它能够覆盖所有可能出现的控制状况，这就可以用模糊控制规则的完整性来进行度量。

假定对于所得到的模糊规则集合 R，其完整性计算公式和所要满足的阈值条件如下所示：

$$C_R(e_k) = \bigcup_{i=1,\cdots,T} R_i(e_k), \quad k = 1,\cdots,p \tag{9-3}$$

其中，$R_i(e_k)$ 表示模糊规则和训练数据之间的匹配程度，其计算公式如下所示：

$$R_i(e_k) = *(A_i(ex^k), B_i(ey^k)) \tag{9-4}$$

其中，$A_i(ex^k)$ 和 $B_i(ey^k)$ 分别表示该训练数据对于规则的前件和结论部分的匹配程度，而"$*$"则表示 t-norm。在模糊规则的产生和移除冗余规则的过程中，所得到的模糊控制规则库至少应该满足用户所设置的最小阈值。

对于模糊规则集合 R，训练数据集中每个实例 e_k 的覆盖值的计算公式如下所示：

$$CV_R(e_k) = \sum_{i=1}^{T} R_i(e_k) \tag{9-5}$$

在模糊控制规则的产生和优化阶段，要求对于训练数据集中的每个训练实例满足下面的条件：

$$CV_R(e_k) \geqslant \varepsilon, \quad k = 1,\cdots,p \tag{9-6}$$

下面在模糊规则的产生和优化过程中将要用到的覆盖方法就是用到了这种思想，如果某个实例的覆盖值大于或者等于设定阈值，我们就将该实例从训练数据集中移除。

9.3.3　基于遗传算法来确定模糊控制规则

本节具体介绍如何利用遗传算法来确定控制系统中的模糊控制规则库，我们

分别从模糊控制规则的产生和优化、模糊控制库中规则的约简和组合、模糊隶属度
函数的优化和调整这三个方面进行描述。

1. 模糊控制规则的产生和优化

该阶段是利用遗传算法从给出的控制数据集合中产生和优化模糊控制规则，
作为最终模糊控制规则库的候选控制规则。基于遗传算法的优化机制来产生模糊
控制规则，该过程包括模糊控制规则的优化以及一个迭代式覆盖方法，用于决定规
则学习过程的终结条件。在模糊控制规则的优化过程中，每个基因串（个体）表示
一个模糊控制规则，在每次遗传算法的运行过程中仅得到一个适应度最高的个体
作为候选的模糊控制规则。每个规则适应度值的高低与所覆盖的训练数据有关，
也与其不同的特性有关。

下面分别详细介绍该模糊控制规则的优化过程的具体实施步骤和细节问题，
核心就是遗传学习过程，这又可分为个体的表达方式、初始种群的确定方式、适应
度函数的形式、遗传操作以及算法的各种运行参数。

1) 个体的编码

种群中的每个个体表示一个候选解，即一条候选模糊控制规则。模糊控制规
则的形式如下所示：

$$R_i : \text{if } x_1 \text{ is } A_{i1} \text{ and } x_2 \text{ is } A_{i2} \cdots \text{and } x_n \text{ is } A_{in} \text{ they } y_1 \text{ is } B \tag{9-7}$$

其中，$A_{ij}(j=1,2,\cdots,n)$表示该模糊规则的前件部分的隶属度函数；B表示该规则
的后件部分的隶属度函数。这些隶属度函数可分别用 4 个实数（梯形隶属度函数）
来表示，该规则 R_i 所对应的个体编码形式，记为 C_i，可表示为如下的形式：

$$(a_{i1},b_{i1},c_{i1},d_{i1},\cdots,a_{in},b_{in},c_{in},d_{in},a_i,b_i,c_i,d_i) \tag{9-8}$$

其中，$(a_{i1},b_{i1},c_{i1},d_{i1})$，$j=1,2,\cdots,n$ 用来表示隶属度函数 $A_{ij}(j=1,2,\cdots,n)$；(a_i,b_i,c_i,d_i)表示用于该规则的后件部分的隶属度函数。

上述的个体编码形式是对应于梯形隶属度函数，而对于三角形隶属度函数则
每个隶属度函数仅用 3 个实数就可表示，则规则 R_i 的编码形式变为

$$(a_{i1},b_{i1},c_{i1},\cdots,a_{in},b_{in},c_{in},a_i,b_i,c_i) \tag{9-9}$$

对于当前种群中的 M 条模糊规则，我们可用下面的形式进行表示：

$$C = (C_1,C_2,\cdots,C_M) \tag{9-10}$$

2) 产生初始种群

初始种群的产生方法并非完全采用随机化方法产生，其中一部分个体是从训
练数据集 E_p 中选取，而剩余的个体则是采用随机地方法产生。假定训练数据集
E_p 中的数据数目可表示为 $|E_p|$，而每代种群中的个体数目是固定的，共包含 M 个
规则。则初始种群的产生方法如下。

假定 $t=\min\{|E_p|,M/2\}$，则初始种群中的 t 个个体是从基于 E_p 中的数据来

进行选取和确定,这部分个体可记为 E_t,每个基因的具体组成及计算方法如下所示。

对于训练数据集合 E_p 中的第 i 个数据 $e^i \in E_p$,该数据一共包含 $n+1$ 个分量,其对应的第 j 个分量的变化区间为:$e_j^i \in [a_j, b_j]$。

令 $\Delta e_j^i = \min\{e_j^i - a_j, b_j - e_j^i\}$,并且令 $\delta(e_j^i)$ 为 $[0, \Delta e_j^i]$ 中的一个随机数,则对应个体的第 j 个模糊集合的四个参数可用下面的四元组进行表示:

$$(e_j^i - \delta(e_j^i), e_j^i, e_j^i, e_j^i + \delta(e_j^i)) \tag{9-11}$$

类似地,我们可以确定该个体的其他基因。我们采用上述步骤一共确定 t 个个体的基因,而对于剩余的 $M-t$ 个个体,我们则采用随机的方式进行产生,每个个体的相应基因在其对应的变化区间内进行选取,并且满足下面的约束条件。

对于其中的任意一个个体:

$$C_i = (c_{i1}, c_{i2}, c_{i3}, \cdots, c_{il}), \quad l = (n+1) \times 4$$

其对应的基因满足 $c_{4s+1} \leqslant c_{4s+2} \leqslant c_{4s+3} \leqslant c_{4s+4}, s = 0, 1, \cdots, n$。

3)个体的适应度函数

个体的适应度函数的定义较为复杂,具体来讲,我们希望最终所得到的模糊规则库能够覆盖尽可能多的正面实例,同时覆盖较少的反面实例,采用较小或者固定的隶属度函数宽度以及基本对称的隶属度函数。接下来我们详细介绍这些属性的含义和具体的计算公式。

(1)模糊规则的频率。对于模糊规则 R_i,其频率的定义公式如下所示:

$$\psi_{E_p}(R_i) = \frac{\sum_{k=1}^{p} R_i(e_k)}{p} \tag{9-12}$$

其中,E_p 表示训练数据集,p 为其中数据的数目,而 $R_i(e_k)$ 的含义与前面相同,即模糊规则 R_i 和训练实例 e_k 之间的匹配程度。

(2)正面实例的覆盖率。所有与规则 R_i 正确匹配,并且它们之间的匹配程度高于设定阈值的正面实例定义为

$$E^+(R_i) = \{e_k \in E_p \mid R_i(e_k) \geqslant \omega\} \tag{9-13}$$

将正面实例的数目表示为 $n_{R_i}^+$,则规则对于正面实例的覆盖率的定义如下:

$$P_{R_i} = \sum_{e_k \in E^+(R_i)} R_i(e_k) / n_{R_i}^+ \tag{9-14}$$

一个模糊规则的正面实例的覆盖率越高,则该规则对应的适应度值也应该越高。

(3)负面实例的覆盖率。规则 R_i 的负面数据是指那些能够与规则的前件部分相匹配,但是结论却是错误的训练数据,其定义公式如下所示:

$$E^-(R_i) = \{e_k \in E_p \mid R_i(e_k) = 0, A_i(ex^k) > 0\} \tag{9-15}$$

同样将反面实例的数目表示为 $n_{R_i}^-$，则规则对于反面实例的覆盖率的定义如下：

$$N_{R_i} = \begin{cases} 1, & n_{R_i}^- \leqslant 5 \\ \dfrac{1}{n_{R_i}^- - 5 + \exp(1)}, & \text{其他} \end{cases} \tag{9-16}$$

可以看出，其定义式中包含惩罚因素，当反面实例的数目小于等于 5 时，可以不考虑该项指标的作用，对于其他情形则增加一项惩罚因子，用于减少该规则的适应度值。

（4）隶属度函数宽度。对于梯形隶属度函数来讲，模糊规则的每个模糊变量的宽度定义为

$$\text{RW}_i = \frac{\sum\limits_{j=1}^{n+1} \text{WVR}_{ij}/\text{DW}_j}{n+1} \tag{9-17}$$

其中，$(a_{ij}, b_{ij}, c_{ij}, d_{ij})$ 表示该规则的第 j 个模糊变量的隶属度函数参数；DW_j 表示该模糊变量的取值范围的宽度；$\text{WVR}_{ij} = d_{ij} - a_{ij}$，$n+1$ 表示共有 n 个输入变量和 1 个输出变量。

模糊规则模型的隶属度函数宽度则定义为

$$\text{RMW}_i = \frac{\sum\limits_{j=1}^{n+1} \text{WRMR}_{ij}/\text{WVR}_{ij}}{n+1} \tag{9-18}$$

其中，$\text{WRMR}_{ij} = c_{ij} - b_{ij}$。

模糊规则的隶属度宽度率则定义为上述两个定义的乘积，其计算公式为

$$\text{MWR}(R_i) = g_1(\text{RW}_i)g_2(\text{RMW}_i) \tag{9-19}$$

其中，g_1 和 g_2 函数是反映与隶属度函数关系的函数，如果希望获得较小的隶属度函数宽度，则它们可采用下面的形式：

$$g_i(x) = \text{e}^{1-ax} \tag{9-20}$$

而如果希望模糊变量的宽度和规则模型的隶属度函数宽度之间，或者两个模糊变量区间之间采用固定的关系，则可采用下面的函数形式：

$$g_i(x) = \text{e}^{-|1-ax|} \tag{9-21}$$

其中，a 为一个固定的常数。

（5）隶属度函数的对称性。隶属度函数希望获得对称的形状，这样不至于仅对某些特殊点获得较高的隶属度，也更能反映系统的特征。隶属度函数的对称性

采用对称率的概念进行描述,其具体的计算公式如下所示:

$$RS(R_i) = \frac{1}{d^i} \tag{9-22}$$

其中,d^i 的计算公式如下:

$$d^i = \max_{j=1,\cdots,n+1} \{d_i^j\}, \quad d_i^j = \max\left\{\frac{d_{i1}^j}{d_{i2}^j}, \frac{d_{i2}^j}{d_{i1}^j}\right\}, \quad d_{i1}^j = b_{ij} - a_{ij}, \quad d_{i2}^j = d_{ij} - c_{ij}$$

$$\tag{9-23}$$

从定义式可以看出,对称率的值是小于等于 1 的,当隶属度函数都是对称时,对称率的值取 1。

基于上述的指标或者标准,我们可以给出个体适应度函数的定义式:

$$F(R_i) = \psi_{E_p}(R_i) \cdot P_{R_i} \cdot N_{R_i} \cdot MWR(R_i) \cdot RS(R_i) \tag{9-24}$$

适应度函数采用各个不同标准乘积的形式,这种定义方式是将几个标准平等对待,不存在哪个标准更为重要。优化的目标就是获得适应度值最大的模糊规则,可以看出如果某个标准较差,则会显著地影响到其适应度值,即使其他指标都符合要求。

4) 遗传操作

遗传算法中常见的遗传操作就是个体的交叉操作和个体的变异操作,这里采用文献[10]所提出的最大-最小算术交叉算子以及文献[11]中所提出的非均匀变异(non-uniform mutation)算子。

(1) 最大-最小算术交叉算子。与其他类型的交叉算子不同的是,该算子每次实施后得到 4 个新的后代个体,其中既有取最大值操作,也有取最小值的操作。假定第 t 代的两个父代个体 C_v^t 和 C_w^t 被选择进行交叉操作,它们的个体基因编码形式分别为 $C_v^t = (c_{v1}, c_{v2}, \cdots c_{vk}, \cdots, c_{vl})$ 和 $C_w^t = (c_{w1}, c_{w2}, \cdots c_{wk}, \cdots, c_{wl})$。最大-最小算术交叉算子的具体计算过程如下。

通过对这两个父代个体实施最大-最小算术交叉算子,并且基于所设置的交叉概率 P_c 进行运算,可以得到 4 个新的个体,它们的基因编码分别如下所示:

$$C_1^{t+1} = aC_v^t + (1-a)C_w^t$$
$$C_2^{t+1} = aC_w^t + (1-a)C_v^t$$
$$C_3^{t+1} = (c_{31}, c_{32}, \cdots, c_{3l})$$

其中,$c_{3j} = \min\{c_{vj}, c_{wj}\}, j = 1, 2, \cdots, l$。

$$C_4^{t+1} = (c_{41}, c_{42}, \cdots, c_{4l})$$

其中,$c_{4j} = \max\{c_{vj}, c_{wj}\}, j = 1, 2, \cdots, l$。

然后从中选取两个适应度最高的个体,作为最大-最小算术交叉算子的下一代个体。实施过程中的参数 a 可以取为常数,也可以设置为一个随迭代周期的增加而变化的变量,即选择为一个自适应变化的参数。

(2) 非均匀变异算子。非均匀变异算子与其他类型变异算子不同的是,其变异的幅度也与迭代周期有关,并且随着迭代周期的增长其效果越来越明显。对于某个个体 $C_v = (c_{v1}, c_{v2}, \cdots c_{vk}, \cdots, c_{vl})$ 来讲,假定其第 k 位的基因实施变异操作,同时假定该基因的变化区间为 $[c_{kl}, c_{kh}]$,则对该个体实施变异后的新个体为

$$C_v^t = (c_{v1}, c_{v2}, \cdots c_{vk}', \cdots, c_{vl})$$

其中:

$$c_{vk}' = \begin{cases} c_{vk} + \Delta(t, c_{kh} - c_{vk}), & a = 0 \\ c_{vk} - \Delta(t, c_{vk} - c_{kl}), & a = 1 \end{cases}$$

其中,a 为一个在集合 $\{0, 1\}$ 中取值的随机数,即或者取 0 或者取 1,它决定基因值的增加还是减少,而 $\Delta(t, y)$ 则为一个非线性函数,其输出值的变化区间为 $[0, y]$,其具体的计算公式如下所示:

$$\Delta(t, y) = y(1 - r^{(1 - \frac{t}{T})^b}) \tag{9-25}$$

其中,T 表示算法运行的最大迭代周期;r 是一个在区间 $[0, 1]$ 内取值的随机数;b 是一个由用户进行控制的参数,它决定了变异的幅度与遗传算法迭代周期的依赖关系,其取值越大则依赖的关系越大。

从非均匀变异算子的计算公式可以看出,这种变异操作在迭代的初期,即 t 较小时采取均匀的变异操作,而随着迭代过程的进行搜索的范围就会越来越小,在算法迭代的后期就成为一种局部的搜索过程。算法中选择算子采用完全随机的方式来选择交叉操作和变异操作中的父代个体,在选择下一代个体时保留适应度更优的子代个体,并且对于种群的规模在迭代的过程中保持恒定,同时在实施遗传算法的过程中也采用精英保留策略。

算法的具体运行参数设置如下:种群规模为 100,个体的交叉概率为 $P_c = 0.6$,而最大-最小算术交叉算子中的参数 $a = 0.35$,个体的变异概率为 $P_m = 0.6$,而个体中每个基因的变异率为 $P_{m2} = 0.6/$基因长度。

覆盖方法是指通过一个迭代过程产生覆盖所有训练数据集的一个模糊控制规则集合,并且使得规则和训练数据之间某个匹配度量值高于设定的阈值。在每个迭代周期内,利用上述的模糊控制规则的优化过程得到一个适应度最高的个体,然后计算该个体对应的模糊规则与训练数据集中每个数据的相对覆盖值,并将那些覆盖值高于事先设定的数据从当前数据集中移除,数据的数据数目在逐步地减少。该过程一直持续到数据集中数据为空,表示所得到的模糊规则集合将训练数据集完全覆盖。

假定利用专家的经验和知识所得到的模糊控制规则库表示为 R^e,利用前面所述的模糊控制规则的搜索和优化过程,训练数据集的覆盖方法的实施步骤如下所述。

(1) 初始化:设定参数 ω 和 ε,基于 R^e 得到训练数据集中每个数据的覆盖值:

$$\mathrm{CV}[k] \leftarrow \mathrm{CV}_{R^e}(e_k), \quad k = 1, 2, \cdots, p$$

然后将那些覆盖值高于 ε 的数据从 E_p 中移除,得到一个新的 E_p。设置一个空集 R^g,用于存放下面利用遗传算法优化得到的模糊控制规则。

(2) 基于当前的数据集 E_p,利用上述的基于遗传算法的模糊控制规则的优化过程得到一个优化的个体 C_r 及其对应的模糊控制规则 R_r。

(3) 将该模糊控制规则 R_r 加入到集合 R^g 中。

(4) 对于数据集 E_p,基于下面的计算公式更新其中每个数据的覆盖值:

$$\mathrm{CV}[k] \leftarrow \mathrm{CV}[k] + R_r(e_k), \quad e_k \in E_p$$

如果针对某个数据的覆盖值,则将该数据从数据集 E_p 中移除。

(5) 终结条件判断:如果 $E_p = \varnothing$,则上述迭代过程结束,否则转到步骤(2)继续运行。

2. 模糊控制规则的约简和合并

上一阶段所得到的模糊控制规则集合构成了候选模糊控制规则库,但该模糊规则库还需要进行约简和合并操作才能得到最终的模糊控制规则库。因为在遗传学习和优化的过程中出现过学习现象,即所得到模糊规则对于训练数据集的覆盖和匹配程度超出了一定的限度,结果反而使得该模糊控制系统的性能出现下降现象,这需要对当前的模糊控制规则库进行约简操作;另外,在模糊规则库中还可能出现较为相似的规则,这可能是在模糊规则的优化阶段得到的,也可能是由于经过学习得到的模糊控制规则与专家规则存在着较为相似的规则,因而有必要将这些相似的模糊控制规则进行合并操作。

本阶段同样也是利用遗传算法的优化机制针对该候选模糊控制规则库的约简和组合,得到系统最终的模糊控制规则库。下面分别介绍遗传算法在本阶段实施过程中个体的编码方式、遗传操作的设计以及适应度函数的定义。

1) 个体的编码

假定候选模糊控制规则库中的模糊规则数目表示为 $|R| = m$,本阶段个体的编码方式是采用固定长度基因编码方式,种群中每个个体编码的表示形式为

$$C_i = (c_1, c_2, \cdots, c_m), \quad c_k \in \{0, 1\}, \quad k = 0, 1, \cdots, m \tag{9-26}$$

在这种二进制编码方式中,如果该个体 C_i 的某位基因取值为1,表示对应的

规则包含在所选择的规则集合中,类似地,如果某位的基因取值为 0,则表示所对应的规则不包含在最终所选择的规则集合中,表示为 R^s 或者 $R(C_i)$。初始种群的选取是采用随机的方式,但是保证每个个体所对应的规则集合中包含所有的专家模糊控制规则集合。

2) 遗传算子的设计

与上一阶段的遗传学习过程不同的是,这里是采用一种二进制编码的遗传算法,而不是采用实数编码的遗传算法。其中,个体的选择操作同样是采用上一阶段的随机全局采样方法,并且采用精英保留策略;种群中个体的重组操作是采用典型多点交叉操作,并且一般是选用两点交叉操作;个体的变异操作则是采用均匀变异算子来进行操作。

3) 适应度函数的定义

本阶段是应用遗传算法来得到一个精简的模糊控制规则库,种群中个体的适应度函数是采用如下的形式:

$$f(C_i) = \frac{1}{2 \mid E_{\text{trs}} \mid} \sum_{\text{ex}_j \in E_{\text{trs}}} (\text{ey}^j - S(\text{ex}_j))^2 \qquad (9\text{-}27)$$

该适应度函数就是常见的平均平方误差,其中,E_{trs} 表示训练数据集,$\mid E_{\text{trs}} \mid$ 表示该训练数据集中的数据数目;ex_j 表示训练数据集中的某个训练数据;$S(\text{ex}_j)$ 表示对于该训练数据 ex_j 基于个体所确定的模糊控制器的实际输出值;ey^j 表示对于该训练数据的已知的期望输出值。

对于一个模糊控制规则库来讲,其完整性是一个重要的考虑因素,即一个模糊控制规则库应包含足够多的控制规则,它能够针对各种不同的控制状况得到恰当的控制行为,保证系统的稳定性和动态性能。为了确保模糊控制规则库的完整性,我们要求所产生的模糊控制规则库必须覆盖所有的训练数据集,并且它们之间的度量值要高于事先设定的阈值:

$$C_{R(C_i)}(\text{ex}_l) = \bigcup_{i=1,\cdots,T} R_i(\text{ex}_l) \geqslant \tau, \quad \forall \text{ex}_l \in E_{\text{trs}}, R_i \in R(C_i) \qquad (9\text{-}28)$$

其中,τ 为事先设定的最小完整性度量阈值,它要求在实施模糊控制规则库的约简和组合过程中,所得到的模糊控制规则库必须满足该阈值条件。接下来,我们可以得到模糊规则库针对训练数据集的完整性定义:

$$\text{TSCD}(R(C_i), E_{\text{trs}}) = \bigcap_{\text{ex}_l \in E_{\text{trs}}} C_{R(C_i)}(\text{ex}_l) \qquad (9\text{-}29)$$

有了模糊规则库的完整性定义之后,我们就能得到适应度函数的完整定义,它考虑到对于某些缺乏完整性的模糊规则库的惩罚项,具体定义如下:

$$F(C_i) = \begin{cases} f(C_i), & \text{TSCD}(R(C_i), E_{\text{trs}}) \geqslant \tau \\ \dfrac{1}{2} \sum_{\text{ex}_l \in E_{\text{trs}}} (\text{ey}^l)^2, & \text{其他} \end{cases} \qquad (9\text{-}30)$$

3. 模糊控制规则库的调整

接下来,我们对该模糊控制规则库进行进一步的优化操作,这一阶段不改变模糊控制规则集合的结构,保持模糊规则集合中规则的数目不变,仅通过调整模糊规则中各隶属度函数的参数,使得最终得到的模糊控制系统的性能更优。

首先,基于上一阶段所得到的精简模糊控制规则库产生初始种群,其中每个个体表示一个待优化的模糊控制规则集合;然后,基于给出的适应度函数的定义,实施个体的交叉、变异和选择操作来实施搜索和优化操作,不断产生适应度更优的个体,它们表示对隶属度函数的参数进行调整后的模糊控制规则库;最后,输出最优的模糊控制规则库。

假定通过上一阶段的模糊控制规则库的约简和组合得到的最优控制规则集合为 C_b,其中该模糊规则集合中所包含的规则数目为 m 个,则在本阶段所有个体的编码形式为

$$C_j = C_{j1} C_{j2} \cdots C_{jm}$$

其中,包含 m 个规则的编码,每个规则的具体编码形式与前面阶段的编码方式一样,即所有该规则中模糊前件和模糊后件所对应的模糊集合的参数:

$$C_{ji} = (a_{i1}, b_{i1}, c_{i1}, d_{i1}, \cdots, a_{in}, b_{in}, c_{in}, d_{in}, a_i, b_i, c_i, d_i)$$

初始种群是在最优控制规则集合 C_b 的基础上产生的,即在 C_b 的每位编码的基础上并在其变化范围内进行取值:

$$C_b = c_1 c_2 \cdots c_{m \times (n+1) \times 4}, \quad c_k \in \left[c_k^l, c_k^h \right]$$

对于 C_1 个体而言,其每位基因的取值方法如下所示。

如果 $(t \bmod 4) = 1$,则 c_t 就是某个梯形隶属度函数参数的第一个参数,共 4 个参数构成对应隶属度函数的参数集合 $(c_t, c_{t+1}, c_{t+2}, c_{t+3})$,它们与 C_b 对应基因的关系是

$$c_t \in [c_t^l, c_t^h] = \left[c_t - \frac{c_{t+1} - c_t}{2}, c_t + \frac{c_{t+1} - c_t}{2} \right]$$

$$c_{t+1} \in [c_{t+1}^l, c_{t+1}^h] = \left[c_{t+1} - \frac{c_{t+1} - c_t}{2}, c_{t+1} + \frac{c_{t+2} - c_{t+1}}{2} \right]$$

$$c_{t+2} \in [c_{t+2}^l, c_{t+2}^h] = \left[c_{t+2} - \frac{c_{t+2} - c_{t+1}}{2}, c_{t+2} + \frac{c_{t+3} - c_{t+2}}{2} \right]$$

$$c_{t+3} \in [c_{t+3}^l, c_{t+3}^h] = \left[c_{t+3} - \frac{c_{t+3} - c_{t+2}}{2}, c_{t+3} + \frac{c_{t+3} - c_{t+2}}{2} \right]$$

C_1 为初始种群中的第一个个体,其余的个体则是采用随机的方式进行产生,但是要确保每位基因的取值在其变化范围内。

本阶段的目的是进一步调整模糊规则库中各隶属度函数的参数,使得最终得到的模糊控制规则库的性能更优。基于调整模糊规则库中各隶属度函数的参数的目的,遗传算法中个体适应度函数定义如下:

$$f(C_i) = \frac{1}{2 \mid E_{trs} \mid} \sum_{ex_j \in E_{trs}} (y^j - S(ex_j))^2$$

可以看出,适应度函数的含义同样是基于给出的训练数据集,计算系统的期望输出与实际输出的平均平方误差。而各种遗传算子的设计方法与第一阶段基本一致,即也包含最大-最小算术交叉算子、非均匀变异算子和基于精英保留策略的随机选择方式。

9.3.4 应用实例

1. 倒立摆的控制问题

倒立摆系统是一个复杂、不稳定以及非线性的系统,针对倒立摆的控制系统设计是进行控制理论教学和开展各种控制理论实验的理想实验平台。倒立摆控制系统中的控制方法和策略在军工、航天、机器人和一般工业过程等众多领域中都有着广泛的应用背景,如机器人行走过程中的平衡控制、火箭发射中的垂直度控制以及卫星飞行中的姿态控制等。

倒立摆系统按照其摆杆数量的不同,可分为一级倒立摆、二级倒立摆、三级倒立摆甚至更高数目的倒立摆等,其中在多级倒立摆的摆杆之间属于自由连接(即无电动机或其他驱动设备)。倒立摆的控制问题就是使摆杆尽快地达到一个平衡位置,并且使之没有剧烈的振荡和过大的偏离角度和角速度。当倒立摆的摆杆到达期望的位置后,该系统还要能够克服一些随机扰动而保持在稳定的位置。

2. 倒立摆模糊控制系统的设计

1) 倒立摆系统的数学模型

本节针对一级倒立摆系统进行研究,其原理及相关变量的示意图如图 9-6 所示[12]。系统的数学模型可简化为如下的形式:

$$m\frac{L}{3}\frac{d^2\theta}{dt^2} = \frac{L}{2}\left(-F + mg\sin\theta - k\frac{d\theta}{dt}\right) \quad (9\text{-}31)$$

其中,$k\dfrac{d\theta}{dt}$用来近似表示倒立摆受到的摩擦力。

系统的状态变量包括倒立摆的偏移角度 θ,倒立摆的摆动角速度 ω,系统的外加控制作用力 f。对于不同的(θ,ω),控制系统的设计思想是施加合适的控制力,

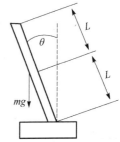

图 9-6 一级倒立摆模型

使得倒立摆尽快回到其平衡位置,即垂直位置,外加的作用力作用于倒立摆的重心,并且该作用力要保持一段固定的时间。

一级倒立摆系统的具体参数为:质量 m 为 5kg,长度 L 为 5m,外部施加作用力的固定作用时间为 10ms,在设计模糊控制器的过程中,这些变量的论域或者变化范围如下所示:

$$\theta \in [-0.524, 0.524], \quad 单位:rad$$
$$\omega \in [-0.858, 0.858], \quad 单位:rad/s$$
$$f \in [-2980, 2980], \quad 单位:N$$

假定从实验中所得到的控制数据包含两组数据集,一组为训练数据集,其中偏移角度 θ、倒立摆的摆动角速度 ω 以及系统的外加控制作用力 f 的变化范围为

$$\theta \in [-0.277, 0.277], \quad \omega \in [-0.458, 0.458], \quad f \in [-1592.2, 1592.2],$$

训练数据集一共包含 213 组输入-输出数据对,采用符号 E_{tr} 进行表示;而第二组数据则作为测试数据集,它共包含 125 组输入-输出数据对,并采用符号 E_{te} 进行表示。

2) 基于专家经验的模糊控制规则

对于偏移角度 θ、倒立摆的摆动角速度 ω 以及系统的外加控制作用力 f,偏移角度 θ 和倒立摆的摆动角速度 ω 是作为模糊控制规则的输入变量,而系统的外加控制作用力 f 则作为模糊控制规则的输出量,并且这 3 个语言变量都采用 7 个模糊语言术语:

{负大(NL),负中(NM),负小(NS),零(ZR),正小(NS),正中(NM),正大(NL)}

其中,每个模糊语言术语可以采用梯形隶属度函数或者三角形隶属度函数两种形式,梯形隶属度函数采用标准化梯形隶属度函数的形式。

根据专家的知识和经验所得到的模糊控制规则一共有 3 条规则,它们分别如下所示:

$$R_1: \text{if } \theta \text{ is PS and } \omega \text{ is NS then } f \text{ is ZR}$$
$$R_2: \text{if } \theta \text{ is NS and } \omega \text{ is PS then } f \text{ is ZR}$$
$$R_3: \text{if } \theta \text{ is ZR and } \omega \text{ is ZR then } f \text{ is ZR}$$

虽然专家所提供的模糊控制规则数目不多,但是通过这三条模糊控制规则,我们还是能够了解到一些控制规律。对于模糊控制规则 R_1 和 R_2,实际上告诉了系统的设计人员在哪些状况下无须施加外部的控制作用,我们称这两个规则为 ER1;而对于模糊控制规则 R_3,则指出了系统的某个平衡位置的特征,类似地我们称这个规则为 ER2,表示第二组专家规则。

3) 运行参数的设置

如前所述,本节所提出的确定模糊控制库的方法包括三个阶段,即模糊控制规则的优化阶段、模糊控制规则的约简和组合阶段以及最后的参数优化阶段。在第一阶段和第二阶段中,遗传算法最大迭代次数都设置为 1000 代,而在第三阶段遗传算法的最大迭代次数则设置为 2000 代,用于进一步优化模糊控制规则库的参数。在模糊控制规则的产生的优化阶段,适应度函数中的隶属度函数宽度率计算公式中的两个函数均采用如下的形式:

$$g_1(x) = g_2(x) = e^{1-x}$$

即对于隶属度函数的宽度而言,优化适应度函数目的是为了获得最小的宽度。对于算法运行过程中的其他相关参数,如覆盖率、协调性参数和完整性参数,它们在不同状况下的具体设置如表 9-1 所示。

表 9-1　算法运行中相关参数的设置

梯形隶属度函数			三角形隶属度函数		
ε	ω	τ	ε	ω	τ
1.0	0.1	0.1	1.0	0.1	0.1
1.5	0.3	0.3	1.5	0.3	0.3
1.5	0.5	0.5	1.5	0.5	0.5
2.5	0.7	0.5	2.5	0.7	0.5

3. 实验结果及分析

仿真实验分为两种情况,即模糊控制规则库中模糊集合可分别采用梯形隶属度函数或者三角形隶属度函数两种形式。我们将采用三角形隶属度函数形式,并且基于上述遗传学习过程得到的模糊控制规则集合称为 GR1,而将采用梯形隶属度函数形式,利用上述的遗传学习过程得到的模糊控制规则集合称为 GR2。

本节仅列出当模糊集合分别采用梯形隶属度函数和三角形隶属度函数,各自所对应参数设置表一组参数时的控制性能。当采用三角形隶属度函数形式,并且选择第三组参数时,所得到模糊控制库的具体控制性能如表 9-2 所示。

表 9-2　采用三角形隶属度函数时系统的控制性能

优化过程 \ 情形	规则学习过程			规则约简和组合过程			调整过程	
	MSE	$|R|$	TSCD	MSE	$|R|$	TSCD	MSE	TSCD
GR1	64863.8	18	0.5348	41735.3	11	0.5348	40.35	0.1854
GR1&ER2	51818.0	16	0.5724	19989.2	9	0.5146	46.12	0.2337
GR1&ER1	52576.8	18	0.6036	25861.3	11	0.5955	35.5	0.3155

其中,MSE 是表示平均平方误差,其余两项指标分别表示规则的数目以及规则库的完整性度量指标。而当采用三角形隶属度函数形式,并且上述参数中选择第四组参数时,所得到模糊控制库的具体控制性能如表 9-3 所示。

表 9-3　采用梯形隶属度函数系统的控制性能

优化过程　　情形	规则学习过程			规则约简和组合过程			调整过程	
	MSE	$|R|$	TSCD	MSE	$|R|$	TSCD	MSE	TSCD
GR2	97016.5	19	0.7516	67147.8	11	0.5598	153.2	0.4440
GR2&ER2	92768.3	20	0.7940	51985.6	12	0.5242	241.8	0.2643
GR2&ER1	86286.2	20	0.7940	35826.8	9	0.5242	32.1	0.2951

从具体的仿真实验结果可以看出,对于本节的倒立摆控制问题,采用三角形隶属度函数相对于梯形隶属度函数能够更好地控制性能。而对于控制规则库组成来讲,并不是加入专家控制规则就一定能够得到更好的控制性能。例如,对于表 9-3 所示的结果,当不加入专家控制规则时的控制性能是介于其他情况之间的,这表明专家的经验和知识是与所要控制的问题直接相关的,并且还可能会存在无效或者冗余规则的情形。

9.3.5　结论

本节介绍了一种遗传模糊系统的设计方法,用于在控制系统中学习和确定模糊控制规则。该方法既可以利用专家的经验和知识来得到模糊控制规则,也可从控制环境中直接产生和优化模糊控制规则,或者直接将两者结合起来得到最终的模糊控制规则库。本节所介绍的基于遗传算法的模糊控制器同样属于遗传模糊系统,其主要功能是利用专家经验和知识以及已知的控制数据来确定一个有效的模糊控制规则集合。这种遗传模糊控制系统的设计方法同样包括确定模糊规则库和模糊知识库,包括对参数的学习和优化。

本节所介绍方法的特点和优势在于当无法获得有效的专家经验和知识时,可以基于遗传算法直接从所给出的控制数据中产生和优化模糊控制规则;另外,遗传算法在不同的阶段分别起到不同的作用:第一阶段就是发现优秀控制规则;第二和第三阶段则是寻找相互协作最好的控制规则集合,从整体上体现性能的最优,它们的组合效果就是可以得到一个有效的模糊规则库和模糊知识库。

9.4　总　　结

本章主要介绍了遗传模糊系统的基本概念、特点、设计方法和典型应用,它属于是基于进化计算的模糊系统的设计方法。这种方法将进化计算方法和模糊逻辑技术相结合,同时具有模糊逻辑和进化计算的优点,既具有处理模糊和不确定性信息的能力,也能够增强系统的自学习和优化能力。

遗传模糊系统主要利用了遗传算法的自学习、并行处理和随机优化能力。在利用遗传学习确定模糊系统的结构和参数的过程中,又可将遗传模糊系统划分为不同的策略和方法,它们分别称为 Michigan 方法、Pittsburgh 方法以及迭代规则学习方法。在当前所提出的遗传模糊系统中,其中的一大部分是属于 Pittsburgh 方法,它是三种方法中最为常用的一种。

在遗传模糊系统设计过程中,核心问题就是如何得到一个有效的知识库,这可视为是一种优化问题。而遗传算法作为一种有效的搜索和优化工具,同时也具有强大的学习功能,主要用于对系统中的知识库(包括数据库和规则库)进行学习和优化操作,确定其结构和参数,该过程也被称为遗传学习过程。从优化方法的设计策略讲,首先是得到一个合适的模糊规则库并对其建立数学模型,然后通过优化方式确定其中所包含的参数,最终的优化目标都是得到一个最为合适的模糊规则集合,使得系统的性能获得最优。

但是也要看到,在遗传模糊系统设计和应用的过程中也出现了不少的问题。遗传算法可以作为优化和学习隶属度函数、模糊规则甚至整个模糊规则库的有效方法,但是随着遗传算法个体编码长度以及复杂性的增加,算法的搜索效率问题将是一个巨大的挑战。另外,模糊规则库的性能与系统的可解释性之间也存在着相互竞争的关系。系统性能的提高往往也会带来模糊规则库规模的扩大,使得系统的可解释性(或可理解性)变差;反之,系统可解释性的增强往往是以牺牲系统的性能为代价的,在实际应用中需要综合考虑系统各方面的需求,从中选择一个较为合适的折中方案。

这些新出现的问题都需要研发人员从新的和更为有效的角度研究进化计算和模糊系统的结合方式和策略,提出新的解决问题的方法。例如可以考虑采用多种技术相结合,并且兼顾模糊系统的性能和可解释性之间的平衡;另外从进化计算本身着手,设计更为有效的进化计算方法;还可以深入研究,提出新的进化模糊学习模型和方法;最后还可以扩大遗传模糊系统的应用领域,如数据挖掘、模式识别、互联网和物联网、生物信息处理等众多领域。

参 考 文 献

[1] Leszek R, Krzysztof C. Flexible neuro-fuzzy systems. IEEE Trans. Neural Netw. ,2003,14: 554-574.

[2] Herrera F. Genetic fuzzy systems:Status, critical considerations and future directions. International Journal of Computational Intelligence Research,2005,1(1):59-67.

[3] Herrera F. Genetic fuzzy systems:Taxonomy, current research trends and prospects. Evol.

Intell. ,2008,1:27-46.

[4]　Lcala R A,Bentez J M,Casillas J,et al. Fuzzy control of HVAC systems optimized by genetic algorithms. Appl. Intell. ,2003,18:155-177.

[5]　Jang J S,Sun C T,Mizutani E. Neuro-Fuzzy and Soft Computing. Englewood Cliffs:Prentice-Hall,1997.

[6]　Damousis I G,Dokopoulos P. A fuzzy expert system for the forecasting of wind speed and power generation in wind farms. Proc. of Int. Conf. on Power Industry Computer Applications(PICA)2001,Sydney,2001:63-69.

[7]　Bonissone P P,Subbu R,Aggour K S. Evolutionary optimization of fuzzy decision systems for automated insurance underwriting. IEEE Int. Conf. on Fuzzy Systems,Honolulu,2002:1003-1008.

[8]　高峻晓,陆际联. 轮式机器人遗传模糊神经网络转向控制. 北京理工大学学报,2003,23(2):176-180.

[9]　Procyk T J,Mamdani E H. A linguistic self-organizing process controller. Automatica,1979,15(1):15-30.

[10]　Herrera F,Lozano M,Verdegay J. Tuning fuzzy logic controllers by genetic algorithms. Internat. J. Approx. Reasoning,1995,12:299-315.

[11]　Michalewicz Z. Genetic Algorithms + Data Structures = Evolution Programs. Berlin:Springer,1992.

[12]　Herrera F,Lozano M,Verdegay J L. A learning process for fuzzy control rules using genetic algorithms. Fuzzy Sets and Systems,1998,100:143-158.

第 10 章　计算智能方法的性能评价

在第 3~8 章中,我们分别讨论了计算智能方法中的模拟进化计算、模糊逻辑系统、人工神经网络、人工免疫算法和系统的工作原理、实施细节以及各自的优点和不足。掌握每种计算智能方法的基本概念、实施步骤、优点和不足是在具体应用时的基础,但是我们在实际中还需要对这些计算智能方法进行性能评测,对不同的计算智能方法的性能进行定量分析和计算,并与其他方法进行性能比较,表明其具体的运行状况以及优势所在。

我们需要了解如何恰当地评价一种新提出的计算智能方法的性能,并且利用哪种评价指标进行性能评测和比较。本章所要讨论的性能评测问题包括针对某个具体问题如何与其他常用方法进行性能比较,由于不同类型的方法往往差异很大,如何选择哪种评价标准或准则,如何选择合理的进行评价的前提条件,以及如何针对实验结果进行分析和比较这些都是较为关键的问题。

本章主要介绍的性能评测指标包括各种常用的误差指标、接受者操作特征曲线、召回率和精确率等。误差是评价计算智能方法性能的一种最为常用的性能指标,误差指标具有多种类型,它们的含义和特点各不相同,并且适用于不同的问题。接受者操作特征曲线提供了一种度量诊断或分类系统精度的方法,这种分析方法特别适用于人工神经网络和其他计算智能系统,因为这些系统的输出与训练数据集或测试数据集的概率分布关系不大。召回率和精确率是数据挖掘、专家系统和人工神经网络等领域常用的两个性能指标。召回率、精确率与接受者操作特征曲线分析方法具有一定的相关性,在计算召回率和精确率时,同样要用到在接受者操作特征曲线分析中的四个指标。

10.1　通　用　事　项

在介绍各种系统性能评测指标之前,本节首先介绍在计算评测指标时的常见问题和注意事项。这些通用事项的含义是指一方面它们并不是针对某个具体的性能评测指标,而是可能在许多性能评测指标的计算过程中都会涉及这样的问题,如不止一种计算智能方法都包含训练数据集和测试数据集的划分问题;另一方面通用事项涉及系统性能计算过程的预处理和后续处理过程,它本身并不是具体的性能评测指标,但是会对系统的性能产生重要的影响。

10.1.1　选择金标准

　　金标准(gold standards)就是针对实际问题确定一个统一的标准,它不因外界因素的改变而改变,如针对不同的计算智能方法、不同的运行条件以及不同的操作人员,该标准就是唯一的[1]。而对于数据的分类有歧义或异议的数据,则必须事先制定一个统一的标准。因为在实际应用中,经常会出现不同类别的数据在边界区域互有交错的情形,或者说边界区域是模糊的,不够清晰。这种现象尤其在模式分类、聚类分析等应用场合更为明显[2]。因而十分必要在不同计算智能方法的性能比较中制定一个统一的标准,或者达成共识,否则不同方法的性能评价和性能比较都无从谈起。

　　实际中有些分类问题对于不同类别的划分有着统一的标准,不会出现众说纷纭的现象,这个统一的标准就是所讲的金标准。但是也存在着另一些分类问题,并没有对类别的划分指定统一的标准,因而在不同的场合有可能得到不同的结果,这是因为标准不统一因而就无法进行性能的比较和分析。因此,在应用不同的方法解决此类问题之前必须首先确定一个金标准,并且在提供系统性能的同时要明确地指出所采用的金标准。

　　金标准的形式和内容是根据所要解决问题的类型来决定的。对于模式分类问题来讲,就是确定数据集中每个数据的类别以及不同类别进行划分的标准。值得注意的是,有些问题本身数据集本身就不是固定的,或者说不断地有新的数据加入,这时就需要确定如何根据数据的属性、特征等方面的信息来确定划分准则。例如,计算机网络入侵检测问题,新的入侵类型或者原有攻击类型的变种会不断地出现,这时必须确定正常数据和行为与入侵行为的判断标准,以及在入侵行为中如何划分其中的子类等。

　　选择金标准也包括在确定训练数据集和测试数据集时,如何选择数据集中的代表性数据来组成这两个数据集。训练数据集和测试数据集的划分将在后面进行详细介绍,这里仅讨论训练数据集和测试数据集中的数据构成和分布情况,它们对系统的性能评价也会产生重要的影响。一般不采取完全随机的方式来确定训练数据集和测试数据集,即随机地选取一定数目的数据分别组成训练数据集和测试数据集。确定训练数据集和测试数据集的数据组成,首先要反映数据集的自身的分布特性,即均匀地分布于每类数据所在区域,并且还要反映不同类别数据在数目上的差别,所占比例高的类别的数据选取的数目也相对较多。

　　实际应用中所要处理数据集还会遇到属性缺失、信息缺失以及包含噪声等问题,对于这些问题的处理方式的不同也会影响系统的性能。因此在遇到这样的问题时,必须指出所采取的处理方式,并且在比较不同的计算智能方法之间的性能差异时,必须是在同样的前提条件下进行比较。这些虽然不属于金标准的选择范围,但是必须明确,只有相同的前提条件下不同方法的性能指标的评价和比较才有实际意义。

10.1.2　训练数据集和测试数据集的划分

通常来说,在对一种计算智能方法进行训练时,训练数据集和测试数据集是两个独立的数据集合。根据给出的训练数据,通过训练或学习过程来优化系统的结构和参数,使得系统获得最优的性能。如果直接采用训练数据集来测试系统的性能,所得到的结果一般是无法接受的,因为训练好的系统或者方法是要新的未知数据进行工作。即使能够对于训练数据集获得较好的性能,对于新的数据也不一定同样能够获得较优的性能,因为有可能会存在着过学习现象,系统的泛化能力会降低。

在某些应用场合,除了训练数据集和测试数据集,还另外设置了一个验证数据集[3]。其中训练数据集用于算法或系统的训练和学习,测试数据集用于算法或系统的性能测试和比较,而验证数据集则是当算法或系统的训练完成之后,用来验证其是否的确满足当初的设计要求。例如,对于一种网络入侵检测系统[4],要求其检测精度和误报率必须满足一定的指标要求,当研发人员将设计好的系统提供给用户之后,用户会利用验证数据集来检验该系统是否满足当初制定的设计要求。验证数据集中往往包含训练数据集和测试数据集中没有出现过的新数据。

在不少策略中,通过循环的方式将所有数据都进行训练和测试。具体的思想就是某一部分数据在一些时间是作为训练数据集,而在另一些时间则是作为测试数据集,通过一轮循环之后就可实现对所有数据的训练和测试。通过测试和比较系统在不同实验条件下的性能,就能够更好地全面了解系统的性能。

特别地,在针对某些神经网络的训练和学习过程中,如对于反向传播神经网络,此时选择具有代表性的数据来组成训练数据集会提高和改善训练的效果。又如对于分类问题,假定神经网络有三个输出节点,对于不同类别的数据其中只有一个节点被激活,表示数据的类别分类。这时如果将训练数据集中每类数据的数目都设置为相同或基本相同,那么这将是一种较为理想的数据分布状况。但是在实际中同样是针对分类问题,经常会遇到这样的情形:不同类别的数据分布不均匀,有的类别数据占有比例较高,而有些类别数据所占比例较低,此时合理地确定训练数据集和测试数据集的数据分布将变得很重要,并且往往是根据问题的类型以及设计人员的经验来进行确定[5]。

10.1.3　显著性差异

各种不同的性能评价指标如分类精度、准确率和收敛速度等可以定量地描述一个系统或者一个算法运行的好坏,但是某项性能指标的高低能否反映不同的系统或方法之间的确存在着显著性差异呢？这时就需要用到数学统计工具对得到的性能结果进行分析和比较,具体地讲就是利用推论统计(inferential statistics)技术来确定是否存在显著性差异(statistical significance)。这其中又分为参数统计和非参数统计两种工具[6,7],下面将分别针对这两种统计分析工具进行介绍和分析。

许多参数统计工具,如常用的假设检验方法、t 检验、方差分析、直线相关回归分析、无偏估计和 Bayes 假设检验等,都对数据集的统计分布有严格要求,在具体应用时我们必须注意它们的适用范围,否则有可能会得到错误的结论。而非参数统计工具的优点就在于对于数据的分布类型没有要求,因而可应用于任何类型的数据。在实际中对不同计算方法的性能进行统计分析时,所要处理的数据往往是不属于任何数据分布类型的,因而在多数情况下是利用非参数统计工具来判断不同计算方法的性能之间是否存在显著性差异。

t 检验(t-test),又被称为学生 t 检验(student's t-test),是一种常用的参数统计方法。其定义为当两总体方差未知但相同,判断两个平均数之间的差异显著性的检验方法。t 检验统计方法是应用 t 分布理论来推断差异发生的概率,从而比较两个平均数之间的差异是否显著,最初是应用于酿酒数据的统计分析。t 检验统计方法主要用于样本含量较小(如小于 30),总体标准差未知的正态分布数据集。Bayes 统计是另一种基于总体信息、样本信息和先验信息进行统计推断的参数统计方法,其基本思想是任意一个未知量都可视为一个随机变量,并用一个概率分布描述该变量的特征,只是该概率分布类型是在抽样前就已确定,称为先验分布。

曼-惠特尼 U 检验(Mann-Whitney U-test)是一种重要的非参数统计检验方法,1947 年 Mann 和 Whitney 提出了该统计检验方法,用于比较两个样本的大小,此后该非参数统计检验方法就命名为 Mann-Whitney U test。在实际应用中,曼-惠特尼 U 检验是分析和比较进化计算方法的一种有效统计分析工具。卡方检验(Chi-Square test)也是一种用途较为广泛的假设检验方法,它可分为成组比较(不配对数据)和个别比较(数据配对)两种类型。卡方检验的用途包括:①检验某个连续变量的分布是否与某种理论分布一致,如是否符合正态分布、Possion 分布或者其他分布的特征等;②检验某个分类变量各类的出现概率是否等于指定概率;③检验两个分类变量是否相互独立,如吸烟是否与呼吸道疾病有关;④检验两种方法的结果是否一致,如采用两种不同的诊断方法对同一批人进行诊断,其诊断结果是否一致。

总体来讲,参数统计方法是已知数据的总体分布类型,然后对其中的未知参数进行统计推断。参数统计方法依赖于特定的数据分布类型,其比较的是其中的参数。而非参数统计方法则不对总体的数据分布类型做出要求,因而不受总体参数的影响,它比较的是分布类型或者分布位置。值得注意的是,对于符合参数统计分析条件者,如果采用非参数统计分析方法则其检验的效能较低。

10.1.4　交叉验证

交叉验证是一种用于评测系统针对未知数据性能的方法,其主要思想是在系统的训练过程中,首先将数据集中的一部分数据用于系统训练,然后将数据集中的另一部分数据来评测系统的性能,因而该方法实质上就是评测系统的归纳和概括能力,或者称为泛化能力[8]。

在应用交叉验证方法时,首先需要将数据集划分为训练数据集和测试数据集,在某些情况下还设置有验证数据集。常用的交叉验证方法有下面两种形式,分别称为 k 重交叉验证(k-fold 交叉验证)和留一法交叉验证(leave-one-out 交叉验证)。

k-fold 交叉验证方法,有时也被翻译为 k 重交叉验证或 k 折交叉验证。这种方法是将整个数据集分成 k 个子集,一般采用平均划分的策略,然后每次将其中的一个子集用于系统的性能测试,而将剩余的数据作为训练数据集,因此总共需要 k 次操作就可将这 k 个子集分别用于系统的测试一次,即完成了系统的一轮训练和测试过程。当得到 k 次训练和测试的结果后,一般将它们的性能取其平均值来评价系统的性能。随着参数 k 数值的增加,系统的平均性能评价指标的变化会逐渐减小。

leave-one-out 交叉验证方法可以说是 k-Fold 交叉验证方法的一种特例,该方法每次只保留数据集中的一个数据作为测试数据,而剩余的所有数据都作为训练数据,因而这种验证方法数据集中每个数据作为测试数据的次数仅有一次,但是完成一次循环测试的过程总共需要 n 次,n 为数据集中的数据数目。当数据集中的数据数目较多时,该交叉验证方法的计算时间就会变得很长。

交叉验证方法是统计学中一种循环估计方法,它可应用于多种不同的性能评测指标,如准确率、各种误差指标等。在神经网络的训练过程中,交叉验证方法可以度量不同参数设置状况下网络的输出精度;在进化计算的种群演化过程中,利用交叉验证方法可以比较和测试搜索得到的最优解的适应度的变化情况。而在模糊系统的设计过程中,交叉验证方法则可以度量不同参数设置状况下系统的平均输出误差。交叉验证对于人工智能、机器学习、模式识别、分类器等方面的研究具有很强的指导和验证意义。

10.1.5　适应度

适应度和适应度函数是进化计算方法中常用也是核心的概念,其中,适应度用于种群中每个个体优劣的评价指标,而适应度函数则是该评价指标的数学表达式[9-11]。对于进化计算方法来讲,适应度函数提供了一种评价个体优劣的标准,它与待求解问题目标函数有着紧密的联系:适应度值越高,则得到的解对应的目标函数值也就更优;适应度函数同时也是进化计算方法在种群迭代和优化过程中实施各种进化操作的动力和方向,决定种群演化的目标和优化的方向,种群演化的过程实际上也就是种群中个体的平均适应度和最优适应度不断改善的过程。

实际上,适应度的概念不仅适用于进化计算方法,同样可以应用于其他计算智能方法。例如,当采用准确率(百分比)来测试神经网络进行分类的性能时,那么准确率就可视为是该神经网络输出的适应度,适应度的值越高就表示该系统的性能越好;又如对于模糊控制系统而言,系统的期望值和实际值之间的偏差可视为是该系统的适应度,但是具体含义是该值越小则系统的性能越好。

一般来讲,个体的适应度并没有具体的含义,它只是基于某种标准反映了个体的优劣。对于某个系统来讲,如果对应一种参数设置方式的适应度为 10,而对于另一种参数设置方式所对应的适应度为 5,则并不能说明在第一种设置方式下系统的性能为第二种方式的两倍,只能表明在第一种参数设置方式下系统的性能更好,所以个体的适应度值只是反映了不同个体之间相对的优劣。

在实际应用中我们可能还会遇到下面的情况,即在比较不同的参数设置方式下系统适应度的差异时,如果将进化计算方法运行多次则并不一定一种参数设置方式下适应度高于另外一种设置方式。这是由于进化计算方法本身运行方式的随机性,它并不是一种确定性计算方法。但是我们可以通过多次运行时的平均适应度来进行评价和比较,只要对应一种参数设置方式的平均适应度高于另一种参数设置方式,我们就可以说前一种参数设置方式下系统能够获得更优的性能。

10.2　准　确　率

准确率(percent correct),有时也被称为精度,它是指针对用户设定的金标准和选取的数据集来计算某种计算智能方法满足或符合该标准的百分比。准确率既是一种最为常用的性能评价指标,同时也是一种最简单的性能评价指标,其含义简单易懂并且应用广泛。通常在评价某种计算智能方法的准确率时,需要首先将数据集划分为训练数据、测试数据和验证数据,然后分别计算它们的准确率。

一般来讲,如果某种计算智能方法对于训练数据集的准确率较高,那么该方法对于测试数据集的准确率也较高,同时也说明训练过程是有效的。另外,并不是某种计算智能方法针对训练数据集的准确率越高,那么针对测试数据集的准确率也较高。因为一般来讲,训练数据集和测试数据集是互相独立的数据集,两者之间没有共同的数据,实际上训练完成的方法是针对未知的数据进行测试,所以在很多场合虽然对于训练数据集获得了较高的准确率,但是对于测试数据集的评价结果却不理想。在具体应用中,往往在训练过程中不追求获得很高的准确率,避免系统出现"过学习"现象。

下面针对一个金融市场的股票预测问题,说明该性能指标的应用和含义。该实例是应用某股票预测软件或系统针对美国市场中的 100 只股票进行预测,假定在某年的 2 月该系统对这个月股票的上涨幅度超过道琼斯指数的所有股票预测成功的百分比为 90%,而对于这个月股票的上涨幅度低于道琼斯指数的所有股票预测成功的百分比为 60%,同时假定 2 月这 100 只股票上涨幅度高于和低于道琼斯指数的股票数目各占一半,则我们可以得到该系统的整体预测准确率为

$$(90\% \times 50\%) + (60\% \times 50\%) = 75\%$$

而同年的 3 月该系统对这个月股票的上涨幅度超过道琼斯指数的所有股票预测成功的百分比为 85%,而对于这个月股票的上涨幅度低于道琼斯指数的所有股票预测成功的百分比为 55%,同时假定 3 月这 100 只股票上涨幅度高于和低于道琼斯指数的股票数目分别占总数的 70% 和 30%,则我们可以得到 3 月份该系统的整体预测准确率为

$$(85\% \times 70\%) + (55\% \times 30\%) = 76\%$$

可以看到,虽然 3 月该系统对两类股票预测的准确性都不如 2 月,但是系统的总体预测精度却是提高的。问题在于这两个月中每类股票在总的股票中所占的比例不同,相对于两者进行评价和比较的前提是不相同的,因而所得到的结论并不能体现系统的预测性能,所得到的结果没有参考价值。

通过上面实例看出这种性能评价方法的不足:准确率有时并不能完整或者准确地反映系统的性能,甚至有些应用场合准确率还有可能提供错误的评价信息,影响对计算智能方法运行性能的判断和评价。这时我们可以采用新的性能指标来进行评价,弥补这种常用性能指标的不足。

10.3　误差评价性能指标

在实际应用中评价计算智能方法性能时,我们经常会遇到各种不同类型误差的计算问题,例如,利用人工神经网络工具来实现非线性函数、曲线和数据的拟合问题[12]。常见的误差度量指标包括平均平方误差(average sum-squared error)、绝对误差(absolute error)和归一化误差(normalized error)。

10.3.1　平均平方误差

平均平方误差的定义是某个系统的实际输出值和期望值之间的偏差的平方的平均值,其计算公式如下:

$$E_{mt} = \frac{0.5}{m} \sum_{i=1}^{m} \sum_{j=1}^{n} (a_{ij} - y_{ij})^2 \tag{10-1}$$

其中，m 表示模式的数目；n 表示输出向量中分量的数目。值得注意的是，定义式中的系数 0.5 不可缺少，并且求得的误差平方和是对所有的模式求平均值。

平均平方误差评价指标一般用于神经网络的性能评价，并且采用反向传播学习算法。但是实际上，这种性能评价指标并非仅可用于人工神经网络，它同样可以对其他计算智能方法进行性能评价和比较，如模糊系统、学习矢量量化（learning vector quantization，LVQ）网络等[13,14]，只要给出系统的期望输出向量。

在实际应用该性能评价指标时，需要注意平均平方误差指标是对所有的模式取平均值，而不是对所有的系统输出（或者输出向量）。随着系统的输出数目的增加，当其他条件不发生变化时，平均平方误差的值是在增加的，因为在针对每个模式计算进行计算时，要将所有输出分量的误差平方进行求和。

平均平方误差评价指标在作为神经网络的性能评价指标时，往往并不能充分反映系统的性能。例如，如果在神经网络的训练过程中，反向传播学习算法利用阈值计算方法，则平均平方误差并不能准确地反映该神经网络的实施性能。下面进行具体说明。

在神经网络的反向传播学习算法中，对于 Sigmoid 激励函数而言阈值一般设定为 0 和 1 之间的数。当网络的输入高于设定阈值时，该神经网络的期望输出为 1；反之当网络的输入低于设定阈值时，则该神经网络的期望输出为 0。总之该神经网络的输出有两种状态，或者表示两类的模式。下面讨论中，假定网络的输出为 1 对应的模式类别为 1，而假定网络的输出为 0 对应的模式类别为 0。最常见的阈值设置方式是取阈值为 0.5，但是在某些场合可能取其他值更为合适，如 0.6 或者 0.8，这取决于实际应用的类型和特点。

假定某神经网络仅有一个输出节点，在其训练过程中包含 10 个模式，其中对于类别为 1 的 5 个模式该神经网络的输出都为 0.6，而对于类别为 0 的另外 5 个模式神经网络的输出都为 0.4，网络的阈值设为 0.5。可以看出，该神经网络能够对这 10 个模式进行正确分类，如果采用准确率进行评价，则性能指标的值为 100%，说明能够得到完全正确的结果；而如果采用平均平方误差指标进行评价，则该性能指标值为

$$[5 \times (1 - 0.6)^2 + 5 \times (0.4 - 0)^2]/10 = 0.16$$

接下来，仍然针对该神经网络，但是为一个新的训练实例。训练过程中同样包含 10 个模式，其中对于类别为 1 的 5 个模式该神经网络的输出都为 0.9，而对于类别为 0 的另外 5 个模式：对于其中 3 个模式，神经网络的输出为 0.1；而对另外 2 个模式，神经网络的输出则为 0.6。网络的阈值仍然设为 0.5，则可以看出，在 10 个模式中有 8 个模式的分类是正确的，而有 2 个模式的分类是错误的，如果采用准确率进行评价，则性能指标的值为 80%；而如果采用本节所介绍的平均平方误差

性能指标进行评价,则该性能指标值为

$$[8 \times (1-0.9)^2 + 2 \times (0.6-0)^2]/10 = 0.08$$

从上述两个实例可以看出,在有些应用场合平均平方误差这种评价指标并不能准确地反映系统的性能。第二种训练实例虽然得到了更优的平均平方误差,只有第一种训练实例的一半,但是很明显第一种训练实例的分类性能更好,因为对于所有 10 个模式都得到了正确的分类结果,其分类的准确率是 100%。

10.3.2　绝对误差

绝对误差是一种较为简单和直观的误差度量指标,它反映了某个系统的实际输出值和期望值之间的偏差,其中系统的期望值由系统的设计者或用户事先给出。在实际中应用较多的是一种关于绝对误差的性能评价指标,被称为平均绝对误差(mean absolute error),其计算公式如下所示:

$$E_{ma} = \frac{1}{m \times n} \sum_{i=1}^{m} \sum_{j=1}^{n} |a_{ij} - y_{ij}| \qquad (10\text{-}2)$$

其中,m 表示模式的数目;n 表示输出向量中分量的数目。

相对于平均平方误差而言,绝对误差是一种更为直观的度量指标,因为误差的平方并不能很好地帮助用户了解系统性能的优劣,误差与误差的平方的含义并不相同。与绝对误差相关的另一个性能指标为最大绝对误差,其定义为在测试中对于所有模式的绝对误差的最大值,它反映了系统对于某一单个模式的最大误差。

10.3.3　归一化误差

方差(variance)是各个数据与平均数之差的平方的平均数。在概率论和数理统计中,方差是用来度量随机变量和其数学期望(即均值)之间的偏离程度。在实际应用中,有两种类型的方差,分别称为总体方差(population variance)和样本方差(sample variance)。总体方差和样本方差之间的差别不大,样本方差是总体方差的无偏估计,计算样本方差的目的也是推算出总体的方差。

对于系统的某个输出单元 j,其总体方差的计算公式如下:

$$\sigma_j^2 = \frac{\sum\limits_{k=1}^{m} (b_{kj} - \mu_j)^2}{m} \qquad (10\text{-}3)$$

其中,b_{kj} 表示系统针对第 k 个模式其第 j 个输出单元的实际输出值;μ_j 表示针对所有模式的平均值;m 表示模式的数目。而另一个相关的概念为标准偏差,其定义为方差的平方根或者称为均方根(root mean square)。对于式(10-3),其对应的标准偏差即为 σ_j:

$$\sigma_j = \sqrt{\frac{\sum_{k=1}^{m}(b_{kj}-\mu_j)^2}{m}} \tag{10-4}$$

接下来,首先介绍一种新的误差,它定义为系统的输出值关于平均值的偏差的平方之和,其计算公式为

$$E_{\text{mean}} = 0.5\sum_k\sum_j(b_{kj}-\mu_j)^2 \tag{10-5}$$

有了式(10-5)的误差定义,接下来我们就可以给出归一化误差的定义,其计算公式如下所示:

$$E_n = \frac{0.5\sum_k\sum_j(b_{kj}-z_{kj})^2}{0.5\sum_k\sum_j(b_{kj}-\mu_j)^2} \tag{10-6}$$

归一化误差比较适合于评价神经网络的性能,并且是采用反向传播学习算法的神经网络,因为归一化误差不受神经网络拓扑结构以及应用类型的影响。并且相对来讲,采用反向传播学习算法的神经网络学习由于是针对平均值进行学习,因而更加简单和快速。随着网络学习过程的进行,归一化误差的值会逐渐趋近于常数0,因为学习的目标就是网络输出的均值。归一化误差反映了输出方差的比例,这只与误差有关而与神经网络的拓扑结构无关。实际应用表明,归一化误差是用于反向传播学习算法的神经网络的学习过程的一种较为合适的评价工具。

10.4　接受者操作特征曲线

ROC曲线(receiver operating characteristic curves, ROC),即接受者操作特性曲线,ROC分析是一种统计分析方法,也是一种用于评测和比较不同计算智能方法性能的常用方法。在有些应用场合,它又被称为相对操作特性曲线(relative operating characteristic curves)。ROC曲线的使用历史可以追溯到20世纪40年代,当时被应用于无线电通讯和心理学研究领域。当前ROC曲线则较多地应用于医学诊断系统,包括那些采用专家系统和神经网络的系统,用于评价和测试系统的性能[15-17]。

ROC曲线提供了一种度量诊断或分类系统精度的方法,它是通过比较系统的分类或决策结果与"金标准"的差异来进行分析和计算。ROC曲线分析方法特别适用于人工神经网络和其他计算智能系统,因为这些系统的输出与训练数据集或测试数据集的概率分布关系不大,即敏感性不强。

在绘制和比较ROC曲线时,一般较少考虑它们的统计特性,但是使用和解释

这些统计特性变得越来越普遍。例如，当通过 ROC 曲线来评价和比较系统的性能时，一般是通过计算 ROC 曲线下面所包围的面积来度量和评价。ROC 曲线反映了系统某次特定的分类或诊断结果，并与金标准比较，表明系统在实施分类或决策时性能的优劣。

表 10-1 列举了在定义和计算 ROC 曲线时所用到的四项指标。可以看出，系统阳性和阴性的分类结果的分布是有重叠的，其重叠的程度取决于系统中的干扰因素，其效应越强则重叠的程度就越多。第一个指标称为真阳性(TP)，它反映了系统诊断为阳性的实例，同时也满足金标准中的阳性标准；第二个指标称为假阳性(FP)，它反映了系统诊断为阳性的实例，但是却不满足金标准中的阳性标准；第三个指标称为假阴性(FN)，它反映了系统诊断为阴性的实例，但是在金标准中却是阳性；第四个指标称为真阴性(TN)，它反映了系统诊断为阴性的实例，同时也符合金标准中阴性的标准。

表 10-1　分类评价结果

分类结果	金标准结果		合　计
	阳性	阴性	
阳性	TP(真阳性)	FP(假阳性)	FP+TP
阴性	FN(假阴性)	TN(真阴性)	FN+TN
合计	TP+FN	FP+TN	N

ROC 曲线在计算时用到两种比率，它们包含上述的四项指标。其中第一个比率通常被称为真阳性率(TPR)，其计算公式为

$$TPR = \frac{TP}{TP+FN} \tag{10-7}$$

真阳性率在某些应用场合也被称为"敏感性"(sensitivity)。

第二个比率则被称为假阳性率(FPR)，其计算公式为

$$FPR = \frac{FP}{FP+TN} \tag{10-8}$$

还有一个比率$\frac{TN}{FP+TN}$为真阴性率，通常被称为"特异性"(specificity)，而假阳性率与该比率与特异性之间的关系为

$$FPR = 1 - specificity \tag{10-9}$$

敏感性和特异性与 ROC 曲线的绘制有着密切的关系，这在后面 ROC 曲线的计算过程中可以看到。ROC 曲线的点表示由真阳性率和假阳性率所组成的坐标，其中纵坐标表示真阳性率，即敏感性；而横坐标则表示假阳性率，即 1-特异性，或者说横坐标表示真阴性率。将由不同敏感性和特异性数值所组成的坐标点连接起来，

就可得到典型的 ROC 曲线。

ROC 曲线的本质就是针对不同的参数设置,动态地分析和比较系统在不同的分类或者决策结果,以及相对应的敏感性-特异性曲线的差异。也有研究人员建议摒弃 ROC 曲线的名称,将其改为敏感性-特异性曲线可能更为合适。

不论是针对什么具体问题进行讨论,ROC 曲线都具有两方面较为显著的特性。ROC 曲线总是在对角线的上方,对角线是从原点到坐标(1,1)点的直线;另外,ROC 曲线从左到右是单调递增的。

ROC 曲线的不同形状反映了所设计的系统的性能针对阈值参数的敏感性。实际上,由于 ROC 曲线的唯一性,也可以通过计算 ROC 曲线下面的面积来评价系统的性能,并且这种度量方法还是利用 ROC 曲线来评价系统性能中最为常用的方法。ROC 曲线所在坐标区域的面积为单位 1,ROC 曲线下面的面积则用于反映系统的性能,其取值范围在 $[0.5,1]$ 的区间内,其中 0.5 即对角线下的面积,表示没有显著性差异;而取值为 1 则表示系统取得完美的性能,当然这只是一种理想状况,在实际中一般是不会出现的。

10.5　召回率和精确率

召回率(recall)和精确率是数据挖掘、专家系统和人工神经网络等领域常用的两个度量系统性能的两个概念和指标[18-20]。在计算召回率和精确率时,同样用到在 ROC 曲线分析中的四个指标。

召回率有时也被称为查全率,它是指系统所能正确分类的阳性实例数目与所有阳性实例数目的比值,所有阳性实例数目也是由金标准确定。其计算公式如下所示:

$$TP/(TP + FN) \tag{10-10}$$

召回率反映检测的概率(probability of detection),它同时也表明负阴性实例的相对数目。

精确率又经常被称为准确率、精度和正确率等,其定义为所有被系统正确分类的阳性实例数目与所有阳性实例数目的比值。在 ROC 曲线分析时,其计算公式为

$$TP/(TP + FP) \tag{10-11}$$

精确率也反映出假阳性实例的相对比例。可以看出在计算召回率和精确率时,真阳性(TP)、假阳性(FP)、假阴性(FN)和真阴性(TN)这四个指标的定义均与 ROC 曲线分析方法中的定义相同,只是采用了新的评价标准,或者说采用了新的计算方法。

接下来,我们对采用真阳性(TP)等四个指标的性能评价的几种指标进行总结。在实际应用中,具体采用哪种评价指标或者哪几种指标,是根据应用的场合以及具体系统的使用者或者决策者来决定的。

敏感性或者检测的概率定义式为 TP/(TP+FN),是指某种事件被正确检测出来的概率或可能性。在某些状况下,该指标显得尤为重要,这种事件如果无法被正确检测出,那么将会产生严重的后果。例如,在医学诊断中,某些具有致命性的病例如果不被正确地确诊,那么病人将有可能失去生命。

特异性或者真阴性率定义式为 TN/FP+TN,是指某个事件在不在的情况下将被检测出来的概率或可能性。例如,在雷达信号中,屏幕上缺失的光点很有可能表示有重大事件发生,如可能有飞行物坠毁。

阳性预测值定义式为 TP/(TP+FP),是指当某个信号出现时,该信号与某个事件相关联的可能性。该指标是一个很重要的统计数值。在神经学领域中医护人员往往会很关注脑电图中间的脉冲信号,特别是当这种尖脉冲信号与某种身体不适或疾病有着很强的关联性,通过这种类型的信号来发现和判断病症。

错误报警率(false alarm rate)定义式为[FP/(TN+FP)]=[1-specificity],或者称为假报警概率,是指某种方法错误地检测到某种事件发生的概率或可能性,显然该指标越小越好。

精度(accuracy)定义式为[(TP+TN)/(TP+TN+FP+FN)],是指某种方法进行正确检测或分类的概率,它是对该方法正确百分比程度的评价。

10.6　总　　结

当我们设计出一种新的计算智能方法,我们需要利用实验方法来测试其不同方面的性能,并且还需要与其他相关方法进行比较和分析,此时就涉及系统或者方法的性能指标的选择和评测问题。本章所讨论的性能评测问题包括针对某个具体问题如何与其他常用方法进行性能比较,由于不同类型的方法往往差异很大,如何选择哪种评价标准或准则,如何选择合理的进行评价的前提条件,以及如何针对实验结果进行分析和比较这些都是较为关键的问题。

本章主要介绍的性能评测指标包括各种常用的误差指标、接受者操作特征曲线、召回率和精确率等。误差或者偏差是评价计算智能方法性能的一种最为常用的性能指标,误差指标具有多种类型,它们的含义和特点各不相同,并且分别适用于不同应用领域。接受者操作特征曲线提供了一种度量诊断或分类系统精度的方法。召回率和精确率则是数据挖掘、专家系统和人工神经网络等领域的研究中经常用到的两个性能评价指标。

参 考 文 献

［1］　Obuchowski N A. Estimating and comparing diagnostic tests accuracy when the gold standard is not binary. Academic Radiology,2005,12(9):1198-1204.

［2］　Kashef R,Kamel M S. Cooperative clustering. Pattern Recognition, 2010, 43(6):2315-2329.

［3］　Cheng H D,Shan J,Ju W,et al. Automated breast cancer detection and classification using ultrasound images:A survey. Pattern Recognition,2010,43(1):299-317.

［4］　Zhang Z H,Shen H. Application of online-training SVMs for real-time intrusion detection with different considerations. Computer Communications,2005,28(12):1428-1442.

［5］　Ju Q,Yu Z B,Hao Z C,et al. Division-based rainfall-runoff simulations with BP neural networks and Xinanjiang model. Neurocomputing,2009,72(13-15):2873-2883.

［6］　Marshall G,Jonker L. An introduction to inferential statistics:A review and practical guide. Radiography,2011,17(1):e1-e6.

［7］　Dilevko J. Inferential statistics and librarianship. Library & Information Science Research, 2007,29(2):209-229.

［8］　Borra S,Ciaccio A D. Measuring the prediction error. A comparison of cross-validation, bootstrap and covariance penalty methods. Computational Statistics & Data Analysis,2010, 54(12):2976-2989.

［9］　Renner G,Ekárt A. Genetic algorithms in computer aided design. Computer-Aided Design, 2003,35(8):709-726.

［10］　Whitley D,Starkweather T,Bogart C. Genetic algorithms and neural networks:Optimizing connections and connectivity. Parallel Computing,1990,14(3):347-361.

［11］　Hämäläinen T,Klapuri H,Saarinen J,et al. Accelerating genetic algorithm computation in tree shaped parallel computer. Journal of Systems Architecture,1996,42(1):19-36.

［12］　Ryoo Y J,Lim Y C,Kim K H. Classification of materials using temperature response curve fitting and fuzzy neural network. Sensors and Actuators A:Physical,2001,94(1-2): 11-18.

［13］　Wu K L,Yang M S. Alternative learning vector quantization. Pattern Recognition,2006, 39(3):351-362.

［14］　Biehl M,Ghosh A,Hammer B. Learning vector quantization:The dynamics of winner-takes-all algorithms. Neurocomputing,2006,69(7-9):660-670.

［15］　Fawcett T. An introduction to ROC analysis. Pattern Recognition Letters,2006,27(8): 861-874.

［16］　Fawcett T. ROC graphs with instance-varying costs. Pattern Recognition Letters,2006, 27(8):882-891.

［17］　Landgrebe T C W,Paclik P. The ROC skeleton for multiclass ROC estimation. Pattern Recognition Letters,2010,31(9):949-958.

[18] Liao S H. Expert system methodologies and applications-a decade review from 1995 to 2004. Expert Systems with Applications,2005,28(1):93-103.

[19] Dunstan N. Generating domain-specific web-based expert systems. Expert Systems with Applications,2008,35(3):686-690.

[20] Hanbay D,Turkoglu I,Demir Y. An expert system based on wavelet decomposition and neural network for modeling Chua's circuit. Expert Systems with Applications,2008,34 (4):2278-2283.